中等职业教育“十二五”规划课程改革创新教材

中职中专计算机网络技术专业系列教材

网络设备管理与维护

肖学华　主编

李怀鑫　郑　华　副主编

科学出版社

北　京

内 容 简 介

本书的编写模式体现“做中学，做中教”的职业教育教学特色。教材内容采用了“任务描述－任务实施－相关知识－任务小结－练习测评”的结构体系。

本书共分八个项目，分别介绍了计算机网络搭建、网络规划与设计、交换机的安装与配置、路由器的安装与配置、无线局域网的安装与配置及其安全配置、网络故障的分析与排除等内容的知识与技能，最后设置了一个网络互联综合案例。书中全部项目紧密结合先进技术，与真实的工作过程相一致，完全符合企业需求，贴近生产实际。

本书可供计算机网络技术专业及相关专业的学生作为教材使用，也可供计算机网络技能比赛训练及广大工程技术人员自学参考，还可供参加“网络设备调试员”职业资格考试人员使用。

图书在版编目（CIP）数据

网络设备管理与维护/肖学华主编. —北京：科学出版社，2011
（中等职业教育“十二五”规划课程改革创新教材·中职中专计算机网络技术专业系列教材）
ISBN 978-7-03-030577-0

I. 网… Ⅱ.①肖… Ⅲ. ①网络设备-设备管理 Ⅳ. ①TP393

中国版本图书馆 CIP 数据核字（2011）第 044191 号

责任编辑：陈砺川 / 责任校对：马英菊
责任印制：吕春珉 / 封面设计：东方人华平面设计部

科 学 出 版 社 出版
北京东黄城根北街 16 号
邮政编码：100717
http://www.sciencep.com

三河市骏杰印刷有限公司印刷
科学出版社发行 各地新华书店经销
*
2011 年 6 月第 一 版 开本：787×1092 1/16
2020 年 8 月第七次印刷 印张：14
字数：300 000

定价：35.00 元

（如有印装质量问题，我社负责调换〈骏杰〉）

销售部电话 010-62134988 编辑部电话 010-62148322

中等职业教育 “十二五”规划课程改革创新教材

中职中专计算机网络技术专业系列教材

编写委员会

本书编委会

主　编　肖学华

副主编　李怀鑫　郑　华

编　委　谢淑明　彭家龙　张治平　洪键光　郭旭辉

罗文剑　邬建彬　吴　宇　何　裕

序

《国家中长期教育改革和发展规划纲要（2010—2020年）》中明确指出，要“大力发展职业教育”，“把提高质量作为重点。以服务为宗旨，以就业为导向，推进教育教学改革。”可见，中等职业教育的改革势在必行，而且，改革应遵循自身的规律和特点。“以就业为导向，以能力为本位，以岗位需要和职业标准为依据，以促进学生的职业生涯发展为目标”成为目前呼声最高的改革方向。

实践表明，职业教育课程内容的序化与老化已成为制约职业教育课程改革的关键。但是，学历教育又有别于职业培训。在改变课程结构内容和教学方式方法的过程中，我们可以看到，经过有益尝试，“做中学，做中教”的理论实践一体化教学方式，教学与生产生活相结合、理论与实践相结合，统一性与灵活性相结合，以就业为导向与学生可持续性发展相结合等均是职业教育教学改革的宝贵经验。

基于以上职业教育改革新思路，同时，依据教育部2010年最新修订的《中等职业学校专业目录》和教学指导方案，并参考职业教育改革相关课题先进成果，科学出版社精心组织20多所国家重点中等职业学校，编写了计算机网络技术专业和计算机动漫与游戏制作专业的“中等职业教育‘十二五’规划课程改革创新教材”，其中，计算机动漫与游戏制作专业是教育部新调整的专业。此套具有创新特色和课程改革先进成果的系列教材将在“十二五”规划的第一年陆续出版。

本套教材坚持科学发展观，是“以就业为导向，以能力为本位”的“任务引领”型教材。教材无论从课程标准的制定、体系的建立、内容的筛选、结构的设计还是素材的选择，均得到了行业专家的大力支持和指导，他们作为一线专家提出了十分有益的建议；同时，也倾注了20多所国家重点学校一线老师的心血，他们为这套教材提供了丰富的素材和鲜活的教学经验，力求以能符合职业教育的规律和特点的教学内容和方式，努力为中国职业教学改革与教学实践提供高质量的教材。

本套教材在内容与形式上有以下特色：

1．任务引领，结果驱动。以工作任务引领知识、技能和态度，关注的焦点放在通过完成工作任务所获得的成果，以激发学生的成就感；通过完成典型任务或服务，来获得工作任务所需要的综合职业能力。

2. 内容实用，突出能力。知识目标、技能目标明确，知识以“够用、实用”为原则，不强调知识的系统性，而注重内容的实用性和针对性。不少内容案例以及数据均来自真实的工作过程，学生通过大量的实践活动获得知识技能。整个教学过程与评价等均突出职业能力的培养，体现出职业教育课程的本质特征。做中学，做中教，实现理论与实践的一体化教学。

3. 学生为本。除以培养学生的职业能力和可持续性发展为宗旨之外，教材的体例设计与内容的表现形式充分考虑到学生的身心发展规律，体例新颖，版式活泼，便于阅读，重点内容突出。

4. 教学资源多元化。本套教材扩展了传统教材的界限，配套有立体化的教学资源库。包括配书教学光盘、网上教学资源包、教学课件、视频教学资源、习题答案等，均可免费提供给有需要的学校和教师。

当然，任何事物的发展都有一个过程，职业教育的改革与发展也是如此。如本套教材有不足之处，敬请各位专家、老师和广大同学不吝赐教。相信本套教材的出版，能为我国中等职业教育信息技术类专业人才的培养，探索职业教育教学改革做出贡献。

信息产业职业教育教学指导委员会委员
中国计算机学会职业教育专业委员会名誉主任
广东省职业技术教育学会电子信息技术专业指导委员会主任
何文生
2011 年 1 月

前言

“做中学，做中教”已成为职业教育改革的主导理念，其影响的广度和深度远远超越了我国历次职业教育课程改革。这场改革的形成，主要原因还是源于中职学校自身发展的需要，源于中职学校自身强烈的改革意愿。

“网络设备管理与维护”是一门中等职业学校网络技术专业学生必修的专业课，实践性很强，建议将该课程分《网络设备管理与维护》（理实一体化主教材）和《网络设备管理与维护实训教程——基于 Cisco Packet Tracer 模拟器》（辅助仿真实训指导教材）两本教材讲授。

本书为主教材，编写模式体现“做中学，做中教”的职业教育教学特色，按照“教育与产业、学校与企业、专业设置与职业岗位、教材内容与职业标准、教学过程与企业生产过程”对接的教学改革要求，力图突破传统学科式教材片面强调体系的完整性、严密性，以理论描述为主的编写方式；积极探索与项目教学或以工作过程为导向的实践教学方式改革相适应的教材编写模式。编者从工作现场需求与实践应用中引入教学项目，这些项目主要是与生产生活、工程技术有关的应用型实训项目，旨在培养学生完成工作任务及解决实际问题的技能，同时融入理论教学内容，激发学生的学习兴趣，培养学生对“网络设备管理与维护”课程的热爱，并在专业技能的训练过程中形成良好的工作习惯和工作方法。

本书在内容编排上基本采用了“任务描述—任务实施—相关知识—任务小结—练习测评”的结构体系。其中，任务对应职业能力，相关知识对应学生知识结构的建构，并是为完成任务服务的，这样的安排有利于学生职业能力的形成。

本书共含 8 个项目，分别介绍了计算机网络的基本搭建方法、网络规划与设计、交换机与路由器的安装与配置、无线局域网的安装与配置及其安全配置、网络故障的分析与排除、网络互联综合案例等内容的知识与技能。书中全部项目紧密结合先进技术，与真实的工作过程相一致，完全符合企业需求，贴近生产实际。教材内容的结构体系如下表所示。

本书内容结构安排

项目名称	任务（对应的职业能力模块）	相关知识（构建的学科知识）
项目一　计算机网络的搭建	任务一　认识网络互联设备	了解网络传输介质、物理层、数据链路层、网络层、应用层的互联设备
	任务二　制作双绞线	了解综合布线的工艺要求
	任务三　搭建一个典型的网络	计算机网络的概念、功能、分类；OSI 网络参考模型、TCP/IP 模型、TCP/IP 协议
项目二　网络规划与设计	任务一　校园网规划与设计	网络拓扑层次化结构设计（即核心层、汇聚层和接入层三层结构模型）
	任务二　IP 地址的分配与聚合设计	IP 地址及其分类、子网划分、VLSM 可变长的子网掩码
项目三　交换机的安装与配置	任务一　配置接入层交换机	交换机配置方式、交换机的命令模式、交换机的基本配置、配置二层交换机端口
	任务二　配置汇聚层交换机	交换机端口隔离、端口聚合、VLAN 划分、路由功能、快速生成树配置、DHCP 功能
	任务三　配置核心层交换机	交换机端口镜像、访问控制列表 ACL、路由功能
项目四　路由器的安装与配置	任务一　路由器的基本配置	路由器的配置方式、路由器的工作模式、路由器的命名、配置口令及加密、配置接口、配置静态路由、单臂路由、路由器的 DHCP 功能、配置的保存与导入
	任务二　配置动态路由协议与网络安全	RIP 配置、OSPF 配置、路由重发布、广域网协议配置(PPP 与 HDLC 协议配置、DDN 专线连接的配置
	任务三　配置广域网接入模块	配置接入路由器的基本参数、各接口参数、路由功能、NAT、ACL
项目五　无线局域网的安装与配置	任务一　搭建自组网（Ad-Hoc）模式无线网络	自组网（Ad-Hoc）模式无线网络的搭建技术
	任务二　搭建基础结构（Infrastructure）模式无线网络	基础结构（Infrastructure）模式无线网络的搭建技术
	任务三　搭建无线分布式（WDS）模式无线网络	无线分布式（WDS）模式无线网络的搭建技术
	任务四　搭建无线接入点客户端（Station）模式无线网络	无线接入点客户端（Station）模式网络的搭建模式
项目六　无线局域网的安全与配置	任务一　配置 SSID 隐藏	SSID 隐藏技术的实现
	任务二　配置 MAC 地址过滤	MAC 地址过滤技术的实现
	任务三　配置无线网络中的 WEP 加密	WEP 加密技术的实现

续表

项目名称	任务（对应的职业能力模块）	相关知识（构建的学科知识）
项目七 网络故障的分析与排除	任务一 认识网络故障检测工具	认识网络线缆测试仪、网络分析仪以及 Windows 自带测试工具（ping\ipconfig\tracert\pathping\netstat\arp）
	任务二 网络故障的排除实例	一般网络故障的解决步骤；常见病毒、主机、网卡、交换机、路由器的故障与排除
项目八 网络互联综合案例		
附录：锐捷交换机常用配置命令、锐捷路由器常用配置命令		

为本书完成编写及献计献策的人员来自多所国家重点职校：中山市东凤镇理工学校（肖学华、罗文剑、邬建彬）、东莞市长安职业高级中学（吴宇、郑华、何裕）、肇庆市工业贸易学校（李怀鑫）、佛山市胡锦超职业技术学校（张治平）、珠海市第一职业技术学校（彭家龙）、东莞市职业技术学校（谢淑明）、中山市港口镇理工学校（洪键光）、中山市小榄镇建斌职业技术学校（郭旭辉），部分编委曾连续多年担任全国职业院校计算机技能大赛“企业网搭建”和“园区网组建”项目参赛队员的培训工作，近年来所培养的选手曾多人次获得全国计算机技能比赛金奖，具有丰富的计算机网络教学和教材编写经验。其中，肖学华担任主编，李怀鑫、郑华担任副主编。各项目编写分工如下：项目一（洪键光）、项目二（谢淑明）、项目三（肖学华、张治平），项目四（肖学华）、项目五与项目六（彭家龙、肖学华）、项目七（李怀鑫）、项目八（郭旭辉）、附录 A、B（罗文剑）。

本书可供计算机网络技术专业及其相关专业的学生作为教材使用，也可供计算机网络技能比赛训练及广大工程技术人员自学参考，还可供参加“网络设备调试员”职业资格考试的人员使用。

由于编写时间较为仓促，计算机网络技术发展日新月异，书中难免存在一些疏漏和不足，敬请广大专家和读者不吝赐教。联系邮箱：xxhua-dong@163.com。

编 者

2011 年 4 月

目录

1 项目一 计算机网络的搭建

项目说明

计算机网络的发展越来越迅速，已经渗透到计算机科学技术的各个领域和人们日常生活中。精通网络技术的计算机人才，也成为社会的需求热点。

由于计算机网络作用的范围不同，则网络中所用的传输介质、互联设备就不尽相同，所以本项目从介绍网络互联设备、传输介质及组建一个简单的网络等内容入手，让大家了解和掌握有关计算机网络的基础知识及应用。本项目主要完成以下三个任务：

任务一　认识网络互联设备

任务二　制作双绞线

任务三　搭建一个典型的网络

技能目标

- 掌握各网络互联设备的用途。
- 掌握有线传输介质的特点及分类。
- 掌握双绞线的制作。
- 熟悉计算机网络的概念、功能、分类和组成。
- 熟悉计算机网络的 OSI 网络参考模型、TCP/IP 模型、TCP/IP 协议。

任务一 认识网络互联设备

任务描述

通过 Console 端口对新的可管型交换机进行初始化。新购买的交换机一般不内置 IP 参数，不能直接利用 Telnet 或浏览器对其进行配置和管理，而必须通过 Console 端口对其进行初始化。

任务实施

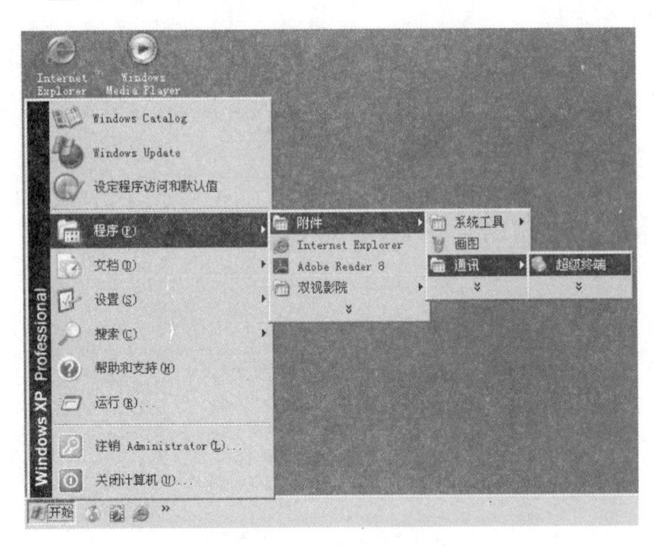

图 1-1-1 启动超级终端

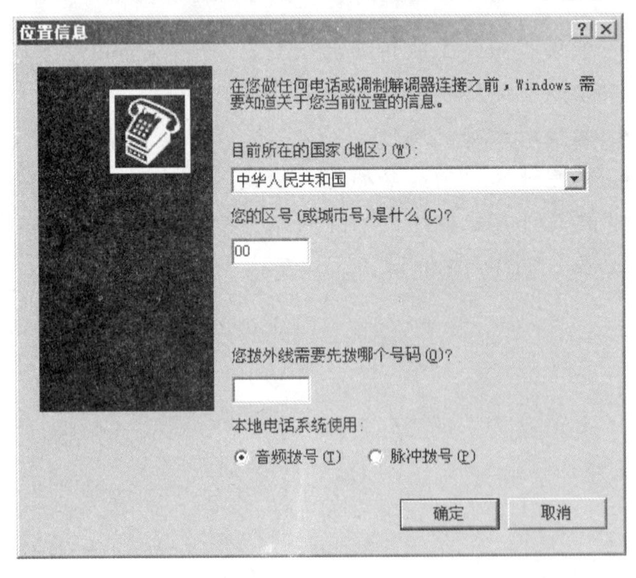

图 1-1-2 超级终端的“位置信息”对话框

01 使用 Console 线两端分别与交换机的 Console 端口和 PC 机的 COM 端口进行连接。

02 将交换机加电启动。交换机加电启动时，我们可以看到电源灯亮了，同时也可以听到交换机的风扇转动的声音，说明这时路由器正在进行硬件和软件的初始化过程，大概需要一分钟左右的时间。

03 在 Windows XP 系统下启动超级终端，如图 1-1-1 所示。一般来说，安装好 XP 的操作系统时，同时也自带安装了超级终端这个工具，配置方法如下。单击“开始”菜单，选择“程序”，再选择“附件”，再找到“通讯”，最后选中“超级终端”，打开超级终端的配置对话框。

如果你是首次使用超级终端，会弹出如图 1-1-2 所示的超级终端的“位置信息”对话框。这时我们必须输入一串区号数字（如 00），然后单击“确定”按钮，弹出“我的位置”对话框，如图 1-1-3 所示。这里我们不需做任何设置，直接确定即可。

04 在“连接描述”对话框中，输入连接名称，如图 1-1-4 所示，单击“确定”按钮。

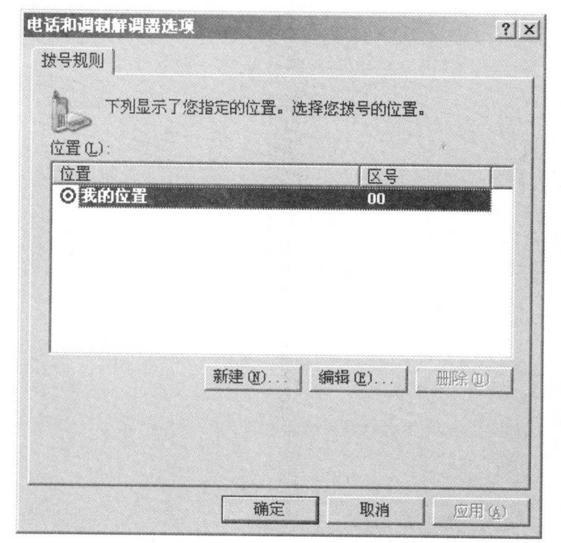

图 1-1-3　超级终端的“电话和调制解调器选项”对话框

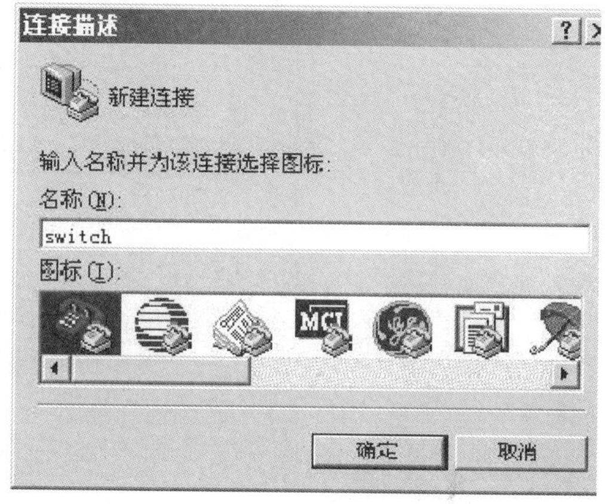

图 1-1-4　指定连接名称

05 在“连接到”对话框中，选择与交换机相连的串口号，如图 1-1-5 所示，单击“确定”按钮。

06 在串口属性对话框中，按图 1-1-6 所示对波特率、数据位、奇偶校验、停止位和流量控制进行设置。

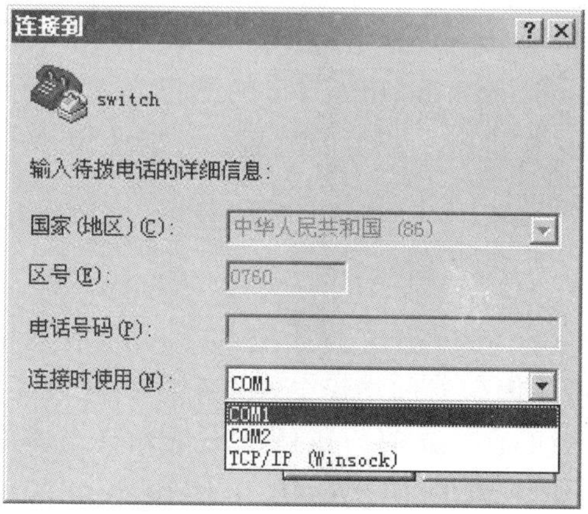

图 1-1-5　选择串口号

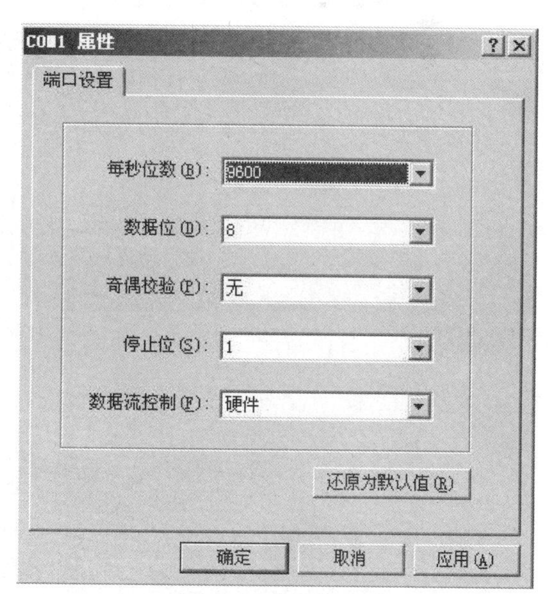

图 1-1-6　配置串口属性

07 在“超级终端”窗口中，按回车键两到三次，即可看到以“#”为后缀的提示符，如图 1-1-7 所示。建立连接后，即可为交换机配置 IP 地址和域名名称，或进行其他设置。

08 完成相关设置后，输入 EXIT，退出命令行状态，关闭“超级终端”。

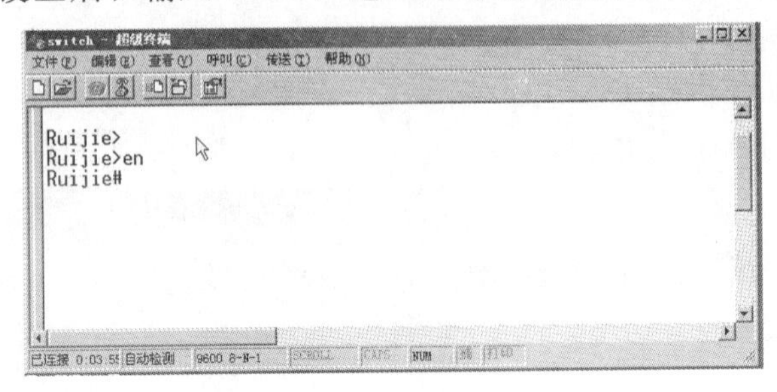

图 1-1-7 在“#”后输入设置命令

相关知识

1. 网络设备的管理方式

网络设备的管理方式通常分为两种，一种为带外（out-of-band）管理方式，另一种为带内（in-band）管理方式。带外管理方式是指不需要占用网络设备的网络带宽的管理方式，一般就是 Console 端口管理方式，而带内管理方式是指管理者通过网络登录到网络设备进行管理的方式，通常有 Web 管理方式和 Telnet 管理方式。

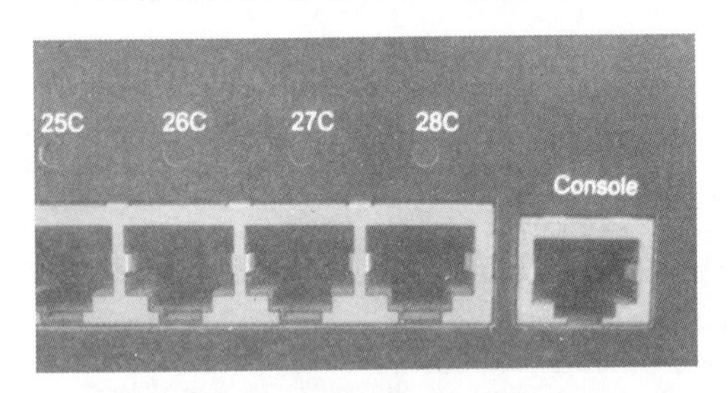

图 1-1-8 交换机的 Console 端口

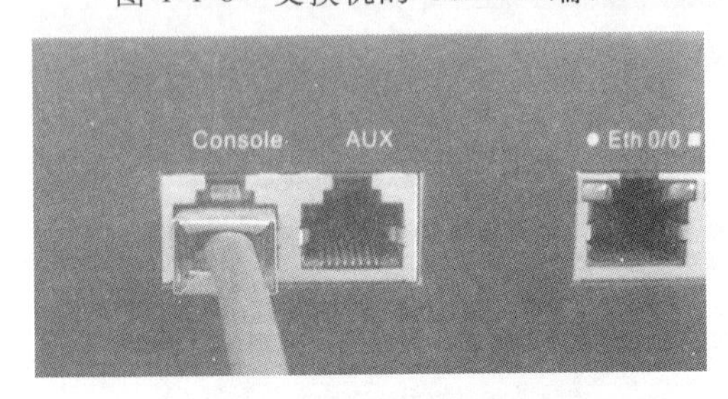

图 1-1-9 路由器的 Console 端口

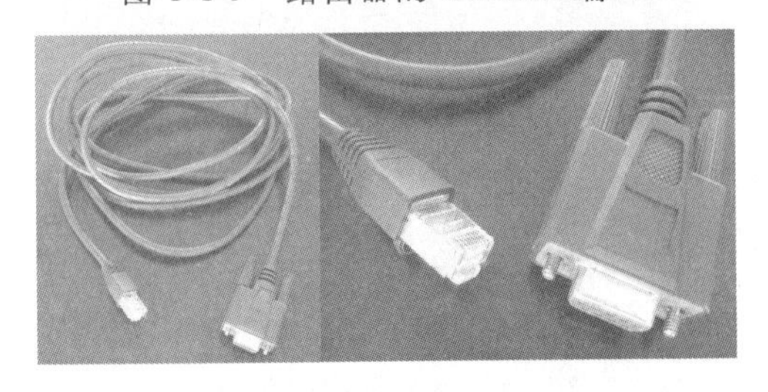

图 1-1-10 锐捷网络设备的 Console 线

在网络设备的首次使用时只能使用串口（Console）方式连接网络设备，即带外管理方式；管理者需要使用一个终端或 PC 与网络设备连接。启动网络设备，在网络设备硬件和软件初始化后就可以使用 CLI（Command Line Interface 的缩写，命令行界面）。在进行了相关配置后，才能使用 Web 或 Telnet 等带内管理方式。

2. 认识 Console 端口

Console 端口，也叫配置口，用于接入网络设备内部对网络设备进行配置。图 1-1-8 和图 1-1-9 分别为锐捷交换机和路由器的 Console 端口例图，其中图中路由器的 Console 端口已经连接上了配置线。

3. 认识 Console 线

Console 线，也叫配置线，是网络设备出厂时包装箱中配置的线缆，用于连接网络设备的 Console 端口和 PC 机的 COM 端口。锐捷网络设备的 Console 线（DB9-RJ45 线缆）如图 1-1-10 所示，可用于锐捷的交换机和路由器的连接和配置。

4. 认识 PC 机的 COM 端口

COM 端口即串行通信端口。PC 机上的 COM 端口通常是 9 针，也有 25 针的接口，最大速率 115200b/s。通常用于连接鼠标（串口）及通信设备（如连接外置式 MODEM 进行数据通信）等。目前主流的主板一般都只带 1 个 COM 端口。如图 1-1-11 所示，被线条框住的端口即为 PC 机的 COM 端口。

图 1-1-11　PC 机上的 COM 端口

5. 交换机的数据传递方式

我们知道集线器的数据包传输方式是广播方式，由于集线器中只能同时存在一个广播，所以同一时刻只能有一个数据包在传输，信道的利用率较低。

而对于交换机而言，它能够“认识”连接到自己身上的每一台电脑，凭什么认识呢？就是凭每块网卡物理地址，俗称“MAC 地址”。交换机还具有 MAC 地址学习功能，它会把连接到自己身上的 MAC 地址记住，形成一个节点与 MAC 地址对应表。凭这样一张表，它就不必再进行广播了，从一个端口发过来的数据，其中会含有目的地的 MAC 地址，交换机在保存在自己缓存中的 MAC 地址表里寻找与这个数据包中包含的目的 MAC 地址对应的节点，找到以后，便在这两个节点间架起了一条临时性的专用数据传输通道，这两个节点便可以不受干扰地进行通信了。通常一台交换机都具有 1024 个 MAC 地址记忆空间，都能满足实际需求。从上面的分析来看我们知道，交换机所进行的数据传递是有明确的方向的，而不是像集线器那样以广播方式传递，传递示意图如图 1-1-12 所示。同时，由于交换机可以进行全双工传输，所以交换机可以同时在多对节点之间建立临时专用通道，形成了立体交叉的数据传输通道结构。

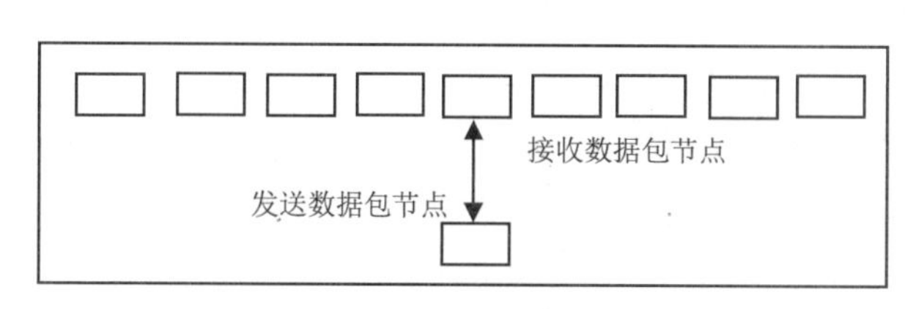

图 1-1-12　交换机的工作方式

交换机的数据传递工作原理可以简单地这样来说明。

当交换机从某一节点收到一个帧时（广播帧除外），将对地址表执行两个动作，一是检查该帧的源 MAC 地址是否已在地址表中，如果没有，则将该 MAC 地址加到地址表中，这样以后就知道该 MAC 地址在哪一个节点；二是检查该帧的目的 MAC 地址是否已在地址表中，如果该 MAC 地址已在地址表中，则将该帧发送到对应的节点即可，而不必像集线器那样将该帧发送到所有节点，只需将该帧发送到对应的节点，从而使那些既非源节点又非目的节点的节点间仍然可以进行相互间的通信，从而提供了比集线器更高的传输速率。如果该 MAC 地址不在地址表中，则将该帧发送到所有其他节点（源节点除外），相当于该帧是一个广播帧。

此外，交换机在刚买回来时是不知道网络中各节点的地址的，也就是说在交换机刚刚打开电源时，其 MAC 地址表是一片空白。那么，交换机的地址表是怎样建立起来的呢？

小贴士

交换机根据以太网帧中的源 MAC 地址来更新地址表。

当一台计算机打开电源后，安装在该系统中的网卡会定期发出空闲包或信号，交换机即可据此得知它的存在以及其 MAC 地址，这就是所谓自动地址学习。由于交换机能够自动根据收到的以太网帧中的源 MAC 地址更新地址表的内容，所以交换机使用的时间越长，学到的 MAC 地址就越多，未知的 MAC 地址就越少，因而广播的包就越少，速度就越快。

那么，交换机是否会永久性地记住所有的端口号与 MAC 地址的关系呢？不是的。由于工程师为交换机设定了一个自动老化时间（Auto－aging），若某 MAC 地址在一定时间内（默认为 300 秒）不再出现，那么，交换机将自动把该 MAC 地址从地址表中清除。当下一次该 MAC 地址重新出现时，将会被当作新地址处理。

6. 交换机的主要参数

交换机是网络系统中的核心设备，交换机的性能参数直接影响用户对交换机的选购。局域网交换机的主要参数有转发方式、转发速率、端口类型和数量、背板带宽等。下面简要介绍交换机的一些重要技术参数。

（1）转发方式

转发方式主要分为“直通式转发”和“存储式转发”。由于不同的转发方式适应于不同的网络环境，因此，应当根据实际需要进行选择。

直通式由于只检查数据包的包头，不需要存储，所以具有延迟小，交换速度快的优点。而存储转发方式在数据处理时延时大，但它可以对进入交换机的数据包进行错误检测，并且能支持不同速度的输入/输出端口间的交换，有效地改善网络性能。同时这种交换方式支持不同速度端口间的转换，保持高速端口和低速端口间的协同工作。

低端交换机通常只拥有一种转发模式，或是存储转发模式，或是直通模式，往往只有中高端产品才兼具两种转发模式，并具有智能转换功能，可根据通信状况自动切换转发模式。通常情况下，如果网络对数据的传输速率要求不是太高，可选择存储转发式交换机；如果网络对数据的传输速率要求较高，可选择直通转发式交换机。

（2）延时

交换机的延时（Latency）也称延迟时间，是指从交换机接收到数据包到开始向目的端口发送数据包之间的时间间隔。这主要受所采用的转发技术等因素的影响，延时越小，数据的传输速率越快，网络的效率也就越高。特别是对于多媒体网络而言，较大的数据延迟，往往导致多媒体的短暂中断，所以交换机的延迟时间越小越好，但延时越小的交换机价格也就越贵。

（3）转发速率

转发速率是交换机的重要参数，它从根本上决定了交换机的转发速率。转发速率通常以“Mpps”（Million Packet Per Second，每秒百万包数）来表示，即每秒能够处理的数据包的数量。该值越大，交换机性能越强劲。

（4）管理功能

交换机的管理功能（Management）是指交换机如何控制用户访问交换机，以及系统管理人员通过软件对交换机的可管理程度如何。如果需要以上配置和管理，则需选择网管型交换机，否则只需选择非网管型的。目前几乎所有中、高档交换机都是可网管的，一般来说所有的厂商都会随机提供一份本公司开发的交换机管理软件，所有的交换机都能被第三方管理软件所管理。低档的交换机来通常不具有网管功能，属“傻瓜”型的，只需接上电源、插好网线即可正常工作。网管型价格要贵许多。

（5）MAC 地址数量

不同档次的交换机每个端口所能够支持的 MAC 数量不同。在交换机的每个端口，都需要足够的缓存来记忆这些 MAC 地址，所以 Buffer 容量的大小就决定了相应交换机所能记忆的 MAC 地址数多少。通常交换机只要能够记忆 1024 个 MAC 地址基本上就可以了，而一般的交换机通常都能做到这一点，所以如果对网络规模不是很大的情况下，这参数无需太多考虑。

（6）背板带宽

背板带宽是指交换机接口处理器或接口卡和数据总线间所能吞吐的最大数据量。由于所有端口间的通信都要通过背板完成，所有背板能够提供的带宽就成为端口间并发通信时的瓶颈。带宽越大，能够给各通信端口提供的可用带宽越大，数据交换速度越快；带宽越小，则能够给各通讯端口提供的可用带宽越小，数据交换速度也就越慢。因此，背板带宽越大，交换机的传输速率则越快。

（7）端口

从端口的带宽来看，目前主要包括 10Mb/s、100Mb/s 和 1000Mb/s 三种，但就这三种带宽又有不同的组合形式，以满足不同类型网络的需要。最常见的组合形式包括 n×100Mb/s＋m×10Mb/s、n×10/100Mb/s、n×1000Mb/s＋m×100Mb/s 和 n×1000Mb/s 四种。

7. 交换机的端口

交换机通常提供 RJ-45、BNC 和 AUI 等三种端口，以适应不同种类的电缆搭建网络的需要。此外，一些高档交换机还提供光纤端口或其他类型的端口。

（1）RJ-45 端口

RJ-45 端口（图 1-1-13）用于组建双绞线网络，通常，交换机所拥有的端口数实际上就是指其 RJ-45 端口。

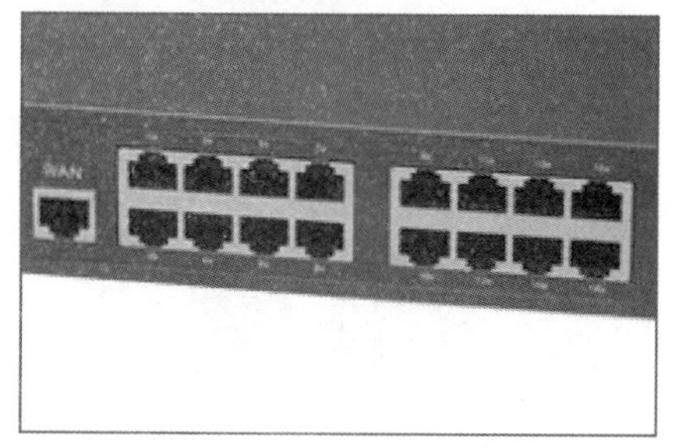

图 1-1-13　RJ-45 端口

交换机的 RJ-45 端口既可直接连接计算机、网络打印机等网络设备，也可连接交换机、路由器或其他集线器等设备。但与不同设备相连时，所需的电缆的线序可能有所不同。

（2）BNC 端口

BNC 是专门用于与细同轴电缆连接的端口，如图 1-1-14 所示。现在 BNC 端口已经不再使用于交换机，只有一些早期的 RJ-45 以太网交换机和集线器中还提供少数 BNC 端口。

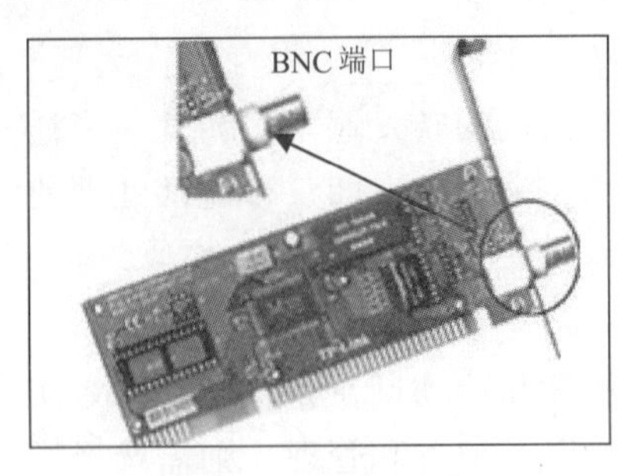

图 1-1-14　BNC 端口

（3）AUI 端口

AUI 端口专门用于连结粗同轴电缆，如图 1-1-15 所示。早期的网卡上有 AUI 端口与集线器或交换机相连组成网络，现在一般用不到了。

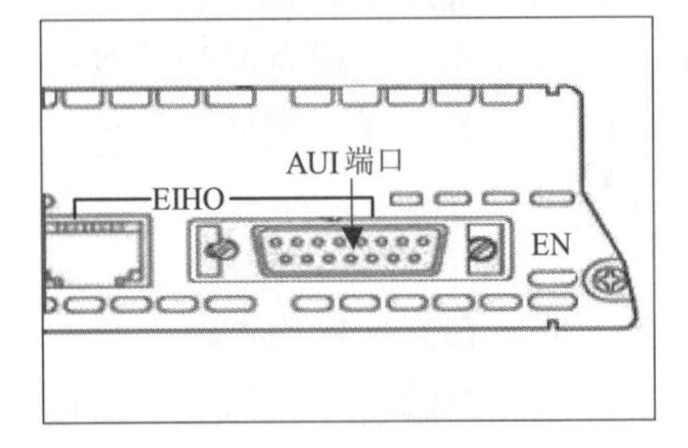

图 1-1-15　AUI 端口

（4）Console 端口

可进行网络管理的交换机上一般都有一个“Console”端口，如图 1-1-16 所示。它是专门用于对交换机进行配备和管理的。通过 Console 端口连结并配备交换机，是配备和管理交换机必须经过的步骤。

图 1-1-16　Console 端口

（5）SC 光纤端口

SC 光纤端口（如图 1-1-17 所示）在 100Base-TX 以太网时代就已经得到了应用，主要用于局域网交换环境。在一些高性能千兆交换机和路由器上提供了这种端口。它与 RJ-45 端口看上去很相似，不过 SC 端口显得更扁些，主要区别在于里面的触片不同，如果是 8 条细的铜触片，则是 RJ-45 端口，如果是一根铜柱则是 SC 光纤端口。

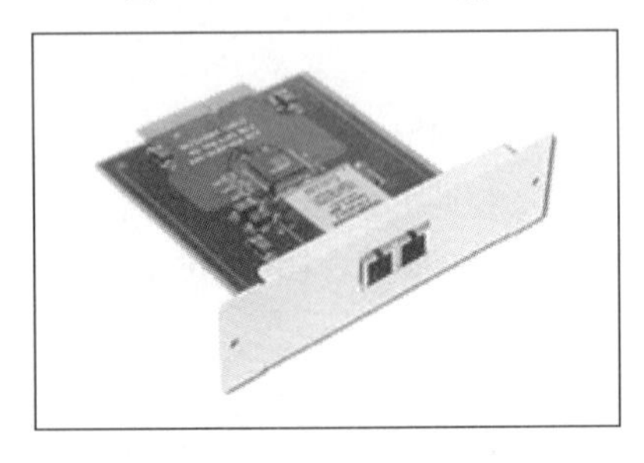

图 1-1-17　SC 光纤端口

（6）FDDI 端口

FDDI 是目前成熟的 LAN 技术中传递速率最高的一种端口，如图 1-1-18 所示，具有定时令牌协议的特性，支持多种拓扑结构，传递介质为光纤。因此 FDDI 端口在网络骨干交换机上比较常见。目前，大多数高端的千兆交换机上都有这种端口。

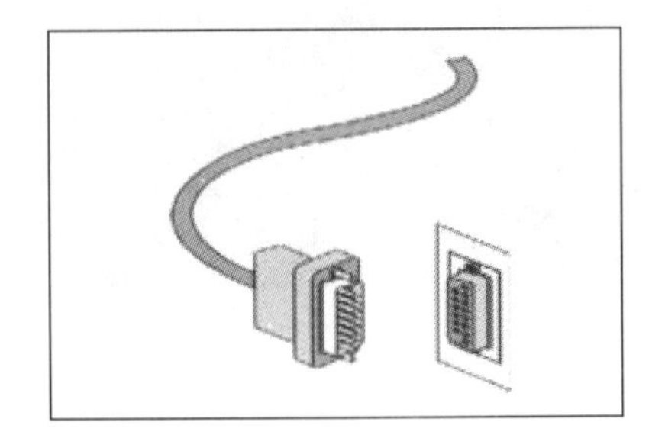

图 1-1-18　FDDI 端口

任务小结

在本任务的实施过程中主要学习了如何通过 Console 端口对新的可管型交换机进行初始化。在相关知识中学习了交换机的数据传递方式、主要参数和端口。

任务二 制作双绞线

任务描述

计算机局域网连接的主要介质是双绞线（也叫 UTP 线缆），一根网线的两头各连接 1 个 RJ-45 水晶头，网线连接着信息插座、计算机的网卡与交换机或路由器。网线的制作与测试关系到局域网的连通性，是网络管理员一定要学会的入门级手艺。

在制作双绞线时以小组为单位，制作相应的 UTP 线缆，并用制作的 UTP 线缆把网络设备连接起来，构成如图 1-2-1 所示的网络拓朴结构。

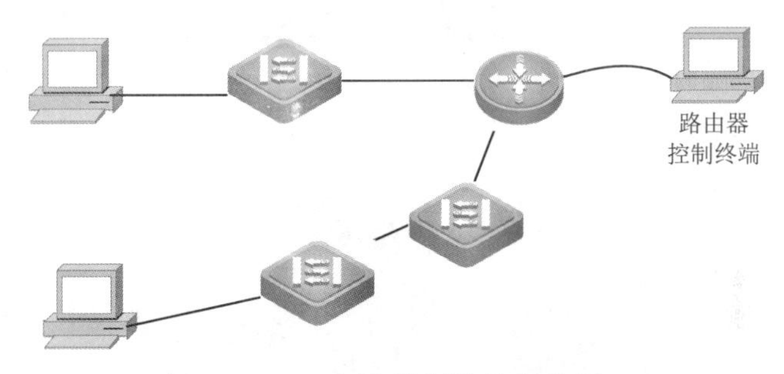

图 1-2-1　UTP 线缆制作的拓扑图

任务实施

根据图 1.2.1 中的网络拓扑结构，判断连接 UTP 线缆的类型，由一个小组中的同学分别制作直通电缆、交叉电缆和全反电缆，并用制作的 UTP 线缆把网络设备连接成图 1.2.1 所示的网络拓扑图。

01 直通电缆的制作

1）准备好 5 类双绞线、RJ-45 水晶头和一把专用的压线钳，如图 1-2-2 所示。

2）用压线钳的剥线刀口将 5 类线的外保护套管划开（不要将里面的双绞线的绝缘层划破），刀口距 5 类线的端头至少 2cm，如图 1-2-3 所示。

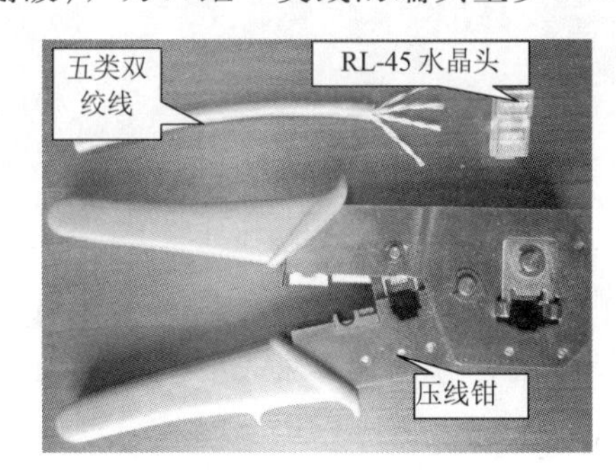

图 1-2-2　5 类双绞线、RJ-45 水晶头、压线钳

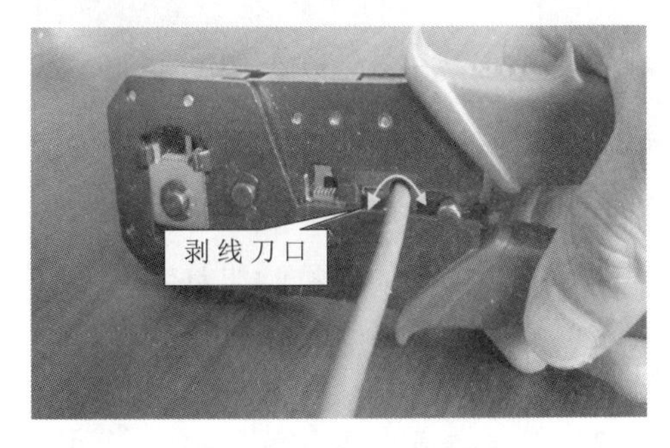

图 1-2-3　用压线钳的剥线刀口剥线

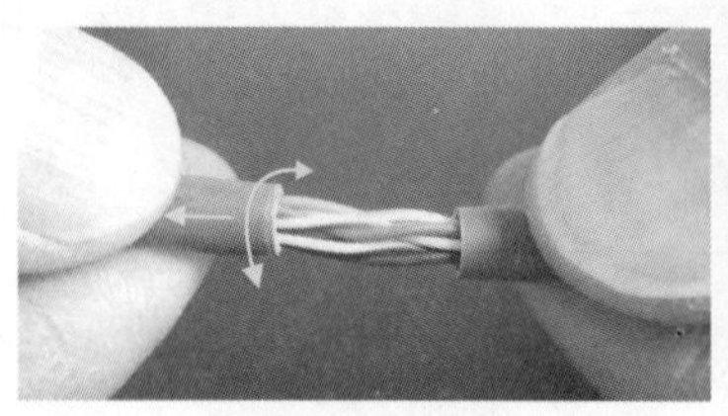

图 1-2-4　剥去双绞线的外保护套

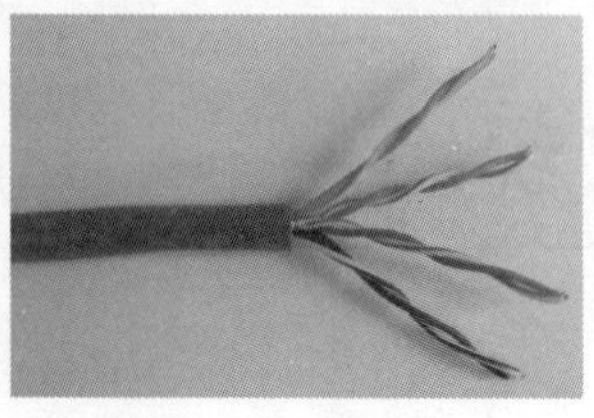

图 1-2-5　5 类线电缆中露出的 4 对双绞线

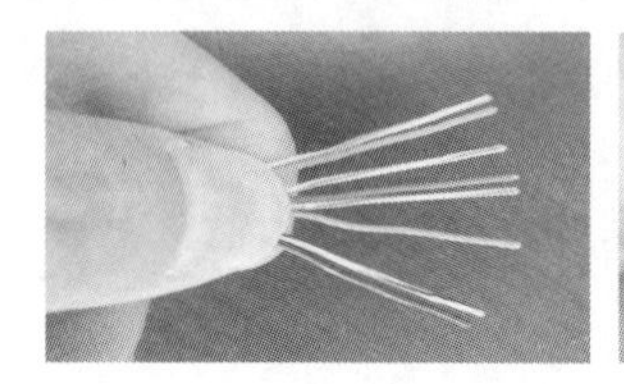

图 1-2-6　将 4 对双绞线排好线序

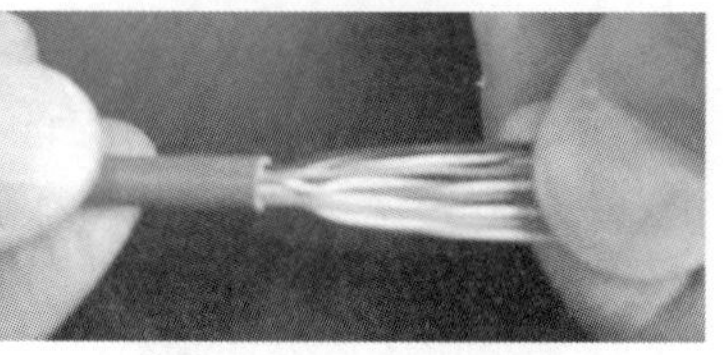

图 1-2-7　将 8 根导线平行排列

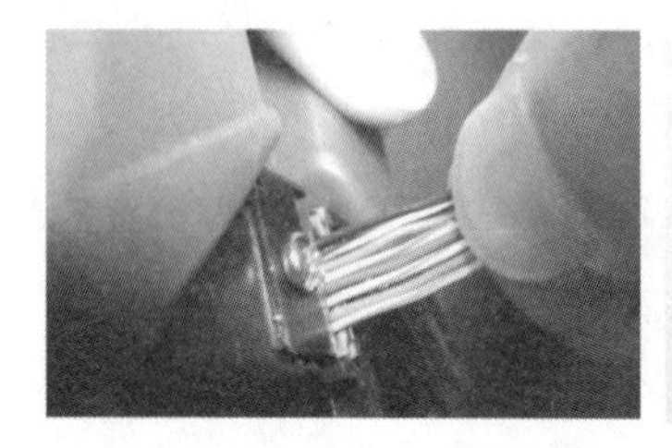

图 1-2-8　将 8 根导线剪断

图 1-2-9　压紧 8 根导线

3）将划开的外保护套管剥去（旋转、向外抽），如图 1-2-4 所示。

4）露出 5 类线电缆中的 4 对双绞线，如图 1-2-5 所示。

5）按照 EIA/TIA568B 标准和导线颜色将导线按规定的序号排好，如图 1-2-6 所示。

6）将 8 根导线平坦整齐地平行排列，导线间不留空隙，如图 1-2-7 所示。

7）准备用压线钳的剪线刀口将 8 根导线剪断，如图 1-2-8 所示。

8）维持该颜色顺序及电缆的平整性，用压线钳把线缆剪平，并使得未绞合在一起的电缆长度不要超过 1.2cm，如图 1-2-9 所示。

9）将剪断的电缆线插入 RJ-45 水晶头试试长短（要插到底），电缆线的外保护层最后应能够在 RJ-45 水晶头内的凹陷处被压实。反复进行调整，如图 1-2-10 所示。

10）在确认一切都正确后（特别要注意不要将导线的顺序排列反了），将 RJ-45 水晶头放入压线钳的压头槽内，准备最后压实，如图 1-2-11 所示。

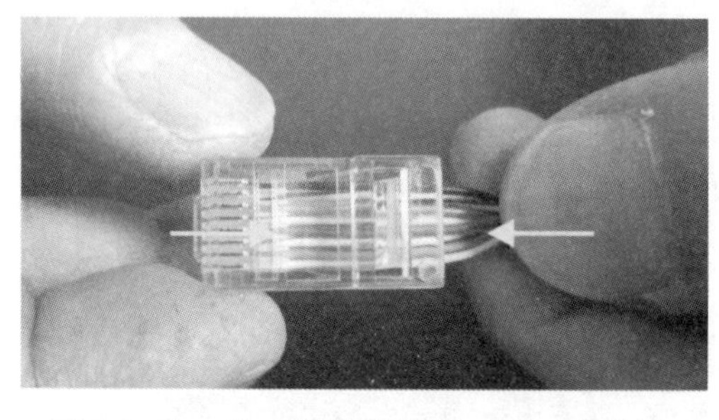

图 1-2-10　将 8 根导线插入 RJ-45 水晶头

图 1-2-11　将 RJ-45 水晶头放入压线钳的压头槽内

11）双手紧握压线钳的手柄，用力压紧，如图 1-2-12 所示。请注意，在这一步骤完成后，插头的 8 个针脚接触点就穿过导线的绝缘外层，分别和 8 根导线紧紧地压接在一起。

12）最后完成直通电缆的制作，如图 1-2-13 所示。

13）用网线测试仪测试做好的直通线。

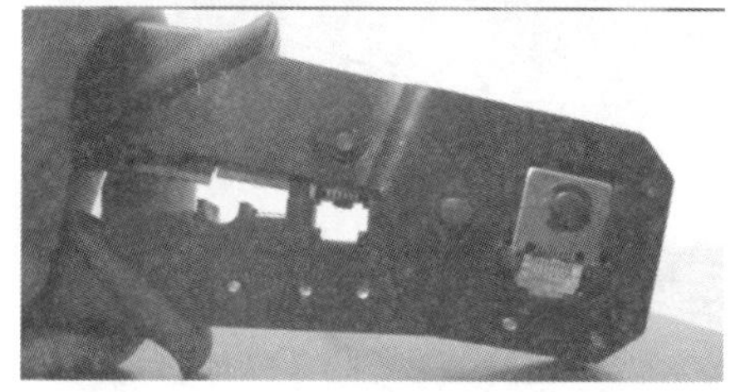

图 1-2-12　将 RJ-45 水晶头放入压线钳的压头槽内

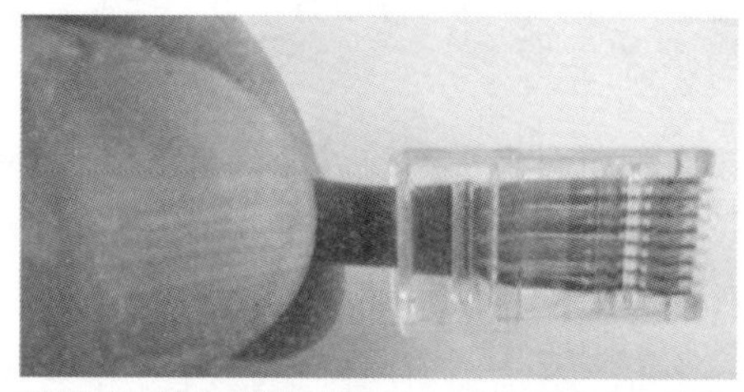

图 1-2-13　制作完成的 RJ-45 水晶头的正反面示意图

02 交叉电缆的制作

交叉电缆的制作步骤与直通电缆的制作步骤相同，只是双绞线的一端应采用 EIA/TIA 568A 标准，另一端则采用 EIA/TIA 568B 标准。

03 全反电缆的制作

全反电缆的制作步骤与直通电缆的制作步骤相同，只是双绞线的一端应采用 EIA/TIA 568B 标准，另一端线的排序与已制作端的排列顺序完全相反，即按棕、白棕、绿、白蓝、蓝、白绿、橙、白橙的顺序排列即可。

相关知识

1. 直通电缆

直通电缆两端的 RJ-45 水晶头的电缆都具有相同次序，如果拿着一根 UTP 电缆的两个 RJ-45 终端并排朝一个方向，如果彩线的次序在每端上都是相同的，则该电缆就是直通电缆直通线可以用于将计算机连入到 Hub 或交换机的以太网口或用于连接交换机与交换机（必须是电缆两端连接的端口只有一个端口被标记上 X 时）。EIA/TIA 568-B 标准的直通线的线序排列如图 1-2-14 所示。

图 1-2-14　UTP 直通电缆及线序排列

2. 交叉电缆

交叉电缆对关键的线对进行交叉以正确地使用类似的连接来调整、传送和接收来自设备的信号。交叉电缆在 RJ-45 水晶头中的线序一端应采用 EIA/TIA568A 标准，另一端则采用 EIA/TIA568B 标准，即所谓的 1、3 交换，2、6 交换，交叉电缆线序排列如图 1-2-15 所示。

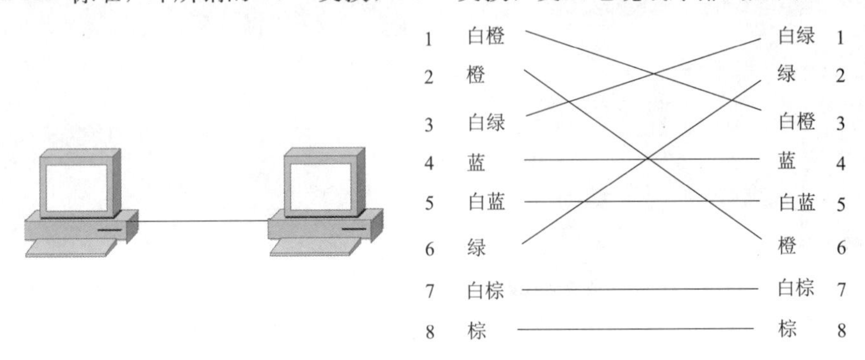

图 1-2-15 UTP 交叉电缆及线序排列

交叉电缆用于将计算机与计算机直接相连、交换机与交换机直接相连（必须是电缆两端连接的端口同时被标记上 X，或者都未标明 X 时）。

3. 网络传输介质

传输介质就是通信过程中传送信息的载体，是数据通信的物理线路。传输介质可能是看得见的（即有线传输介质，如同轴电缆、双绞线、光纤等），也可能是看不见的（即无线传输介质，如无线电、微波、红外线、激光等）。这里将对同轴电缆、双绞线、光纤的相关知识进行介绍。

（1）同轴电缆

同轴电缆是局域网中较早使用的传输介质，曾经被用于 10Base-5 和 10Base-2 以太网中。目前，在局域网中，同轴电缆已经被双绞线取代。此外，同轴电缆现在主要使用在有线电视信号的线路上。

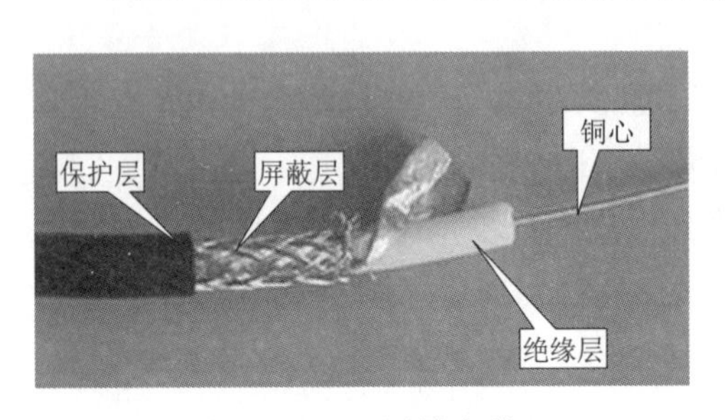

图 1-2-16 同轴电缆

1）结构。同轴电缆是由铜芯、绝缘层、屏蔽层和保护层组成，其结构如图 1-2-16 所示。

从图中可以看出，铜心在最里层，用于传输信号。中间一层是屏蔽层，是用金属丝编织的网状导体，却不是用于导电，使用时其一端通常接地，以此来保护铜心在传输信号时不受串音和外界信号的干扰，铜心和屏蔽层之间为绝缘层，用以隔离铜心和屏蔽层，最外层是保护层，保护层由橡胶、塑料或其他绝缘材料组成，用以保护内部的结构不被破坏。

2）分类。有两种广泛使用的同轴电缆。一种是 50Ω 同轴电缆，另一种是 75Ω 同轴电缆。

50Ω 的同轴电缆，根据直径又可以分为粗同轴电缆（粗缆）和细同轴电缆（细缆）

两种，主要用于数字信号传输，又称为基带同轴电缆。75Ω的同轴电缆，是用于传输模拟信号，又称为宽带同轴电缆。主要用于有线电视网中。

3）特点。同轴电缆一般具有高带宽和极好的噪声抵制特性。同轴电缆的带宽取决于电缆长度。1km的电缆可以达到1Gb/s～2Gb/s的数据传输速率。可使用中间放大器来延长线路。在安装过程中，电缆屏蔽层必须接地。同时两端必须加装终结器以消除信号的反射作用。

（2）双绞线

双绞线已成为目前局域网组网中使用最广泛的传输介质，这主要是因为其低成本、高速度和高可靠性。

1）结构。双绞线是由两根具有绝缘保护层的铜导线组成。每对线按一定规则相互绞合在一起，绞合的目的是为了减少对相邻线的电磁干扰。如果把一对或多对双绞线放在一个绝缘套管中便成了双绞线电缆。目前，局域网使用的是一种由4对铜导线（即8根线）组成的，8根线颜色不相同：橙色、橙白色线对应1、2线对；绿色、绿白色线对应3、4线对；蓝色，蓝白色线对应5、6线对；棕色、棕白色线对应7、8线对，如图1-2-17所示。

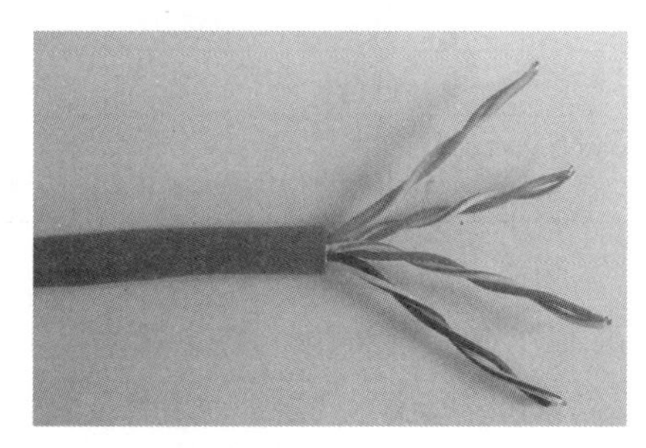

图1-2-17　双绞线

2）分类。双绞线的分类有两种，一种是按线缆是否屏蔽分为屏蔽双绞线（STP）和非屏蔽双绞线（UTP）两大类，屏蔽双绞线在电磁屏蔽性能方面比非屏蔽双绞线要好一些，但价格也要贵一些；另一种是按EIA/TIA（电子工业协会/电信工业协会）为电缆定义类别，分一类线缆（CAT 1）、二类线缆（CAT 2）、三类线缆（CAT 3）、四类线缆（CAT 4）、五类线缆（CAT 5）、超五类线缆（CAT 5e）、六类线缆（CAT 6）等类型，其中只有CAT 3、CAT 4、CAT 5、CAT 5e、CAT 6可以用于局域网。在100m范围内，五类线的传输速率达到100Mb/s，超五类、六类线的传输速率达到1000Mb/s。

3）特点。非屏蔽双绞线（UTP）的外绝缘层的主要作用是保护双绞线免受物理损伤，不能屏蔽来自环境的电磁干扰。在布线时，应尽量使UTP远离电磁干扰源（如荧光灯、电机等）。此外，不要过度弯折UTP（弯曲半径不得小于电缆直径的10倍），也不使电缆绷得过紧。非屏蔽双绞线具有以下特点：①无屏蔽外套，直径小，节省所占用的空间；②重量轻、易弯曲、易安装；③将串扰减至最小或加以消除；④具有阻燃性；⑤具有独立性和灵活性，适于结构化综合布线。

图1-2-18　RJ-45水晶头及引针号

4）RJ-45水晶头和双绞线的制作标准。

① RJ-45水晶头的制作标准。RJ-45水晶头是网络设备和双绞线的连接部件，其引针号排序如图1-2-18所示。

选购水晶头时需要注意水晶头前端的金属压线弹片的硬度和韧性。如果硬度较差，金属弹片无法插入双绞线的导线中，水晶头将不起作用；如果韧性较差，容易发生金属弹片断裂。注意水晶头反面的塑料弹片的弹性，试着把水晶头插入网卡接口，如能听到清脆的响声，说明弹性较好。

② 双绞线的制作标准。双绞线需要通过 RJ-45 水晶头与网卡、集线器或交换机等设备相连，在制作接头时必须符合国际标准，EIA/TIA 制定的双绞线制作标准有 T568A 标准和 T568B 标准。其规定的双绞线接头制作时的线序标准如表 1-2-1 所示，其引针号如图 1-2-6 所示。

表 1-2-1　T568A 标准和 T568B 标准线序表

引针号	1	2	3	4	5	6	7	8
T568A	白绿	绿	白橙	蓝	白蓝	橙	白棕	棕
T568B	白橙	橙	白绿	蓝	白蓝	绿	白棕	棕
绕对	同一绕对		与 6 同一绕对	同一绕对		与 3 同一绕对	同一绕对	

在一个综合布线工程中，需要统一连接方式，若无特殊需要，一般应按照 T568B 标准制作连线、插座、配线架等。

（3）光纤

光纤是一种以玻璃纤维为载体对光进行传输的介质，它具有重量轻、频带宽、不耗电、抗干扰能力强以及传输距离远等特点，目前在电信领域中得到广泛应用。

1）结构。光纤一般为圆柱状，是由纤芯、包层以及塑料保护涂层等组成的。光缆是由若干条光纤组成，图 1-2-19 所示为一段六芯光缆实物。

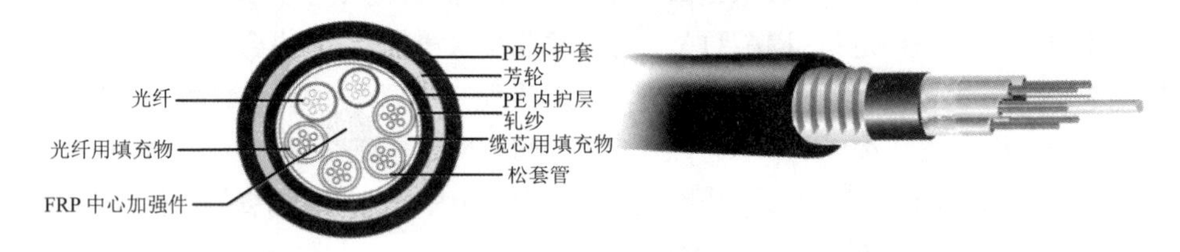

图 1-2-19　光纤

2）分类。在计算机网络中，根据光纤传输模数的不同，通常分为单模光纤和多模光纤两种。1000Mb/s 单模光纤的传输距离为 550m～100km，常用于远程网络或建筑物间的连接和电信的长距离主干线路。1000Mb/s 多模光纤的传输距离为 220～550m，常用于中、短距离的数据传输网络和局域网网络。

3）特点。在工程实践中，光纤主要用于构建园区主干网、连接相互距离较远的建筑物或连接到服务器、高速工作站等。与铜质电缆相比，光纤具有以下优点：

① 频带较宽，传输速率可达到 100Gb/s 甚至更高；

② 电磁绝缘性能好，可免受电磁干扰，保密性强；

③ 衰减较小，误码率约为 10^{-10}，远低于铜质电缆的误码率（10^{-6}）；

④ 抗化学腐蚀能力强；

⑤ 体积小、重量轻（不足等长度铜质电缆的 10%）。

但是光纤也存在缺点。主要是将光纤切断和将两根光纤精确相连所需要的技术比较复杂，光纤接口的价格也比电子接口贵。

任务小结

在本任务的实施过程中要了解有线传输质结构、分类及特点，掌握双绞线的两种制作规范和双绞线的制作方法。

任务三 搭建一个典型的网络

任务描述

交叉电缆实现双机互联。设置共享文件夹，要求只能用指定的用户名和密码登录共享文件夹。交叉电缆实现双机互联是最简单的局域网。用交叉电缆实现双机互联网络拓扑结构图如图 1-3-1 所示。

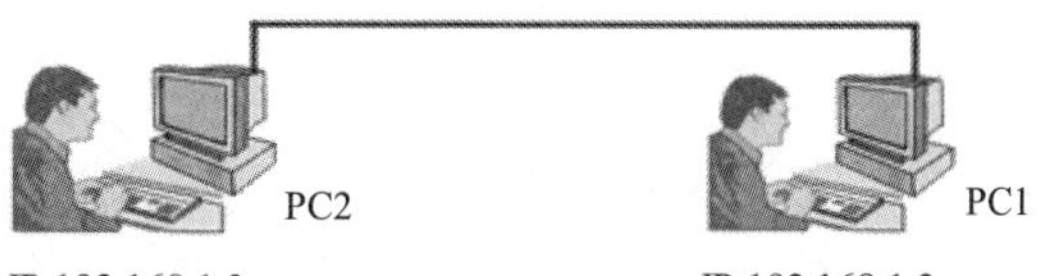

图 1-3-1 双绞线实现双机互联网络拓扑图

硬件环境：台式计算机两台（含网卡及其驱动程序），交叉电缆一根。

软件环境：Windows XP 操作系统。

任务实施

01 交叉线实现双机互联

1）用一根交叉线，把两台台式计算机的网卡上的 RJ-45 口连接起来。

2）启动两台计算机。

3）配置两台计算机的 TCP/IP 参数。分别设置两台计算机的 TCP/IP 参数如下：

PC1 IP 地址：192.168.1.2,子网掩码：255.255.255.0

PC2 IP 地址：192.168.1.3,子网掩码：255.255.255.0

02 设置共享文件夹

在 PC1 中新建名为“共享文件”的文件夹，并设置共享；要求在 PC2 中只能用“用户名为 xiao、密码为 xiao111”的方式登录该共享文件夹。

1）安装 Microsoft 网络的文件和打印共享。

打开“开始/运行”菜单，键入 ncpa.cpl，然后单击“确定”按钮。右键单击“本地连接”，然后单击“属性”。单击“常规”选项卡，然后单击“安装”。单击“服务”，然后单击“添加”。在“网络服务”列表中，单击“Microsoft 网络的文件和打印机共享”选项，在单击“确定”按钮之后，再单击“关闭”按钮，如图 1-3-2 所示。

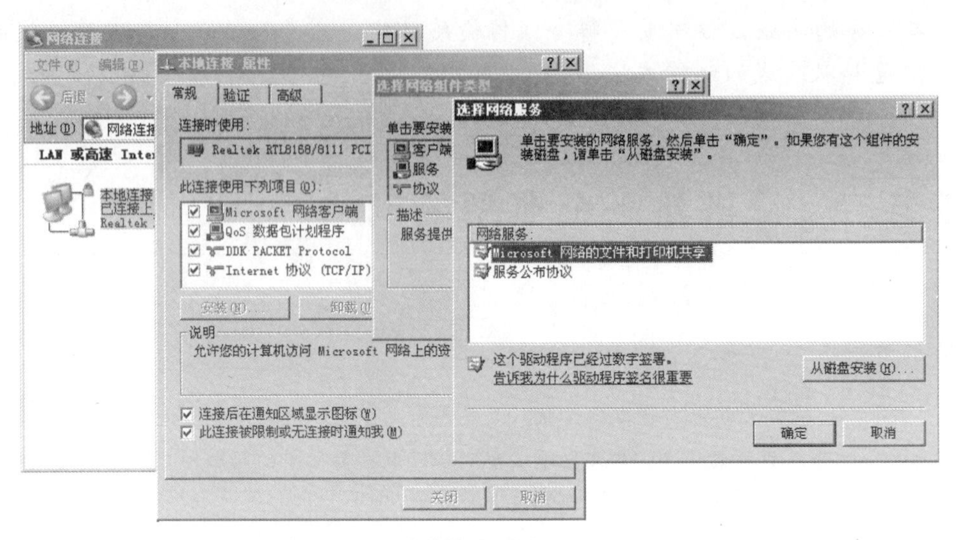

图 1-3-2　添加 Microsoft 网络文件和打印机共享

2）确保“文件和打印机共享”功能不被 Windows 防火墙阻止。

打开“开始/运行”，键入 firewall.cpl，然后单击“确定”按钮。如图 1-3-3 所示，在“常规”选项卡上，确保未选中“不允许例外”复选框。单击“例外”选项卡，如图 1-3-4 所示，确保选中了“文件和打印机共享”复选框，然后单击“确定”按钮。

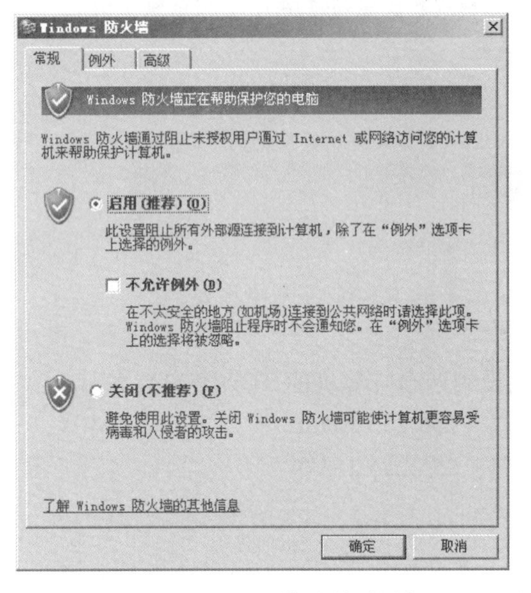

图 1-3-3　Windows 防火墙对话框

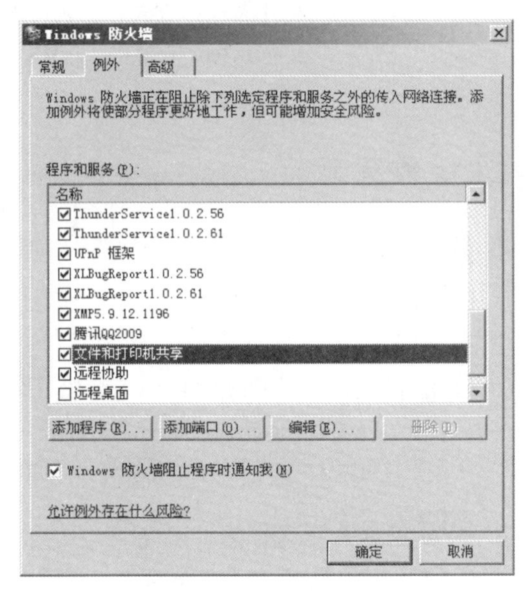

图 1-3-4　Windows 防火墙（例外选项卡）对话框

3）更改网络访问模式。

打开“我的电脑”中的“工具”菜单，选择“文件夹选项”，弹出对话框，如图 1-3-5 所示，选择“查看”选项卡，将“使用简单文件共享（推荐）”前面的选择取消。

如果禁用了简单文件共享功能，此时 XP 要求从网络登录的所有用户都以自己的身份验证，只有具有合法用户名与密码的用户才能访问共享文件夹。设置共享时则会显示传统的“安全”和“共享”选项卡，您可以指定对计算机上的共享文件夹具有访问权限的用户。此时，如果不开启 guest 用户(Windows XP 默认为不开启的)，其他计算机只可以通过输入本地的用户和密码来登录要访问的计算机。本地的用户和密码为要访问的计算机内已经存在的用户和密码。

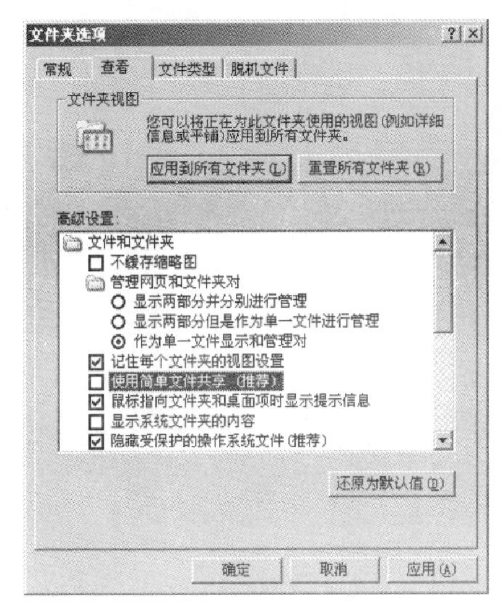

图 1-3-5　文件夹选项对话框

注 意

默认情况下，在大多数基于 Windows XP 的计算机上启用了简单文件共享功能。此时 XP 默认是把从网络登录的所有用户都按来宾帐户处理的，因此，即使管理员从网络登录也只具有来宾的权限。如果启用了简单文件共享功能，则工作组中的每个成员对您的共享文件夹有访问权限，设置共享时则会显示简单文件共享用户界面，而不显示“安全”和“共享”选项卡。

4）创建本地用户和密码。

右键单击“我的电脑”，在下拉菜单中选择“属性”，弹出如图 1-3-6 所示对话框，在左侧栏中选择“用户”，在右侧空白处右键单击，在下拉菜单中选择“新用户”，弹出的对话框如图 1-3-7 所示，设置用户名为“xiao”，密码为“xiao111”，勾选“用户不能更改密码”和“密码永不过期”，单击“创建”按钮。

说 明

创建的用户“xiao”会自动隶属于“Users”用户组。

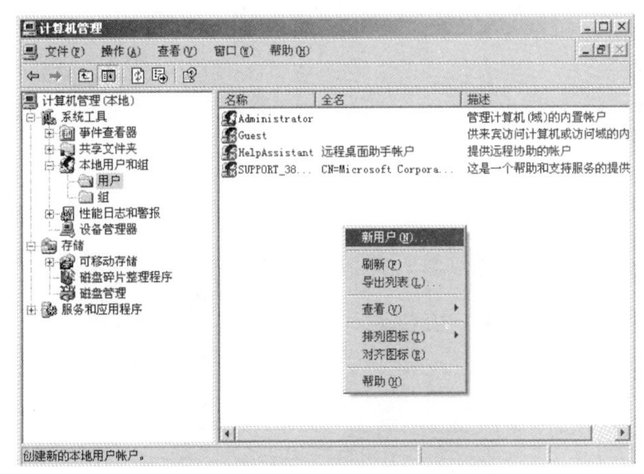

图 1-3-6　计算机管理对话框

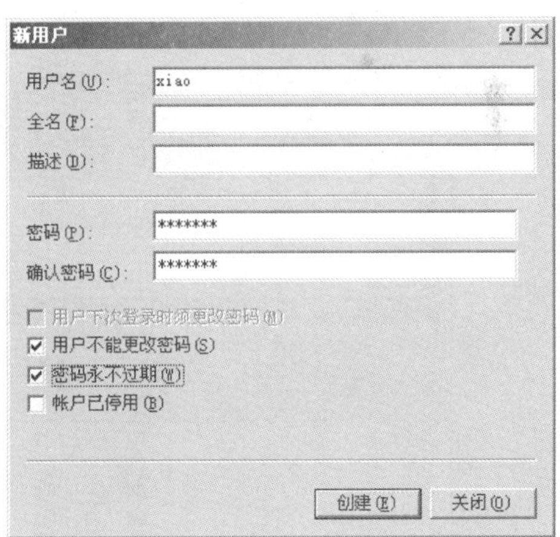

图 1-3-7　新用户对话框

5）创建共享文件夹。

右键单击文件夹“共享文件”，在下拉菜单中选择“共享和安全”，弹出如图 1-3-8 所示对话框，选择“共享此文件夹”，单击【权限】按钮，弹出的对话框如图 1-3-9 所示，

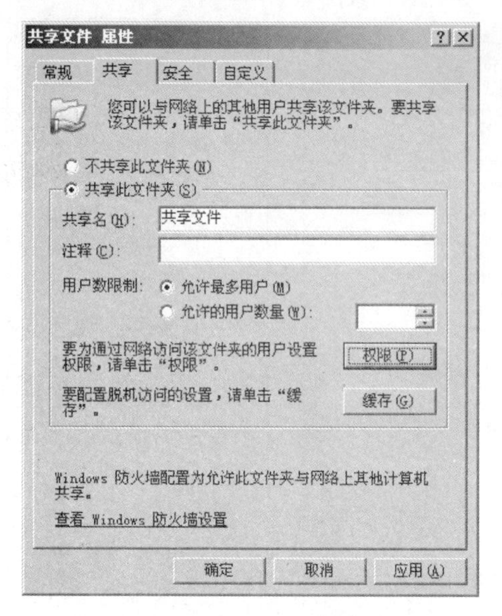

图 1-3-8 共享文件夹属性对话框

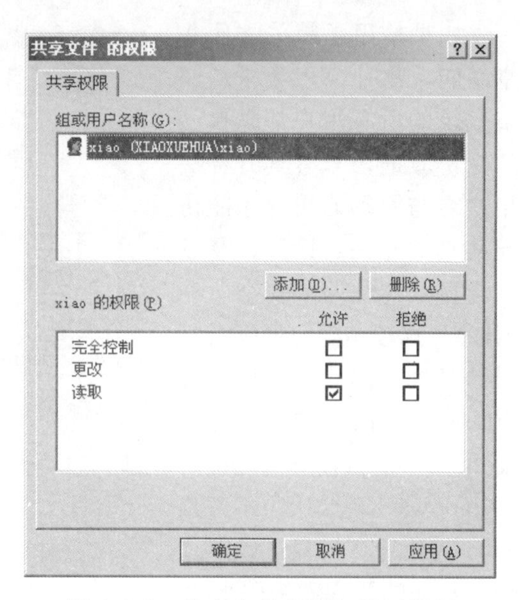

图 1-3-9 共享文件夹的权限对话框

添加用户“xiao”，删除其他用户。单击“安全”选项卡，如图 1-3-10 所示，“Users”用户组中已经包含用户“xiao”。

6）在 PC2 中登录 PC1 的共享文件夹。

首先，要确保 PC2 中安装 Microsoft 网络的文件和打印共享，并且确保“文件和打印机共享”功能不被 Windows 防火墙阻止。

然后，打开“开始/运行”菜单，键入\\192.168.1.2，单击“确定”按钮，弹出登录对话框，如图 1-3-11 所示，在用户名文本框中输入“xiao”，在密码文本框中输入“xiao111”，单击“确定”按钮。弹出登录到 192.168.1.2 的界面，如图 1-3-12 所示。

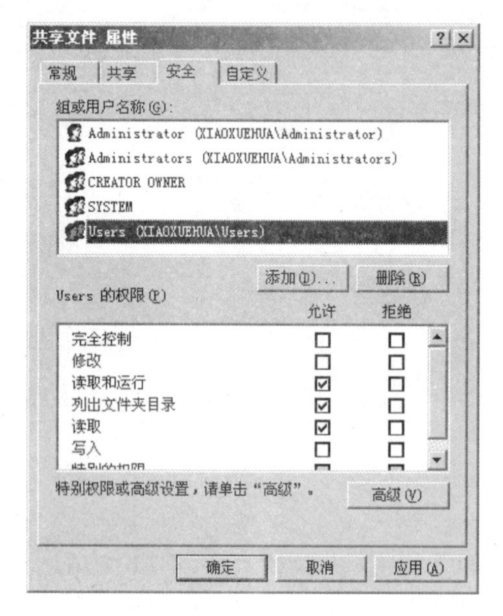

图 1-3-10 共享文件夹属性（安全选项卡）对话框

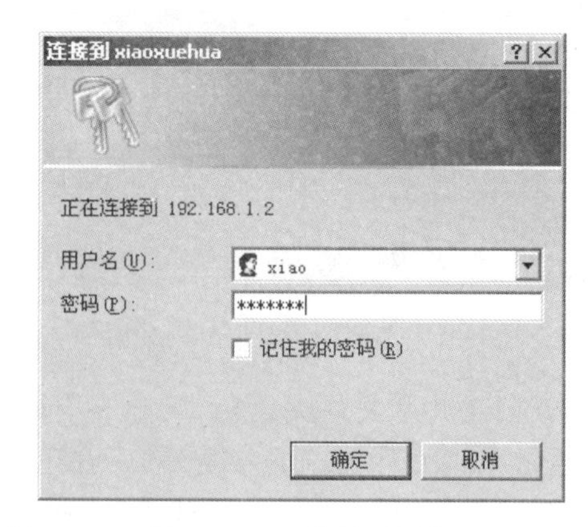

图 1-3-11 登录对话框

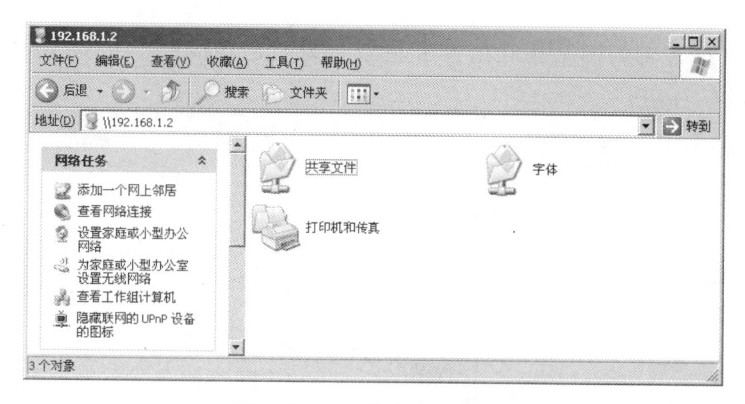

图 1-3-12 登录成功界面

相关知识

1. 计算机网络的定义

计算机网络是利用通信线路和通信设备，将分布在不同位置上的具有独立工作能力的计算机相互连接起来的，并按照网络协议进行数据交换的计算机系统，以此实现彼此信息交换和资源共享。

2. 计算机网络的功能

计算机网络在工业、农业、交通运输、邮电通信、文化教育、商业、国防以及科学研究等各个领域得到了广泛的应用。它具有以下主要功能:

（1）数据通信

在人类的交流过程中，经常需要传输大量的信息和数据。人们利用计算机网络完成各种数据交换任务，例如: 文件传输（FTP）、电子信箱（Email）、网络传呼（QICQ）、网络浏览（WWW）等。

（2）资源共享

网络中的软件、硬件资源如外部设备，文件系统和数据等可为多个用户所共享，实现互通有无、异地使用，以此提高各种设备的利用率，减少重复劳动。

（3）并行和分布式处理

通过计算机网络，我们可以将一个任务分配到不同地理位置的多台计算机上协同完成，以实现均衡负荷，提高系统的利用率。对于许多综合性的科研项目，可以采用合适的算法，将任务分散到不同的计算机上进行分布和并行处理，共同完成任务。

（4）提高计算机系统的可靠性

在计算机网络中，每台计算机可以互为备份系统，当一台计算机出现故障时，可以调用其他计算机实施替代任务，从而提高了计算机系统的可靠性。

3. 计算机网络的拓扑结构

计算机网络的拓扑结构是用网络中各个节点与连接线的几何关系来表示网络的结

构。下面介绍五种常见的网络拓扑结构：星型、树型、总线型、环型以及混合型网络，如图 1-3-13 所示。

4. 计算机网络的组成

计算机网络主要由网络硬件和软件组成。典型的计算机网络如图 1-3-13 所示。

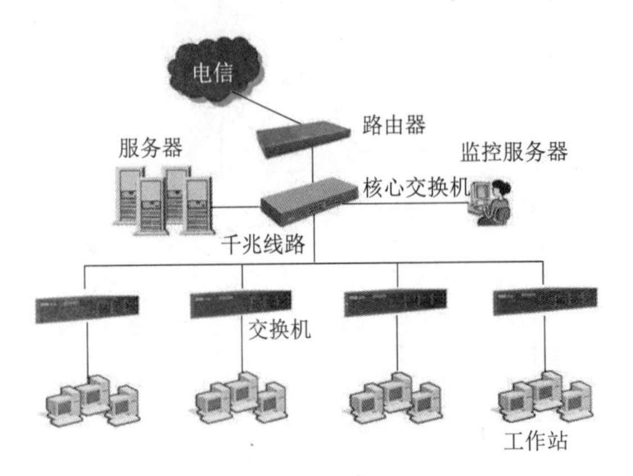

图 1-3-13　典型的计算机网络

（1）网络硬件

从图 1-3-13 可以看出，网络硬件主要包括如下部分。

1）网络服务器。网络服务器是为网络工作站提供服务的高性能、高配置的计算机。其主要任务是运行网络操作系统和其他应用软件，为网络提供通信控制、管理和共享资源等。它是网络的核心，是网络的资源所在。

2）网络工作站。网络工作站，也称客户机，是接入网络的低配置的计算机。它是用户使用网络的窗口，即可以访问本地资源，也可以访问网络资源，并且接受网络服务器的控制和管理。

3）传输介质。传输介质是连接网络通信用的信号线。因网络技术不同，网络的传输介质也不同，主要有同轴电缆、双绞线、光纤和电磁波等

4）网络互联设备。网络互联设备是构成网络的一些部件，如集线器、交换机和路由器等。

（2）网络软件

网络软件系统主要有协议、网络操作系统、客户机操作系统、数据库软件系统、网络应用软件系统和其他专用软件等。图 1-3-14 所示为各软件系统的具体内容。

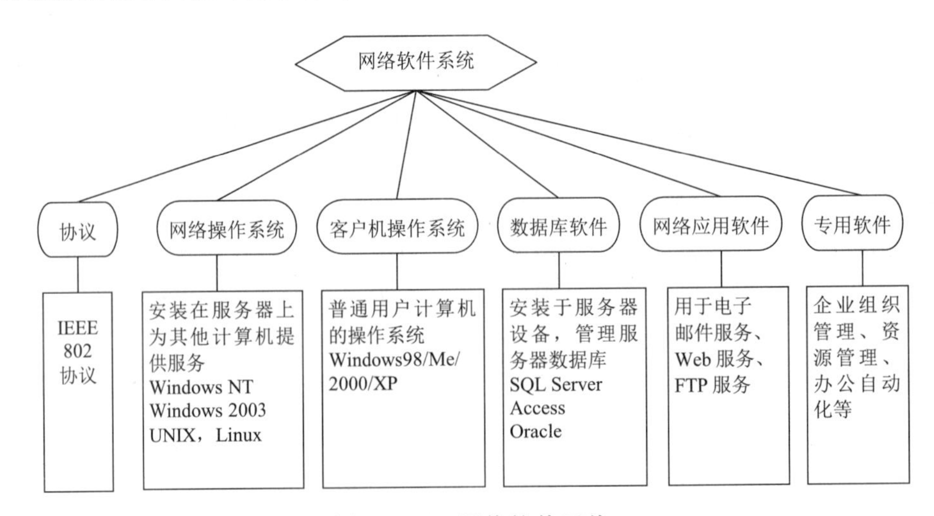

图 1-3-14　网络软件系统

5. 计算机网络的分类

按照网络的作用与地理范围来分，计算机网络类型大致可分为以下三大类。

（1）局域网 LAN（Local Area Network）

一般限定在较小的区域内，小于 10km 的范围，通常是一个办公室，一个建筑物或是校园内。最常见的局域网拓扑结构有星型、总线型和环型。

（2）城域网 MAN（Metropolis Area Network）

规模局限在一座城市的范围内，10～100km 的区域。城域网可以是单一的网络，也可以是将许多局域网连接成的一个更大的网络。

（3）广域网 WAN（Wide Area Network）

网络跨越国界、洲界，甚至全球范围。广域网通常利用电信部门提供的分组交换网、卫星通信信道和无线分组交换网等，将分布在不同地区的计算机系统互联起来，达到资源共享的目的。

目前局域网和广域网是计算机网络的热点。局域网是组成其他两种类型网络的基础，城域网一般都加入了广域网。广域网的典型代表是 Internet 网。

此外，按照网络的拓扑结构来分，主要分为星型、树型、总线型、环型以及混合型网络。

6. 计算机网络模型——OSI 参考模型

国际标准化组织（International Standards Organization，ISO）在 1979 年制定了开放系统互联参考模型（Open Systems Interconnection Reference Model—OSI/RM），即 OSI 参考模型，这个标准模型的建立大大推动了网络通信的发展。

层的名字	层号
应用层	7
表示层	6
会话层	5
传输层	4
网络层	3
数据链路层	2
物理层	1

图 1-3-15 OSI 参考模型

OSI 参考模型将整个网络通信的功能划分为七个层次，它们由低到高分别是物理层、数据链路层、网络层、传输层、会话层、表示层和应用层，如图 1-3-15 所示。

每层完成一定的功能，每层都直接为其上层提供服务，并且所有层次都互相支持。第四层到第七层称之为高层，定义应用程序之间的通信和人机界面，主要负责互操作性，而第一层到第三层称之为底层，定义的是数据如何端到端地传输、物理规范及数据与光电信号间的转换等，是用于构造两个网络设备间的物理连接。

（1）OSI 参考模型的七个层次

1）物理层。是 OSI 参考模型的最底层，其定义了为建立、维护和拆除物理链路所需的机械的、电气的、功能的和规程的特性等，如规定使用电缆和接口的类型、传送信号的电压等。物理层使用原始的数据位流，传输数据单位是比特。

2）数据链路层。数据链路层负责建立、维护和释放数据链路，在链路上进行无差错地传送帧，负责准备物理传输、同步信息、地址信息、差错控制信息、流量控制信息等。我们所熟知的 MAC 地址和交换机都工作在这一层。上一层传下来的数据包在这一层被分割封装后叫做帧。

3）网络层。负责对数据报文的分组传送和路由选择，主要解决如何使数据分组跨越通信子网从源节点传送到目的节点的问题。数据包中封装有网络层包头，其中含有逻辑地址信息：源站点和目的站点的网络地址。我们所熟知的IP地址和路由器都工作在这一层。上一层的数据段在这一层被分割，封装后叫做包。

以上三层组成了网络的通信子网，通信子网负责把一个地方的数据可靠地传送到另一个地方，但并未实现两个主机进程之间的通信。通信子网的主要功能是面向通信的。

4）传输层。传输层是网络体系结构中最为关键的一层，正好是七层的中间一层，所以又称为中间层。是资源子网（上面三层）与通信子网（下面三层）的桥梁。传输层传送的信息单位是报文。传输层从会话层接收数据报文，并且当所发送的报文较长时，先要在传输层里把它分割成若干个报文分组，然后再交给它的下一层（即网络层）进行传输。此外，这一层还负责报文错误的确认和恢复、端到端的差错控制和流量控制等。

通常，互联网所采用的TCP/IP协议中的TCP（传输控制协议）就属于传输层。而登录Novell服务器所必需的IPX/SPX协议中的SPX（顺序包交换）协议也是属于传输层。

5）会话层。这一层的功能是数据传输的同步与管理会话。是组织和同步不同主机上各种进程间的通信，负责两个会话层实体之间进行对话连接的建立和拆除，双方相互确认身份，协商对话连接的细节，还可决定对话是双向的还是单向的。会话层还提供在数据流中插入同步点机制，在每次网络出现故障后可以仅重传最近一个同步点以后的数据，而不必从头开始。

6）表示层。这一层主要解决用户信息的语法表示问题。表示层将数据从适合于某一系统的语法转变为适合于OSI系统内部使用的语法。具体地讲，表示层对传送的用户数据进行翻译或解释、编码和变换，使得不同类型的机器对数据信息的不同表示方法可以相互理解。同时在表示层可以进行数据的压缩、解压缩、加密、解密等操作。

7）应用层。应用层的主要任务是确定进程之间通信的性质以满足用户需要，以及提供网络与用户应用软件之间的接口服务。例如：远程登录、文件传输、电子邮件等。

（2）OSI参考模型数据传输方式

当数据从一层传送到另一层时，支持各层的协议软件负责相应的数据格式转换。图1-3-16所示为数据传输时在两台计算机之间的数据格式。

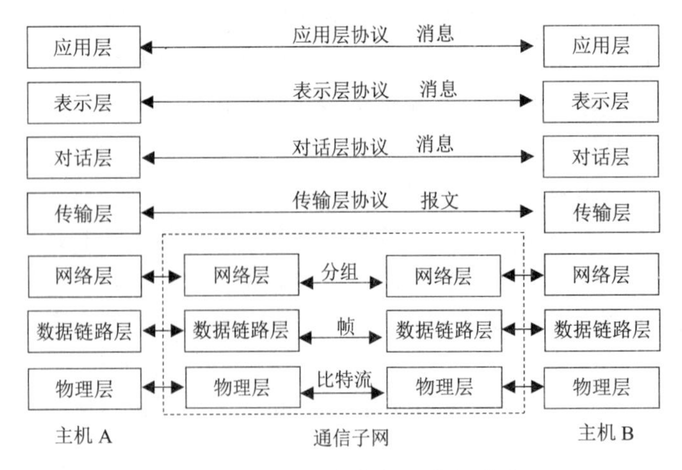

图1-3-16　OSI参考模型数据传输

数据转换的基本规则是：当数据从上层往下层传送时，协议软件在数据上添加头部；当接收方收到数据从下往上传时，协议软件负责去掉下层头部。

7．TCP/IP 参考模型

TCP/IP（Transmission Control Protocol/Internet Protocol 的简写），中文译名为传输控制协议/互联网协议。目前，众多的网络产品厂家都支持 TCP/IP 协议，TCP/IP 实际上已经成为互联网通信的标准，作为互联网上的传输协议，TCP/IP 使得全球范围以内的计算机能够互相通信。

（1）TCP/IP 的参考模型

TCP/IP 体系共分成四个层次，如图 1-3-17 所示。它们分别是网络接口层、网络层、传输层、应用层。

	TCP/IP 协议栈				相当于 OSI 的层次
应用层	各种应用层协议，如 FTP、HTTP、Telnet、SNMP、SMTP 等				7
传输层	TCP			UDP	4
网络层	IP				3
网络接口层	以太网	令牌网	FDDI	…	1、2

图 1-3-17　OSI 参考模型与 TCP/IP 协议的比较

1）网络接口层。网络接口层与 OSI 参考模型的物理层、数据链路层、网络层相对应，通常包括操作系统中的设备驱动程序和计算机中对应的网络接口卡。它们一起处理与电缆（或其他任何传输媒介）的物理接口细节。

2）网络层。网络层有时也称作网际层，在功能上类似于 OSI 体系结构中的网络层。在 TCP/IP 协议族中，网络层协议包括网际协议 IP，互联网控制报文协议 ICMP，互联网组管理协议 IGMP、地址解释协议 APR 以及反向地址解释协议 RAPR 等。

3）传输层。传输层主要为两台主机上的应用程序提供端到端的通信，这一层相当于 OSI 体系结构中的传输层。在 TCP/IP 协议族中，有两个不同的传输层协议：传输控制协议 TCP 和用户数据报协议 UDP。在应用进程中这两种传输协议有不同的用途：TCP 为两台主机提供可靠的面向连接的协议；UDP 则为应用层提供一种不可靠的无连接的协议。

4）应用层。在 TCP/IP 体系结构中并没有 OSI 的会话层和表示层，TCP/IP 把它们都归结到应用层。所以，应用层包含所有的高层协议，如 Telnet 远程登录、FTP 文件传输协议、SMTP 简单邮件传送协议、SNMP 简单网络管理协议等。

（2）TCP/IP 协议

TCP/IP 协议是由很多种协议组成的，又称为 TCP/IP 协议族。但 TCP 和 IP 只是其中的两种协议。图 1-3-18 给出了这些协议之间的关系。

1）ARP 协议和 RARP 协议。网络接口层定义了地址解析协议 ARP 和反向地址解析协议 RARP。ARP 协议是将网络层的 IP 地址解释为数据链路层的 MAC 地址。而 RARP 协议主要是工作站由 MAC 地址向服务器获取动态的 IP 地址，如无盘工作站请求服务器提供其 IP 地址。

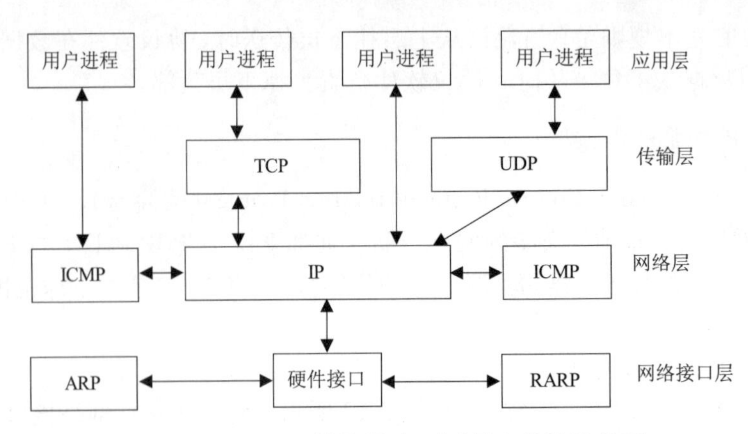

图 1-3-18 TCP/IP 协议族中不同层次的协议关系

2）IP 协议、ICMP 协议和 IGMP 协议。IP 网际协议是工作在网络层上的主要协议，同时被 TCP 和 UDP 所使用。TCP 和 UDP 的数据包都是通过终端系统和中间路由器中的 IP 层在互联网中进行传输。ICMP 互联网控制报文协议，是 IP 协议的附属协议，IP 层用它来与其他主机或路由器交换错误报文和其他控制信息。尽管 ICMP 主要被 IP 使用，但应用程序也有可能访问它。诊断程序 ping 和 traceroute 都使用了 ICMP。IGMP 是互联网组管理协议，主要用来把一个 UDP 数据报多播到多个主机。

3）TCP 协议和 UDP 协议。TCP 传输控制协议和 UDP 用户数据报协议是两个最为常用的传输层协议。TCP 提供一种面向连接的、可靠的传输层服务。UDP 提供一种面向非连接的、不可靠的传输层服务，它不能保证数据报能安全无误地到达最终目的地。

TCP/IP 定义了很多应用层协议，包括 SMTP（简单邮件传送协议）、DNS（域名服务）、FTP（文件传输协议）、Telnet（远程终端访问协议）、SNMP（简单网络管理协议）、HTTP（超文本传输协议）等。

任务小结

在本任务的实施过程中，要掌握计算机网络的概念、功能、分类及拓扑结构；理解 OSI 网络参考模型、TCP/IP 参考模型、TCP/IP 协议。

2

项目二　网络规划与设计

项目说明

很多学校都建有校园网络，这些网络大都是千兆校园网。本项目将从千兆校园网络的建设需求、建设规划、设备选择、IP 地址的分配与聚合设计等方面着手，展示一个千兆校园网络的建设过程。本项目主要完成以下两个任务：

任务一　校园网规划与设计

任务二　IP 地址的分配与聚合设计

技能目标

- 掌握网络拓扑层次化结构设计（即核心层、汇聚层和接入层三层结构模型）。
- 熟悉 IP 地址及其分类、子网划分、VLSM 可变长的子网掩码。

任务一 校园网规划与设计

任务描述

某学校是一所极具现代意识、以现代化教学为特色的学校。为了更好地发挥计算机及其网络在教学、管理等方面的作用，将其引入教学、科研、管理和学习等各个领域，学校计划在校内建立校园网并与国际互联网（Internet）相连。根据学校的要求，现需按照“统一规划、分步实施、讲究实效、安全可靠”的原则进行该学校校园网综合系统的设计。

项目建设的目标是采用 1000Mb/s 光纤交换网络实现各楼区高速互联，将学校的各种 PC、服务器、终端设备和局域网连接起来，并整合现有的网络资源，构建一个以多层交换网络为框架，以网络基本应用为平台的校园网，初步形成数字化校园网络。

任务实施

01 熟知校园建筑分布

学校的建筑分布如图 2-1-1 所示，包括办公楼、教学楼、学生宿舍、计算机学院、远程分校等。除了远程分校外，其他建筑与网络中心的距离都在 2km 以内。

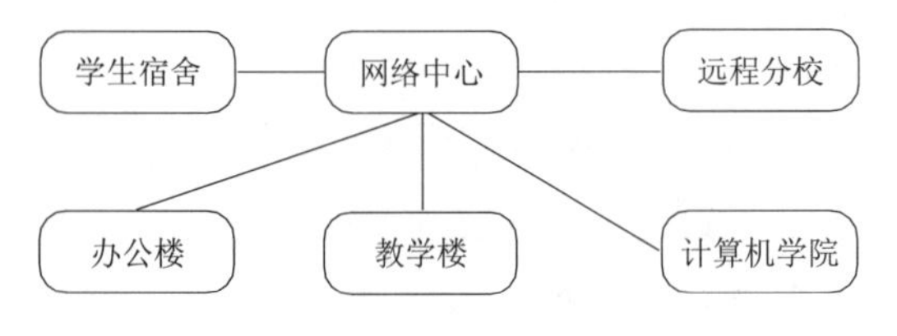

图 2-1-1 学校建筑分布图

02 校园网需求分析

该校要求使用网络将学校的各种计算机、终端设备和局域网连接起来，形成校园内部的 Intranet 网络，并通过路由器接入 Internet，以满足学校教学、办公、科研等需要。

校园网建设的具体需求如下。

1）校本部各大楼与网络中心的网络带宽为 1000Mb/s，用户主机到桌面交换机的网络带宽为 100Mb/s。

2）校园网到 Internet 的出口带宽为 10Mb/s。

3）远程分校与校本部的网络带宽为 2Mb/s。

4）办公楼中有财务处、招生办公室、党委办公室等机构。要求这些机构必须处在一个独立的局域网内，以保证网络的安全。

5）提供图书、文献查询与检索服务，增强校图书馆信息自动化能力。

6）提供基本的 Internet 网络服务功能：如电子邮件、文件传输、远程登录、新闻组讨论、电子公告牌、域名服务等。

7）全校共享软件库服务，避免重复投资，发挥最大效益。

8）提供 CAI（计算机辅助教学），教学和科研的便利条件。

9）经广域网接口，提供国内外计算机系统的互连，为国际间的信息交流和科研合作以及学校快速获得最新教学成果及技术合作等创造良好的信息通路。

03 明确对主机系统的要求

1）主机系统应采用国际上较新的主流技术，并具有良好的向后扩展能力。

2）主机系统应具有高的可靠性，能长时间连续工作，并有容错措施。

3）支持通用大型数据库，如 SQL、Oracle 等。

4）具有广泛的软件支持，软件兼容性好，并支持多种传输协议。

5）能与 Internet 互联，可提供互联网的应用，如 WWW 浏览服务、FTP 文件传输服务、Email 电子邮件服务、NEWS 新闻组讨论等服务。

6）支持 SNMP 网络管理协议，具有良好的可管理性和可维护性。

04 规划网络拓扑结构

根据学校建筑的分布及需求，作出如下规划:

1）网络中心与各楼宇之间使用千兆多模光纤连接，形成千兆骨干网络。

2）大楼内设置汇聚层交换机，用于汇聚楼内各楼层交换机的数据。

3）桌面交换机与汇聚层交换机连接，桌面交换机与计算机间使用百兆双绞线相连。

4）OA 办公、Email、Web 及 FTP 服务直接和网络中心的核心交换机连接。

5）由于该校的网络出口带宽为 10Mb/s，因此直接通过以太协议接入 ISP。

6）远程分校与校本部间通过租用 ISP 的 2M 帧中继线路连接。

7）在校本部配置一个具有 8 个 Modem 的 Modem 池，供移动用户使用。

由于学生宿舍、教学楼、办公楼、计算机学院的网络连接基本相同，所以缩减为一个图，简化后的网络拓扑结构如图 2-1-2 所示。

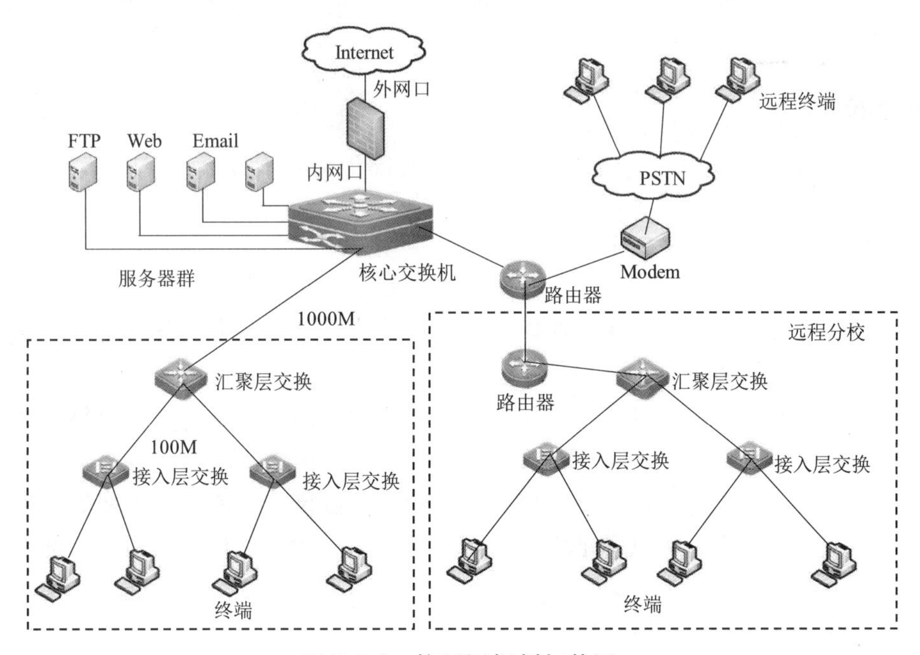

图 2-1-2　校园网规划拓扑图

相关知识

1. 网络建设的总体原则

一般来说，网络建设总体原则要体现对用户网络技术和服务上的全面支持。这些原则应以用户为中心，一般包括以下几个方面。

1）标准化及规范化。采用开放的标准网络通信协议，选择符合标准的网络设备、通信介质和网络布线连接件等，以利于网络的维护、扩展升级以及与外界信息的沟通。

2）先进性。利用先进的设计思想、网络结构和开发工具，使综合布线系统在其整个生命周期内保持一定的先进性，并选择市场占有率高、标准化程度高和技术成熟的软硬件产品。

3）扩充性。为了保证用户的已有投资得以充分使用以及满足用户不断增长的业务需求，网络和布线系统必须具有灵活的结构并留有合理的扩充余地，使其既能满足用户数量的扩充，又能满足因技术发展需要而实现低成本扩展和升级的需求。

4）可靠性。网络应具有容错功能，管理，维护方便。对网络设计、选型安装和调试等各环节进行统一规划和分析，确保系统运行可靠。

5）安全性。网络应提供多层次安全控制手段，建立完善的安全管理体系，防止数据受攻击和破坏，并有可靠的防病毒措施。

6）可管理性和可维护性。计算机网络是一个比较复杂的系统，在设计、组建一个网络时，除了要保证联网设备便于管理与维护外，网络布线系统必须做到走线规范，标记清楚和文档安全，以便提高整个系统的可管理性和可维护性。

7）实用性。建网时应充分考虑利用和保护现有资源，充分发挥设备效益，使用户能最方便地实现各种功能。对用记有的需求进行定量分析，站在用户的立场上，为用户“度身定制”出网络方案。

8）灵活性。采作模块和结构化设计，使系统配置灵活，满足逐步到位的建网原则，使网络具有强大的可增长性和健壮性。

9）经济性。在满足现在需求和在预见期内保持其先进性的前提下，尽量使得整个系统所需投资合理，有良好的性能价格比。

2. 网络规划

网络规划主要包括网络技术的选择、网络拓扑的规划、网络设备的选择等。

（1）网络技术的选择

在各种局域网技术中，以太网以其造价低、技术成熟、产品丰富、可靠性高、可扩展性好、传输介质丰富和易于管理等优点而成为建设局域网的主流技术。以太网使用CSMA/CD 协议，它是一种基于冲突检测机制的网络协议。目前，以太网的速度已经达到千兆、甚至万兆，完全可以满足学校对网络带宽的需求。远程分校与校本部通过租用2Mb/s 的 E1 专线连接。

（2）网络拓扑层次结构设计

目前，大型骨干网的设计普遍采用三层结构模型，将骨干网的逻辑结构划分为三个层次，即核心层、汇聚层和接入层，每个层次都有其特定的功能。层次化网络拓扑由不同的层组成，它能让特定的功能和应用在不同的层面上分别执行。为获得最大的效能、完成特殊的目的，每个网络组件都被仔细安置在分层设计的网络中。路由器、交换机和集线器在选择路由及发布数据和报文信息方面都扮演着特定的角色。在层次化设计中，每一层都有不同的用途，并且通过与其他层面协调工作带来最高的网络性能。

随着商务需求的增长和新技术的涌现，模块化的思想在网络设计中显得更加重要。现今的网络日趋复杂，并随着技术的进步而飞速发展。只有依靠模块化，分层设计的网络才能减少网络组件临时变化造成的影响。这意味着，不会出现平面型网络设计所面临的困境，整个网络也不会因此受到影响。当设计需要时，路由器、交换机和其他网络互联设备能被方便的引入。层次化网络设计能适应网络规模的不断扩展。层次化结构的网络如图 2-1-3 所示。

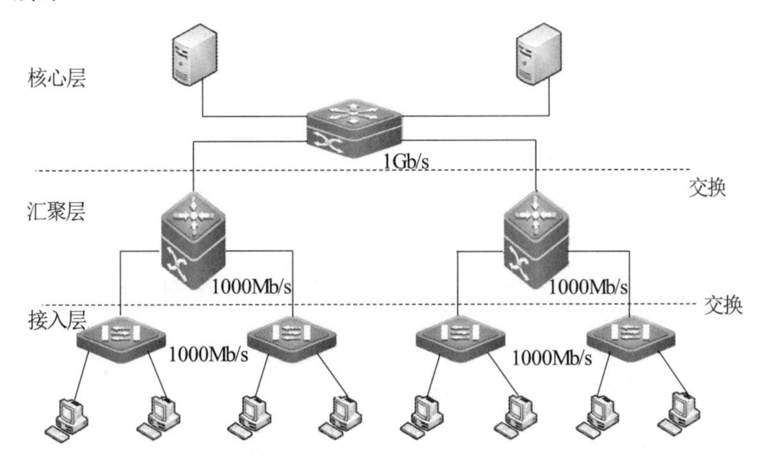

图 2-1-3　层次结构图

1）核心层。

将网络主干部分称为核心层，核心层的主要目的在于通过高速转发通信，核心交换机肩负着信息交换“中枢”的重任，必须是一台全线速、无阻塞的交换设备。随着端口数和负荷的增加，它的性能应该呈上升趋势，这就要求核心交换机具备很高的设计参数。核心层有以下特征：

① 提供高可靠性；

② 提供冗余链路；

③ 提供故障隔离；

④ 迅速适应升级；

⑤ 提供较少的滞后和好的可管理性；

⑥ 避免由滤波器或其他处理引起的慢包操作；

⑦ 有有限和一致的直径。

2）汇聚层。

将位于接入层和核心层之间的部分称为分布层或汇聚层，汇聚层交换层是多台接入层交换机的汇聚点，它必须能够处理来自接入层设备的所有通信量，并提供到核心层的

上行链路。包括以下功能的实现:

① 策略（例如，要保证从特定网络发送的流量从一个接口接收，另一个接口转发）;

② 安全;

③ 部门或工作组级访问;

④ 广播/多播域的定义;

⑤ 虚拟 LAN（VLAN）之间的路由选择;

⑥ 介质翻译（例如，在 Ethernet）和令牌环之间）;

⑦ 在路由选择域之间重分布;

⑧ 在静太和动态路由选择协议之间的划分。

3）接入层。

通常将网络中直接面向用户连接或访问网络的部分称为接入层，接入层为用户提供对网络中的本地网段的访问。接入层交换机具有低成本和高端口密度特性。具有以下特征。

① 对汇聚层的访问控制和策略进行支持;

② 建立独立的冲突域;

③ 建立工作组与汇聚层的连接。

层次化网络设计模型具有可扩展性、高可用性、低时延、故障隔离、模块化、高投资回报、网络管理等优点；但也有一些缺点：出于对冗余能力的考虑和要采用特殊的交换设备，层次化网络的初次投资要明显高于平面型网络建设的费用。

任务小结

网络应如何规划？我们需要什么样的网络？网络够先进吗？它能否适应现在的需要和今后的发展？建成后的网络先进性能否提高工作效率？这些问题的解决需要做好网络规划与设计工作，这样才可以为设计一个技术先进、结构合理、功能齐全、可升级的网络做好准备。

要组建一个好的网络，首先必须对网络进行细致的规划。网络规划就如同为建一座建筑物设计蓝图，蓝图设计的成败决定着该建筑物能否满足预期的要求和功能。而网络规划设计的依据就是需求分析，需求分析所取得的资料经过整理后得到需求分析文档，需求分析文档还要经过论证后才能最终确定下来。参与论证的人员除了需求分析工作的负责人外，还要邀请其他部门的负责人，以及招标方的领导和专家。

依据需求分析文档，从网络技术选型、网络拓扑结构设计、网络设备的选择待几方面完成网络的规划与设计。

练习测评

1. 教师提出筹建一个局域网的具体应用需求，由学生进行网络规划设计，写出组网建议书，包括确定网络传输介质、网络操作系统、服务器及工作站配置，以及网络性能指标等。具体要求如下:

1）分析组网具体要求。
2）进行网络总体规划。
3）确定组网用的传输介质、网络操作系统、服务器及工作站配置。
4）写出组网建议书。
2. 实地访问一家本地企事业单位，对他们的网络使用情况进行调查，回答以下问题。
1）LAN 采用的主要技术是什么？还有哪些其他的技术？
2）服务器是什么品牌？都有一些什么样的配置？提供哪些服务？
3）Internet 连接共享是如何实现的？对员工上网有什么限制吗？
4）网络中有没有防火墙？如果有，采用什么样的过滤策略？
5）根据你掌握的情况绘制一份网络拓扑结构图。
6）描述出一个网吧的业务需求。
7）描述出一个校园网的业务需求和安全需求。

任务二 IP 地址的分配与聚合设计

任务描述

在网络中，为了实现不同计算机之间的通信，每台计算机都必须有一个唯一的地址。就像日常生活中的家庭地址一样，我们可以通过一个人的家庭住址找到他的家。当然，在网络中要找到一台计算机，进而和它通信，也需要借助于一个地址，这个地址就是 IP 地址。IP 地址是唯一标识网络中一台主机的地址。结合校园网的网络规划，为每一幢楼分配 C 类 IP 地址，以利于今后的扩展和路由聚合。

任务实施

01 网段及 VLAN 划分

根据校园网分布与规划，校园网段及 VLAN 的划分如表 2-2-1 所示。

表 2-2-1 校园网段及 VLAN 的划分

建筑物	部门	所属 VLAN	IP 地址
办公楼	党委办公室	Vlan 101	192.168.0.0/24
	财务处	Vlan 102	192.168.1.0/24
	招生办公室	Vlan 103	192.168.2.0/24
	其他办公室	Vlan 104	192.168.3.0/24
计算机学院	教务科	Vlan 201	192.168.8.0/24
	其他办公室	Vlan 202	192.168.9.0/24

续表

建筑物	部门	所属 VLAN	IP 地址
学生宿舍	一楼	Vlan 301	192.168.16.0/24
	二楼	Vlan 302	192.168.17.0/24
	三楼	Vlan 303	192.168.18.0/24
	四楼	Vlan 304	192.168.19.0/24
	五楼	Vlan 305	192.168.20.0/24
教学楼	全部计算机	Vlan 401	192.168.24.0/24
远程分校	教务科	Vlan 501	192.168.32.0/24
	其他办公室	Vlan 502	192.168.33.0/24
网络中心	DMZ 区	Vlan 601	192.168.170.0/28
	其他	Vlan 602	192.168.40.0/24
拨号用户			192.168.48.0/29

02 IP 地址划分

ISP 分配给学校的全局 IP 地址段为 61.186.170.96/28、61.186.170.112/30、61.186.170.116/30。这三段 IP 地址分配给防火墙的 DMZ 区网段、防火墙的内网段和防火墙的外网段。其具体分配如表 2-2-2 所示。

表 2-2-2 ISP 地址分配

网段	设备	IP 地址
61.186.170.96/28	防火墙 DMZ 接口	61.186.170.97
	Web 服务器	61.186.170.98
	FTP 服务器	61.186.170.99
	Email 服务器	61.186.170.100
61.186.170.112/30	防火墙内网接口	61.186.170.113
	代理服务器外网卡	61.186.170.114
61.186.170.116/30	防火墙外网接口	61.186.170.117
	ISP 设备接口	61.186.170.118

相关知识

1. IP 地址和子网掩码

(1) 什么是 IP 地址

IP 地址是一个 32 位二进制数，用于标识网络中的一台计算机。IP 地址通常以两种方式表示：二进制数和十进制数。

二进制数表示：在计算机内部，IP 地址用 32 位二进制数表示，每 8 位为一段，共 4

段。如 10001100.00001110.01101011.11001000。

十进制数表示：为了方便使用，通常将每段转换为十进制数。如二进制数 10000011.01101011.00010000.11001000 表示的地址，转换为十进制数后的格式为 131.107.16.200。这种格式是我们在计算机中所配置的 IP 地址的格式。

（2）IP 地址的组成

IP 地址由两部分组成：网络 ID 和主机 ID

网络 ID：用来标识计算机所在的网络，即网络的编号。

主机 ID：用来标识网络内的不同计算机，即计算机的编号。

（3）IP 地址的分类

由于 IP 地址是有限资源，为了更好地管理和使用 IP 地址，国际组织 Internet 网络信息中心 INTERNIC（INTERnet Network Information Center）根据网络规模的大小将 IP 地址分为 5 类（A、B、C、D、E），如图 2-2-1 所示。

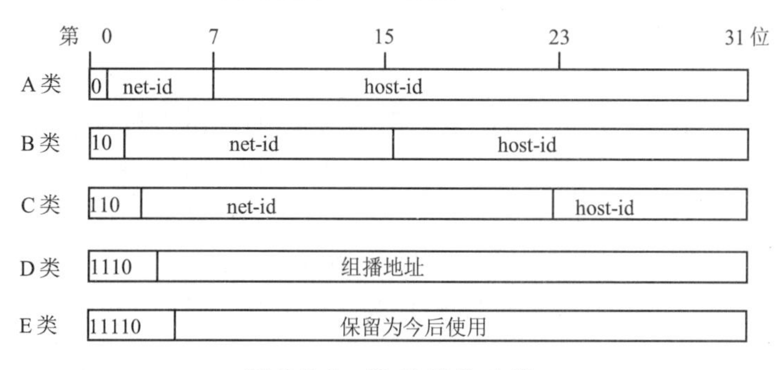

图 2-2-1　IP 地址的分类

A 类地址：第一组数（前 8 位）表示网络号，且最高位为 0，这样只有 7 位可以表示网络号，能够表示的网络号有 $2^7-2=126$（去掉全“0”和全“1”的两个地址）个，范围是 1.0.0.0～126.0.0.0。后三组数（24 位）表示主机号，能够表示的主机号的个数是 $2^{24}-2=16777214$ 个，即 A 类网络中可容纳 16777214 台主机。A 类地址只分配给超大型网络。

B 类地址：前两组数（前 16 位）表示网络号，后两组数（后 16 位）表示主机号，且最高位为 10，能够表示的网络号有 $2^{14}=16384$ 个，范围是 128.0.0.0～191.255.0.0。B 类网络可以容纳的主机数为 $2^{16}-2=65534$ 台主机。B 类 IP 地址通常用于中等规模的网络。

C 类地址：前三组数表示网络号，最后一组数表示主机号，且最高位为 110，最大网络数为 $2^{21}=2097152$，范围是 192.0.0.0～223.255.255.0，可以容纳的主机数为 $2^8-2=254$ 台主机。C 类 IP 地址通常用于小型的网络。

> **注意**
>
> 在网络中只能为计算机配置 A、B、C 三类 IP 地址，而不能配置 D、E 两类地址。

D 类地址：最高位为 1110，是多播地址。

E 类地址：最高位为 11110，保留为今后使用。

（4）几个特殊的 IP 地址

主机号全 0：表示网络号不能分配给主机。如 192.168.4.0 为网络地址。

主机号全 1：表示向指定子网发广播。如 192.168.1.255 表示向网络 192.168.1.0 发广播。

255.255.255.255：本子网内广播地址。

127.X.Y.Z：测试地址，不能配置给计算机。

（5）IP 地址的分配

如果需要将计算机直接连入 Internet，则必须向有关部门申请 IP 地址，而不能随便配置 IP 地址。这种申请的 IP 地址称为“公有 IP”。在互联网中的所有计算机都要配置公有 IP。如果要组建一个封闭的局域网，则可以任意配置 A、B、C 三类 IP 地址，只要保证 IP 地址不重复就行了。这时的 IP 称为“私有 IP”，但是，考虑到这样的网络仍然有连接 Internet 的需要，因此，INTERNIC 特别指定了某些范围作为专用的私有 IP，用于局域网的 IP 地址的分配，以免与合法的 IP 地址有冲突。建议我们自己组建局域网时，使用这些专用的私有 IP，也称保留地址，INTERNIC 保留的 IP 范围如下。

A 类：10.0.0.1～10.255.255.254

B 类：172.16.0.1～172.31.255.254

C 类：192.168.0.1～192.168.255.254

（6）子网掩码

我们在配置 TCP/IP 参数时，除了要配置 IP 地址外，还要配置子网掩码。子网掩码也是 32 位的二进制数，具体的配置方式是：将 IP 地址网络位对应的子网掩码设为“1”，主机位对应的子网掩码设为“0”。例如：对于 IP 地址是 131.107.16.200 的主机，由于是 B 类地址，前两组数为网络号，后两组数为主机号。则子网掩码配置为：11111111.11111111.00000000.00000000，转换为十进制数为 255.255.0.0。由此，各类地址的默认子网掩码如下。

A 类 11111111.00000000.00000000.00000000 即为 255.0.0.0

B 类 11111111.11111111.00000000.00000000 即为 255.255.0.0

C 类 11111111.11111111.11111111.00000000 即为 255.255.255.0

之所以要配置子网掩码，是为了区别 IP 中多少位数表示网络号，多少位数表示主机号。具体的运算方式是：将 IP 地址和子网掩码转换为二进制数后，进行“与”运算，则可算出网络号与主机号。

例：某计算机的 IP 地址为 2.2.2.2，子网掩码为 255.0.0.0。则二者的二进制数表示形式如下。

IP 地址：00000010.00000010.00000010.00000010

子网掩码：11111111.00000000.00000000.00000000

“与”运算结果：00000010.00000000.00000000.00000000

将结果化为十进制数后有：2.0.0.0 是网络号，剩余为主机号：0.2.2.2。

（7）关于 IPv6

我们现在使用的 IP 地址规范称为 IPv4。IPv4（IP version 4）标准是 20 世纪 70 年代末期制定完成的。20 世纪 90 年代初期，WWW 的应用导致 Internet 爆炸性发展，使得 IP 地址资源日趋枯竭，现在的 IP 地址很快就要被用完了。为解决 IP 地址资源日趋枯竭的问题，Internet 工程任务组（IETF，Internet Engineering Task Force）于 1992 年成立了 IPNGB（IP Next eneration）工作组，着手研究下一代 IP 网络协议 IPv6。IPv6 使用长达 128 位的地址空间，使 Internet 中的 IP 地址达到 2^{128} 个。这样，IPv6 地址空间是不可能用完的。除此之外，IPv6 具备更强的安全性，更容易配置，从而更适合未来 Internet 的要求。

2. 子网划分

(1) 什么是子网

将网络进一步划分成几个独立的组成部分，每个部分称为这个网络的子网。划分子网后，可以分割网络流量，提高网络性能。子网的设计可以简化对网络的管理。划分子网以后，每个子网看起来像一个独立的网络。而对于远程网络而言，子网是透明的。子网划分通常用于将局域网接入 Internet。在将局域网接入 Internet 时，通常只申请一个网络号，即只能将一个网络接入 Internet。但在局域网内部，为了分割网络流量，要将一个网络划分为若干子网，这就要求有多个网络号。为了解决这个问题，可以通过子网划分的方式，将申请的一个网络号划分为多个网络号，分配给不同的子网。从而实现用一个网络号（划分为多个子网号）将局域网接入 Internet。

(2) 划分子网的方法

划分子网的基本原则：网络位向主机位“借”位。

子网划分的运算公式如下：

划分子网的个数：2^n-2，n 是网络位向主机位所借的位数。

每个子网的主机数：2^m-2，m 是借位后所剩的主机位数。

例如：某公司申请了一个 C 类地址 200.200.200.0，但需要划分为两个子网，应如何划分？划分子网的步骤如下。

1）确定借位数。

2）确定新的子网掩码。

3）确定每个子网的 IP 地址范围。

第一步：确定借位数。

因为要划分为两个子网，借位数为：$2^n-2 \geq 2$，$n=2$，借 2 位，即

IP：200.200.200.XXXXXXXX

子网掩码：255.255.255.11000000

即 255.255.255.192

注意

灰色部分为网络位，其中最后两位为借的位。因最后两位变成了网络位，则子网掩码也变为“1”。

第二步：确定新的子网掩码。

子网掩码：255.255.255.11000000

即 255.255.255.192

第三步：确定每个子网的 IP 地址范围。

可能的子网号（灰色部分为子网号）：

200.200.200.XXXXXXXX

200.200.200.00XXXXXX 子网，子网 ID 全 0

200.200.200.01XXXXXX 子网 1

200.200.200.10XXXXXX 子网 2

200.200.200.11XXXXXX 子网，子网 ID 全 1

由此，我们得到两个子网，分别是子网 1、子网 2。

可能的主机号：

200.200.200.XXXXXXXX

200.200.200.XX000000

200.200.200.XX000001

…

200.200.200.XX111110

200.200.200.XX111111

小贴士

目前，技术上已经可以使用全“0”和全“1”的子网 ID 了。大家在实际运算时，也可以不减 2。

因主机号不能全“0”和全“1”，所以去掉第一个值和最后一个值。则子网 1 的 IP 范围为 200.200.200.01000001～200.200.200.01111110。将最后一组数转换为十进制后的结果为 200.200.200.65～200.200.200.126。

子网 2 的 IP 范围为 200.200.200.10000001～200.200.200.10111110，将最后一组数转换为十进制后的结果为 200.200.200.129～200.200.200.190。

3. VLSM 可变长的子网掩码

（1）VLSM 定义

VLSM 其实就是相对于分类的 IP 地址来说的。A 类的第一段是网络号（前 8 位），B 类地址的前两段是网络号（前 16 位），C 类的前三段是网络号（前 24 位）。而 VLSM 的作用就是在分类的 IP 地址的基础上，从它们的主机号部分借出相应的位数来作为网络号，也就是增加网络号的位数。各类网络可以用来再划分子网的位数为：A 类有 24 位可以借，B 类有 16 位可以借，C 类有 8 位可以借（可以再划分的位数就是主机号的位数，实际上不可以都借出来，因为 IP 地址中必须要有主机号的部分，而且主机号部分剩下 1 位是没有意义的，所以在实际应用中可以借的位数是从 8、16 或 24 中再减去 2，借的位作为子网部分），我们将这种方式称为可变长子网掩码 VLSM。

（2）VLSM 的优点

1）VLSM 使 IP 地址的使用更加有效，减少了子网中 IP 地址的浪费。并且 VLSM 允许对于已经划分过子网的网络继续划分子网。

如图 2-2-2 所示，网络 172.16.0.0/16（即子网掩码中 1 的个数为 16）被划分成/24 的子网，其中子网 172.16.14.0/24 又被继续划分成/27 的子网。这个/27 的子网的网络范围是 172.16.14.0/27～172.16.14.224/27。从图 2-2-2 中可以看到，又将 172.16.14.128/27 的网络继续划分成/30 的子网。对于这个/30 的子网，网络中可用的主机数为 2 个，这两个 IP 地址正好为连接两台路由器的端口使用。

2）VLSM 提高了路由汇总的能力。加强了 IP 地址的层次结构设计，使路由表的路由汇总更加有效。例如在图 2-2-2 中，路由器 HQ 的路由表中将到达 172.16.14.0/24 的网络及其子网的路由信息汇总成了一条 172.16.144.0/24，也就是说，对于网络边界，路由器能够屏蔽子网的信息。

（3）VLSM 的计算

现在，假设一个企业的分支机构已经被分配了一个子网地址 172.16.32.0/20，而该分

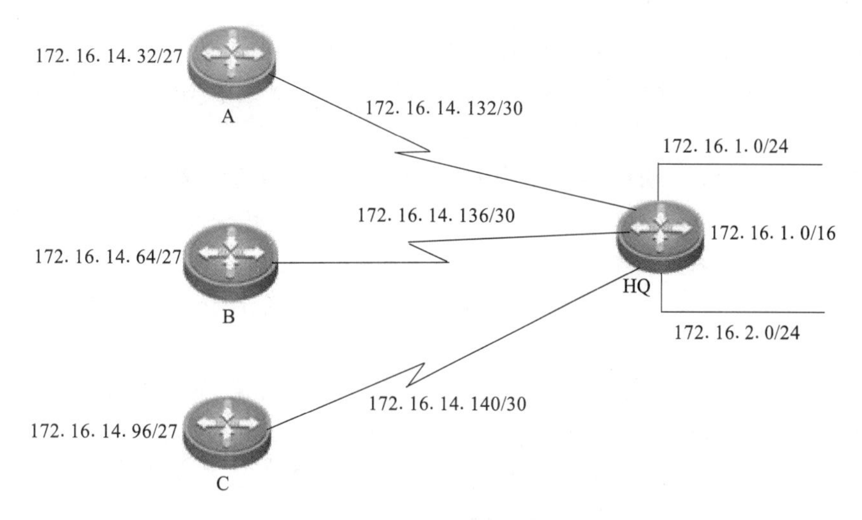

图 2-2-2 VLSM 可变长的子网掩码

支机构共拥有 10 个用户。对于/20 的网络来说，所能容纳的最大主机数超过了 4000（$2^{12}-2=4094$）台，造成了非常多的地址资源浪费。此时如果使用 VLSM 技术，就可以将原有一个子网地址划分出更多子网地址，并且每个子网中拥有的主机地址就减少了。

如图 2-2-3 所示，子网由原来的 172.16.32.0/20 变成子网 172.16.32.0/26，可获得 64（2^6）个子网，每个子网内所能容纳的最大主机数为 62（$2^6-2=62$）个。

将 172.16.32.0/20 划分成 172.16.32.0/26 的步骤如下。

1）将 172.16.32.0 写成二进制的形式。

2）用一条线将网络号和主机号区分开，图 2-2-3 中即为 20 位和 21 位之间的线。

3）再在 26 和 27 位之间画一条线，标明其 VLSM 位。

4）通过计算两条线之间的比特位的不同组合，计算出 VLSM 子网的最大和最小值。图 2-2-3 中给出的是其可用 VLSM 子网中的前五个。

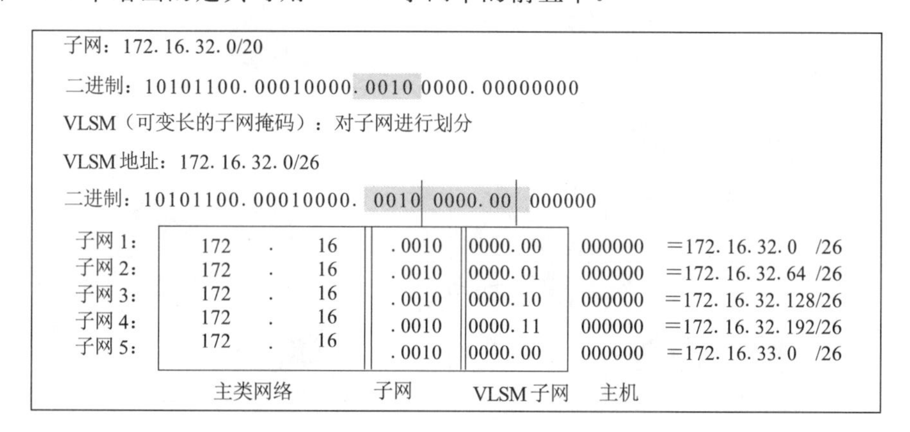

图 2-2-3 VLSM 的计算

任务小结

IP 地址分配方式是校园网建设的一个重要组成部分，良好的 IP 地址分配方式能够有效地控制网络地址冲突，减少日常管理和维护工作负担，提高工作效率。当决定组建一个网络时，必须首先考虑IP地址的规划问题。通常IP地址的规划可参照下面步聚进行。

1）分析网络规模，明确网络中所拥有的独立网段数量以及每个网段中可能拥有的最大主机数。通常，路由设备的每一个接口所连的网段都被认为是一个独立的IP网段。

2）根据网络规模确定所需要的网络类别和每类网络的数量，如B类网络需要几个、C类网络需要几个等。

3）确定使用公有地址、私有地址还是两者混用。若采用公有地址，需要向互联网编号分配机构（IANA）提出申请，并获得相应的地址使用权。

4）最后，根据可用的地址资源为每台主机指定IP地址并在主机上进行相应的配置，在配置地址之前，还要考虑地址分配的方式。

练 习 测 评

1. 以某集团公司为例，使用变长子网掩码技术划分子网。假设该公司被分配了一个C类地址，该公司的网络拓扑结构如图2-2-4所示。其中部门A拥有主机数20，部门B拥有主机数10，部门C拥有主机20，部门D拥有主机数10，分公司A拥有主机数10，分公司C拥有主机数10，假如分配的网络为192.168.1.0，回答以下问题。

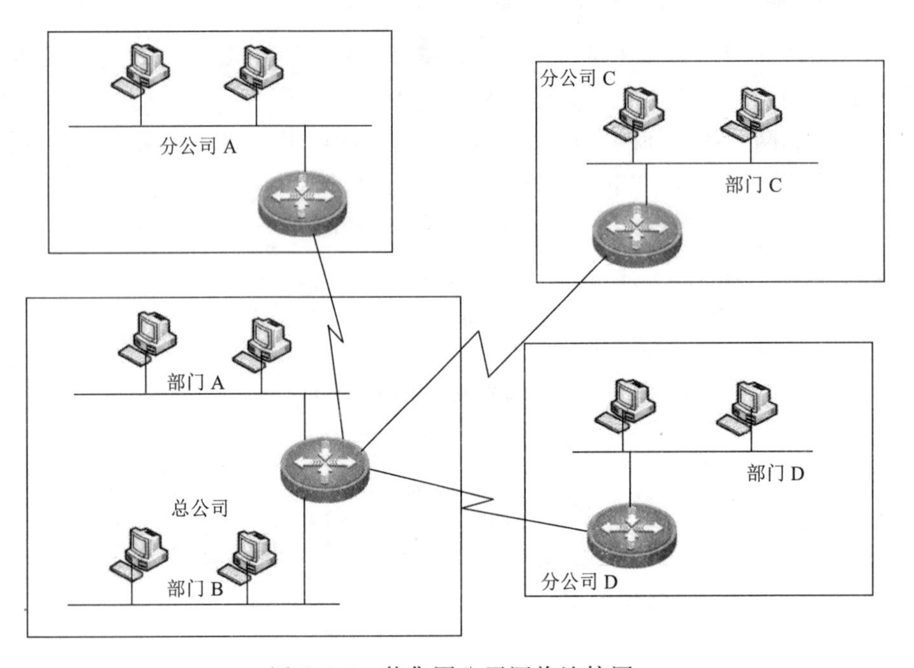

图2-2-4 某集团公司网络连接网

1）为该网络进行子网划分，至少有三个不同的变长子网掩码，请列出你所求的变长子网掩码，并说出理由。

2）列出你所分配的网络地址。

3）为该网络分配广域网地址。

2. IP 地址是 202.114.18.190 掩码是 255.255.255.192，其子网编号是多少？

3. 现有 172.16.0.0/16 网段，要对该网段进行子网划分，且要求划分后的子网数量大于 60，那么划分后的子网最多能容纳多少台主机？

4. 现有 192.168.0/24 的网段，要对该网段进行地址规划，要求每个子网至少能容纳 16 台主机，那么划分后的网络最多能有多少个子网？

读书笔记

3 项目三　交换机的安装与配置

项目说明

交换机是交换式局域网的基本组成部分，工作在 OSI 的第二层——数据链路层，目前广泛应用在各种园区网络中。交换机既可以作为转发设备，通过多个端口向与之连接的端口和 LAN 转发信息，又可以作为网络连接设备，连接多个网段或网络。本项目以锐捷交换机为例，介绍交换机的管理方式与常用配置，分别设置了以下三个任务。

任务一　配置接入层交换机

任务二　配置汇聚层交换机

任务三　配置核心层交换机

技能目标

- 了解什么是接入层、汇聚层、核心层交换机。
- 学习交换机的基本配置。

任务一 配置接入层交换机

任务描述

1. 应用背景

为了使衫达职业技术学校财务处的所有计算机具有更高的网络管理效率，改善财务处网络的数据流量，增加该交换机的安全性，希望能在该交换机增加配置管理功能。这里使用一台计算机配置管理交换机。

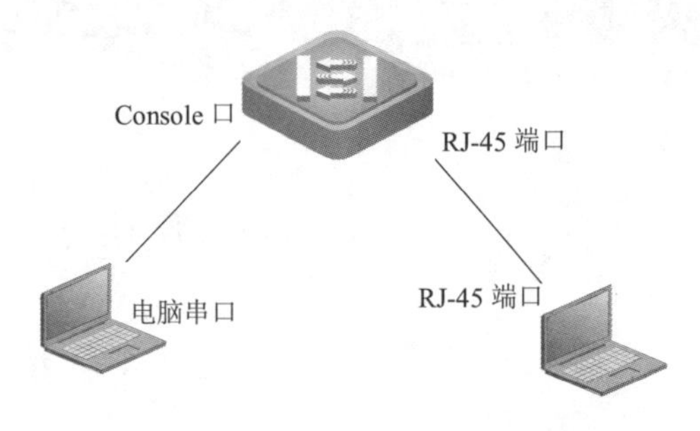

图 3-1-1 网络拓扑结构图

2. 网络拓扑

接入层交换机的网络拓扑结构图如图 3-1-1 所示。

3. 实验设备

RG-S2126 交换机（1 台）。Console 线（1 条），如图 3-1-2 所示。PC（2 台），网线（若干根）。

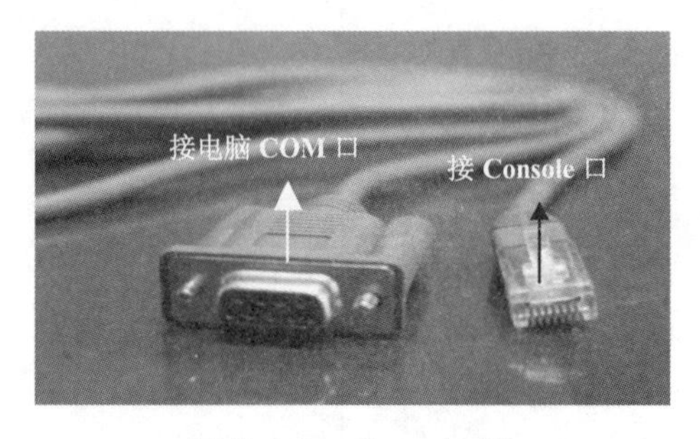

图 3-1-2 Console 线

4. 技术原理

使用接入层交换机的目的是允许终端用户连接到网络，因此接入层交换机具有低成本和高端口密度的特性。接入层交换机是最常见的交换机，它直接与外网联系，使用最广泛，尤其是在一般办公室、小型机房、业务受理较为集中的业务部门、多媒体制作中心、网站管理中心等部门。在传输速度上，现代接入层交换机大都提供多个具有 10/100/1000Mb/s 自适应能力的端口。

任务实施

01 配置交换机名称

```
Switch>
Switch> enable                              //进入交换机的特权模式
Switch#
Switch# configure terminal                  //进入交换机配置模式
Switch(config)#hostname S2126               //将交换机标识名称修改为 S2126
S2126(config)#exit                          //结束配置，返回特权模式
S2126#
```

小贴士

1）操作模式。“Switch> ”中的符号“>”表示交换机处于“用户模式”，也就是进入交换机后得到的第一个操作模式，该模式下可以简单查看交换机软/硬件信息；“Switch#configure terminal”，其中“#”表示当前是在交换机“特权模式”下操作；“Switch(config)#”其中“(config)#”表示当前是在交换机“配置模式”下进行操作。输入完一条指令之后按键盘上的 Enter 键表示确认输入，执行指令。

2）人性化的指令输入方式。输入符号“? ”可获得帮助，如“switch#?”，“switch#configure ?”均可获得相应帮助信息，会自动列举出可以选择执行的指令。完整写法的指令“switch# configure terminal”可以简写为“Switch# config”，而按键盘上的 TAB 键自动补齐 configure，还有，可以通过键盘上↑或↓使用历史指令。

02 配置二层交换机 enable 密码

```
S2126>
S2126> enable
S2126#
S2126# configure terminal
S2126 (config)# enable secret 0 ruijie  //设计交换机 enabnle 密码为 ruijie
S2126 (config)# show running -config    //查看配置的 enable 密码
……
```

03 查看二层交换机版本信息

```
S2126#show version                          //查看交换机的版本信息
System description          : Ruijie Dual Stack Multi-Layer Switch
(S2126) By Ruij
ie Networks
System start time           : 2010-09-13 11:5:50
System uptime               : 0:0:10:13
System hardware version     : 1.60
System software version     : RGOS 10.4(2) Release(75955)
System BOOT version         : 10.3 Release(52588)
System CTRL version         : 10.3 Release(52588)
```

04 二层交换机端口参数的配置

```
S2126> enable
S2126# configure terminal
S2126 (config)#interface fastethernet 0/3   //进入 Fa0/3 的端口模式
S2126 (config-if)# speed 100                //配置端口速率为 100Mb/s
S2126 (config-if)# duplex half              //配置端口的双工模式为半双工
S2126 (config-if)# no shutdown              //开启该端口，使端口转发数据
! 配置端口速率参数有 100 (100 Mb/s)、10 (10 Mb/s)、auto (自适应)，默认是 auto
! 配置双工模式有 full(全双工)、half (半双工)、默认是 auto
```

05 查看二层交换机端口的配置信息

```
S2126# show interface fastethernet 0/3
……
```

06 为二层交换机配置管理地址

```
S2126>
S2126> enable
S2126#
S2126# configure terminal
S2126 (config)# interface vlan 1                        //打开交换机的管理 VLAN
S2126 (config-if)# ip address 192.168.1.1 255.255.255.0 //为交换机配置管理地址
S2126 (config-if)# no shutdown                          //VLAN 设置为启动状态
S2126 (config-if)# exit
```

07 查看交换机的配置信息

```
S2126# show ip interfaces                               //查看交换机接口信息
S2126# show interfaces vlan 1                           //查看管理 VLAN1 信息
S2126# show running-config                              //查看配置信息
```

08 保存/删除交换机配置信息

```
S2126#c opy running-config startup-config
S2126# write memory
S2126# write //将当前运行的参数保存到 flash 中用于系统初始化是初始化参数
S2126# delete flash:config.text    //永久性的删除 flash 中配置的文件
```

09 划分 VLAN

在交换机上划分 VLAN10、VLAN20，创建虚拟局域网。

```
S2126(config)# vlan 10                                  //创建 VLAN 10
S2126(config-vlan)# vlan 20                             //创建 VLAN 20
S2126(config-vlan)# exit
S2126(config)# int range fastEthernet 0/1-10            //进入交换机接口 0/1-10
S2126(config-if-range)# switchport access vlan 10//将接口加入到 VLAN10
S2126(config-if-range)# exit
S2126(config)# interface range fastEthernet 0/11-20     //进入交换机接口 0/11-20
S2126(config-if-range)# switchport access vlan 20       //将接口加入到 VLAN20
```

小贴士

VLAN（虚拟局域网）指在交换局域网的基础上进一步划分逻辑网络。一个 VLAN 组成一个逻辑子网，即一个逻辑广播域，它可以覆盖多个网络设备，允许处于不同地理位置的网络用户加入到一个逻辑子网中。

相关知识

1. 接入层交换机

接入层交换机一般提供终端用户的接入，为了节省成本以及根据可用的原则，二层交换机已经能够满足接入层的功能需求。

2. 二层交换机功能

二层交换机是链路层的设备，能够识别数据包中的MAC地址信息，它根据数据包的MAC地址进行数据转发，并将这些MAC地址与对应的端口记录在交换机内部的一个地址表中。二层交换机能够不断维护一张MAC地址和交换机端口的对应关系表，按照MAC与端口对应关系表进行数据转发，表格中没有的帧就转发给所有的端口，进行广播。

3. 交换机的常用命令模式

一般来说，交换机管理界面分为若干不同的模式，用户当前所处的命令模式决定了有哪些命令可以使用。在命令提示符下输入问号（？），系统会列出每个命令模式下可以使用的命令。

各种交换机一般都会包括用户模式、特权模式、全局配置模式和全局模式下的子模式。

（1）用户模式

当用户和交换机管理界面建立一个新的会话连接时，首先处于用户模式。在用户模式下，用户只可以使用少量命令，并且命令的功能也会受到限制。例如：交换机信息的查看（show 命令）和简单测试命令（ping 命令）。

用户模式的命令状态：

```
Switch>
```

（2）特权模式

在该模式下，用户可以使用所有命令，包括查看、管理交换机配置信息，测试、调试等。通常，在进入特权模式时必须输入特权模式的口令“enable”。在特权模式下，用户可以由此进入全局配置模式。

进入特权模式的过程为：

```
Switch> enable                    //进入特权模式
Password:                         //输入密码
Switch#                           //特权模式
```

（3）全局配置模式

使用全局配置模式（包括全局配置模式下的子模式）的命令，可以配置交换机的整体参数，并且会对当前运行的配置产生影响。如果用户保存了配置信息，这些命令将会被保存下来，并在系统重新启动时再次执行。要进入全局配置模式下的子模式，首先必须进入全局配置模式。

从特权模式进入全局配置模式的过程为：

```
Switch# configure terminal        //进入全局配置模式
Switch(config)#                   //全局配置模式
```

（4）全局模式下的子模式

在全局模式下的子模式下可以配置交换机的接口参数。全局模式下的子模式包括接口配置模式和VLAN配置模式。

接口配置模式举例如下:

```
Switch# configure terminal                     //进入全局配置模式
Switch(config)# interface fastethernet 0/1  //进入快速以太网端口 0/1
Switch(config-if)# speed 100                  //端口速度设为 100Mbps
Switch(config-if)# end                         //返回特权模式
Switch#
```

VLAN 配置模式举例如下:

```
Switch# configure terminal          //进入全局配置模式
Switch(config)# vlan 2               //创建 VLAN2 并进入 VLAN2 配置模式
Switch(config-vlan)# name student   //将 VLAN2 命名为 student
Switch(config-vlan)# end             //返回特权模式
Switch#
```

4. 交换机的基本配置

(1) 设置交换机的主机名

默认情况下，交换机的主机名通常为“switch”。当网络中存在多个交换机时，为便于区分，常常根据交换机的实际应用为其设置一个具体的主机名。例如:

```
Switch(config)# hostname student-1         //设置交换机的主机名为
student-1Student-1(config)#
```

(2) 设置交换机的各级密码

为保证交换机的安全，一般在交换机进行初次配置时会为交换机设置不同级别的密码，以限制不同用户对交换机的登录。例如:

```
Switch(config)# enable secret level 1 0 xxhua
    //配置交换机的 Telnet 登录密码为 xxhua
Switch(config)# enable secret level 15 0 xxh
    //配置交换机的特权密码为 xxh
```

(3) 配置交换机允许 Telnet 登录

为了使交换机允许通过 Telnet 进行远程配置，而不需要每次都通过本地进行配置，这就需要对交换机进行一系列的配置，步骤如下。

第一步: 配置交换机的 Telnet 密码和特权密码。

```
Switch(config)# enable secret level 1 0 xxhua
    //配置交换机的 Telnet 登录密码为 xxhua
Switch(config)# enable secret level 15 0 xxh
    //配置交换机的特权密码为 xxh
```

第二步: 在交换机上开启 Telnet Server 服务。本步骤通常情况下不需要执行，因为交换机在默认情况下已经开启了 Telnet Server 服务。

```
Switch(config)# enable services telnet-server  //
```

第三步: 配置交换机的管理 IP。

```
Switch(config)# interface vlan 1           //进入 vlan 1 接口
```

```
Switch(config-if)# ip address 192.168.0.1 255.255.255.0
    //配置交换机的管理 IP
Switch(config-if)# no shutdown
Switch(config-if)# end
Switch#
```

(4) 交换机端口的基本配置

1) 选择交换机的端口。在对交换机的端口进行配置之前，应该选择所配置的端口，端口选择命令为:

```
Interface type mod/port
```

其中，“Interface”为指令字。“type”为端口类型，常用的端口类型为 fastethernet/serial/ethernet。“mod”表示端口所在的模块，对于固定模块的交换机，“mod”均为 0，对于模块化的交换机，mod 值根据实际情况而定;“port”表示端口号，标识该端口为所在模块的第几个端口。

如果要配置的是一个范围内的端口，可以使用“range”关键字来直接选择一个端口范围，例如:

```
Switch(config)# interface range fastethernet 0/1-18  //
```

2) 设置端口速度。默认情况下，交换机的端口速度为“auto”(自动协商)，一条链路两端的端口会自动选择双方都支持的最大速度。如果想通过配置选择交换机的端口速度，那么可以在端口配置模式下通过下列命令来设置:

```
Speed[10|100|1000|auto]
```

使用时可以配置根据需要和端口的状况从方括号中选择一个选项，例如:

```
Switch(config)# interface range fastethernet 0/1
Switch(config-if)# speed 100         //设置端口 f0/1 的速度为 100Mb/s
```

3) 设置端口的双工模式。在配置交换机时，应注意端口双工模式的匹配，如果链路的一端设置的是全双工，另一端设置的是半双工，则会造成相应差错，使得丢包严重。通常情况下，端口的双工模式为“auto”，不需要配置。如果要通过配置来决定，可以在端口配置模式下通过下列命令来设置:

```
duplex[full|half|auto]
```

例如:

```
Switch(config)# interface range fastethernet 0/1
Switch(config-if)# duplex full       //设置端口 f0/1 为全双工模式?
```

4) 启用与禁用端口。对于没有连接的端口，其状态始终是禁用 shutdown。对于正在工作的端口，可以根据需要进行启用或禁用。配置方法如下:

```
Switch(config)# interface range fastethernet 0/1
Switch(config-if)# shutdown          //禁用端口
Switch(config-if)# not shutdown      //启用端口
```

（5）配置交换机的默认网关

当交换机作为中转设备与其他网络相连时，为了使交换机将网络间的数据正确地上传给网关，需要为交换机配置默认网关。配置命令为:

```
Switch(config)# ip default-gateway 192.168.1.1
```

（6）三层交换机端口的配置

与二层交换机相比，三层交换机由于兼有二层和三层的功能，因此端口能够在二层端口和三层端口之间进行切换。当端口为三层时可以像路由器端口一样配置 IP 地址，例如:

```
Switch(config)# interface fastethernet 0/1
Switch(config-if)# no switchport                //启用三层端口
Switch(config-if)# ip address 192.168.1.3 255.255.255.0
    //为端口配置 IP 地址
Switch(config-if)# no ip address 192.168.1.3 255.255.255.0
    //删除端口的 IP 地址
Switch(config-if)# switchport                   //将端口切换为二层端口
```

（7）保存配置

将当前运行的参数保存到 flash 中，作为系统初始化时的初始化参数。保存配置的方法有以下三种:

```
Switch# copy running-config startup-config
Switch# write memory
Switch# write
```

（8）查看交换机的配置

在特权模式下可以根据需要通过“show”命令来查看交换机的配置。

```
Switch# show running-config              //显示当前正在运行的配置
Switch# show startup-config              //显示 flash 中保存的配置
Switch# show version                     //查看交换机的版本信息
Switch# show interface fastethernet 0/6 //查看以太网端口 0/6 的端口信息
Switch# show mac-address-table           //查看交换机的 MAC 地址表
Switch# show vlan                        //查看交换机上 VLAN 的情况
```

5. 交换机端口安全的配置

（1）端口安全简介

端口安全功能是通过对 MAC 地址表的配置，实现在某一端口只允许一台或几台确定的设备访问此台交换机端口的目的。

利用端口安全这个特性，可以通过限制允许访问交换机上某个端口的 MAC 地址及 IP 地址（可选）来严格控制出入该端口的信息流。当某个端口配置了一些安全地址后，则除了源地址为这些安全地址的数据包外，这个端口将不转发其他任何数据包。

为了增强安全性，既可以将 MAC 地址和 IP 地址绑定起来作为安全地址，也可以只指定 MAC 地址，而不绑定 IP 地址。

此外，还可以限制一个端口上能包含的安全地址的最大个数，如果将最大个数设置为 1，并且为该端口配置一个安全地址，则连接到这个口的工作站（其地址为配置的安全地址）将独享该端口的全部带宽。

当设置了安全端口上安全地址的最大个数后，可通过下面几种方式增加端口上的安全地址数：一是手工配置端口的所有安全地址；二是让该端口自动学习地址，这些自动学习到的地址将变成该端口上的安全地址，直到达到最大个数（需要注意，自动学习到的安全地址均不会绑定 IP 地址，如果在一个端口上已经配置了绑定 IP 地址的安全地址，则将不能再通过自动学习来增加安全地址）；三是手工配置一部分安全地址，剩下的部分让交换机自动学习。

如果一个端口被配置为一个安全端口，当其安全地址的数目已经达到允许的最大个数后，这时该端口再收到一个源地址不属于端口上的安全地址的数据包时，一个安全违例将产生。当安全违例产生时，可以选择多种方式来处理违例，包括丢弃接收到数据包、发送违例通知或关闭相应端口等。

配置安全端口时有如下一些限制：一个安全端口不能是一个 aggregate port；一个安全端口不能是 SPAN 的目的端口；一个安全端口只能是一个 access port。

（2）端口安全的配置方法

1）启用与禁用端口安全功能。

```
Switch(config-if)# switchport port-security      //启用端口安全功能
Switch(config-if)# no switchport port-security //禁用端口安全功能
```

2）设置接口上安全地址的最大个数。

设置接口上安全地址的最大个数，范围是 1～128，默认值为 128，例如：

```
Switch1(config-if)# switchport port-security  maximum 10
    //端口安全地址的最大个数为 10
```

3）设置处理安全违例的方法。

```
Switch(config-if)# switchport port-security violation [protect|restrict|shutdown]
```

其中，protect 为保护端口，当安全地址个数达到最大值时，安全端口将丢弃未知名地址（不是该端口的安全地址）；restrict 表示当违例产生时，将发送一个 Trap 通知；shutdown 表示违例产生时，将关闭端口并发送一个 Trap 通知。

4）手工配置接口上的安全地址。

```
Switch(config-if)# switchport port-security [mac-address][ip-address]
```

mac-address 和 ip-address 都是可选项，两项也可同时使用。例如：

```
Switch(config-if)# switchport port-security 0F-A3-16-FE-BC-D4 192.168.1.1
```

5）查看安全地址配置结果。

```
Switch# show port-security
```

任务小结

接入层的作用是允许终端用户连接到网络，因此接入层交换机具有低成本和高端口密度的特性。

练习测评

1. 按图 3-1-3 所示，利用二层交换机组建简单局域网。

1）用三条直通线将二层交换机对应端口与 PC1、PC2、PC3 连接起来。

2）设置三台电脑 PC1、PC2、PC3 的 IP 地址。

3）使用 ipconfig /all 指令查看 PC1、PC2 和 PC3 的 MAC 地址。

4）在交换机上 show mac-address-table，查看初始状态交换机内 MAC 地址列表。

5）在 PC1 使用 ping 命令，检测与 PC2 的连通性；ping 通后查看初始状态交换机内 MAC 地址列表。

6）在 PC1 使用 ping 命令，检测与 PC3 的连通性；ping 通后查看初始状态交换机内 MAC 地址列表。

2. 按图 3-1-4，对二层交换机进行管理配置。

1）修改交换机名称为 ruijie。

2）设置交换机 enable 密码为 ruijie，明文显示。

3）设置端口 f0/24 传输速率为 50Mb/s。

4）配置交换管理 IP 为 192.168.1.1/24。

5）查看交换机的配置信息。

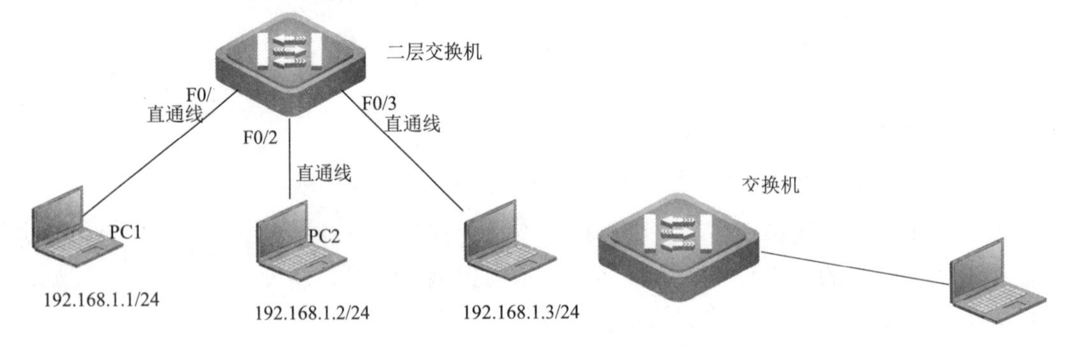

图 3-1-3 一个简单的局域网　　图 3-1-4 配置交换机

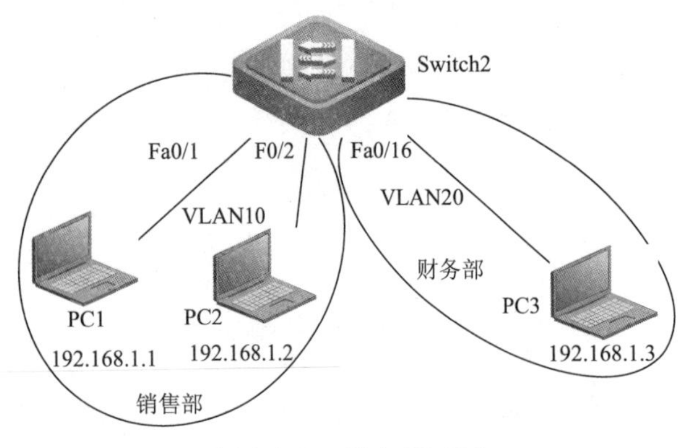

图 3-1-5 划分 VLAN

3. 按图 3-1-5 所示，在二层交换机上划分 VLAN。

1）把交换机改名为 Switch2。

2）在交换机上划分 VLAN10、VLAN20，分别命名为 xiaoshou、caiwu。

3）把 fa0/1-10 加入到 VLAN10，fa0/11-20 加入到 VLAN20。

4）设置 PC1、PC2 和 PC3 的 IP 地址，然后在 PC1 上使用 ping 命令检测与 PC2、PC3 的网络连通性。

4. 按下面要求对交换机进行配置，网络拓扑结构如图 3-1-6 所示，要求如下。

1）设置 enable 密码为 admin。

2）创建 VLAN10、VLAN20、VLAN30；分别命名为 yuwen、shuxue 和 yingyu。

3）将 Fa0/1-5 加入 VLAN10、Fa/6-10 加入 VLAN20、Fa/11-20 加入 VLAN30。

4）在电脑 PC1 中 ping 电脑 PC2 和 PC3 的 IP，检测网络连通性。

5）在电脑 PC3 中 ping 电脑 PC2 的 IP、ping 电脑 PC4 的 IP，检测网络连通性。

6）导出配置文件为 T1-4.text。

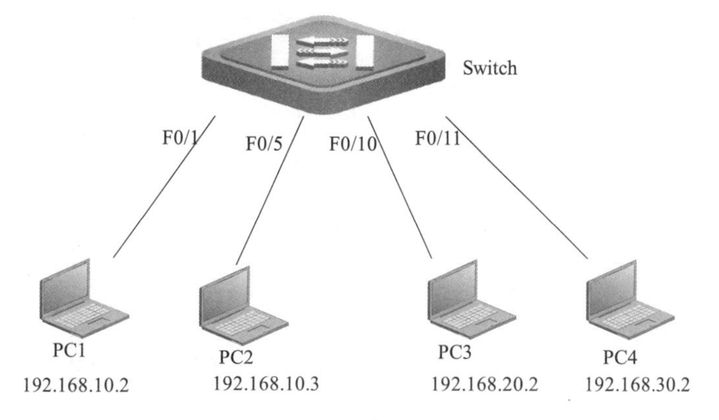

图 3-1-6　习题 4 的网络拓扑结构

任务二　配置汇聚层交换机

任务描述

1. 应用背景

衫达职业技术学校校园网扩建再改造项目，提出了需要保证校园网主干链路的高速带宽，以保证教学区大量视频流的畅通。因此需要了解校园网扩展再改造项目中，带宽改造应用到的技术，包括多台交换机之间互相连接技术、交换机之间链路聚合技术等。

2. 网络拓扑

汇聚层交换机的网络拓扑图如图 3-2-1 所示。

3. 实验设备

①RG-S3760（三层交换机 2 台）；②RG-S2126（二层交换机 1 台）；③直通交叉线（7 根）；④测试用 PC（2 台）。

4. 技术原理

汇聚层交换机是多台接入层交换机的汇聚点，它必须能够处理来自接入层设备的所有通信量，并提供到核心层的上行链路。因此汇聚层交换机与接入层交换机比较，需要更高的性能、更少的接口和更高的交换速率。

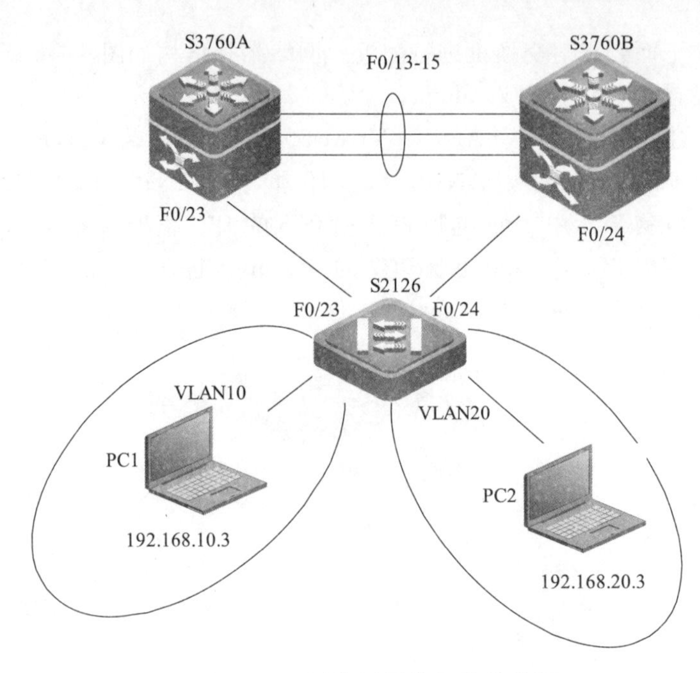

图 3-2-1 汇聚层网络拓扑结构图

任务实施

01 进入三层交换机 S3760A 配置模式，对其进行配置

```
Switch#
Switch#configure terminal
Switch(config)#hostname S3760A
S3760A (config)#
S3760A (config)#interface range fa 0/13-15
    //进入交换机的 Fa0/13、0/14、0/15 端口
S3760A (config-if-range)#port-group 1   //把打开三个端口聚合为一个端口组 1
S3760A (config-if-range)#no shutdown
S3760A (config-if-range)#exit
S3760A (config)interface aggregateport 1   //进入端口组 1
S3760A (config-aggregateport)switchporte mode trunk
```

02 使用同样的方式对三层交换机 S3760B 进行配置

```
Switch#
Switch#configure terminal
Switch (config)#hostname S3760B
S3760B (config)#
S3760B (config)#interface range fastethernet 0/13-15
S3760B (config-if-range)#port-group 1
S3760B (config-if-range)#no shutdown
S3760B (config-if-range)#exit
S3760B (config)interface aggregateport 1
S3760B (config-aggregateport)switchporte mode trunk
```

03 配置三层交换机 S3760A 生成树协议

```
S3760A>
S3760A>enable
S3760A#configure terminal
S3760A (config)#spanning-tree                         //配置生成树
```

04 配置三层交换机 S3760A，添加 VLAN，设置 IP，划分端口

```
S3760A (config)#vlan 10                               //创建 VLAN 10
S3760A (config-vlan)#vlan 20
S3760A (config-vlan)#exit
S3760A (config)#interface vlan 10                     //进入 VLAN 10
S3760A (config-if)#ip address 192.168.10.1 255.255.255.0 //给VLAN设置IP
S3760A (config-if)#int vlan 20
S3760A (config-if)#ip address 192.168.20.1 255.255.255.0
S3760A (config-vlan)#exit
S3760A (config)#interface range fastEthernet 0/1-4//进入端口 f0/1-4
S3760A (config-if-range)#switchport access vlan 10//把端口划分为 VLAN 10
S3760A (config-if-range)#exit
S3760A (config)#interface range fastEthernet 0/5-9//进入端口 f0/5-9
S3760A (config-if-range)#switchport access vlan 20//把端口划分为 VLAN 20
S3760A (config-if-range)#exit
S3760A (config)#interface fastEthernet 0/23  //进入端口 f0/23
S3760A (config-if)#switchport mode trunk     //设置骨干端口
S3760A (config-if)#exit
S3760A (config)#route ospf 1                 //配置 ospf 使全局相通
S3760A (config-router)#network 192.168.10.0 255.255.255.0 area 0
S3760A (config-router)#network 192.168.20.0 255.255.255.0 area 0
S3760A (config)#show running-config          //查看配置
……
```

05 配置三层交换机 S3760B 生成树协议

```
S3760B>
S3760B>enable
S3760B#configure terminal
S3760B (config)#spanning-tree
```

06 配置三层交换机 S3760B，添加 Vlan，设置 IP，划分端口

```
S3760B (config)#vlan 10
S3760B (config-vlan)#vlan 20
S3760B (config-vlan)#exit
S3760B (config)#interface vlan 10
S3760B (config-if)#ip address 192.168.10.2 255.255.255.0
S3760B (config-if)#int vlan 20
S3760B (config-if)#ip address 192.168.20.2 255.255.255.0
S3760B (config-vlan)#exit
S3760B (config)#interface range fastEthernet 0/1-4
S3760B (config-if-range)#switchport access vlan 10
```

```
S3760B (config-if-range)#exit
S3760B (config)#interface range fastEthernet 0/5-9
S3760B (config-if-range)#switchport access vlan 20
S3760B (config-if-range)#exit
S3760B (config)#interface fastEthernet 0/24
S3760B (config-if)#switchport mode trunk
S3760B (config-if)#exit
S3760B (config)#route ospf 1
S3760B (config-router)#network 192.168.10.0 255.255.255.0 area 0
S3760B (config-router)#network 192.168.20.0 255.255.255.0 area 0
S3760B (config)#show running-config                    //查看配置
……
```

07 配置二层交换机 S2126

```
Switch>
Switch>enable
Switch#config
Switch(config)#hostname S2126
S2126 (config)#spaning-tree
S2126 (config)#interface range FastEthernet 0/23-24
S2126 (conifg-if-range)#switchport mode trunk
```

08 测试验证

设置 PC1、PC2 的 IP 分别为 192.168.10.3 和 192.168.20.3，然后在 PC1 上使用 ping 测试命令，如图 3-2-2 所示。

```
PC>ipconfig /all

Physical Address................: 0005.5E34.34B5
IP Address......................: 192.168.10.3
Subnet Mask.....................: 255.255.255.0
Default Gateway.................: 192.168.10.1
DNS Servers.....................: 0.0.0.0

PC>ping 192.168.20.3

Pinging 192.168.20.3 with 32 bytes of data:

Reply from 192.168.20.3: bytes=32 time=109ms TTL=127
Reply from 192.168.20.3: bytes=32 time=125ms TTL=127
Reply from 192.168.20.3: bytes=32 time=125ms TTL=127
Reply from 192.168.20.3: bytes=32 time=109ms TTL=127

Ping statistics for 192.168.20.3:
    Packets: Sent = 4, Received = 4, Lost = 0 (0% loss),
Approximate round trip times in milli-seconds:
    Minimum = 109ms, Maximum = 125ms, Average = 117ms

PC>
```

图 3-2-2 在 PC1 上 ping 计算机 PC2，显示已连通

相关知识

1. 汇聚层交换机

汇聚层交换机除了负责将接入层的交换机进行汇聚外，还为整个交换机网络提供

VLAN 间的路由选择功能。

2. 三层交换机功能

三层交换（也称多层交换技术，或 IP 交换技术）是相对于传统交换概念而提出的。众所周知，传统的交换技术是在 OSI 网络标准模型中的第二层——数据链路层进行操作的，而三层交换技术是在网络模型中的第三层实现了数据包的高速转发。简单地说，三层交换技术就是“二层交换技术＋三层转发技术”。

三层交换技术的出现，解决了局域网中网段划分之后，网段中子网必须依赖路由器进行管理的局面，解决了传统路由器低速、复杂所造成的网络瓶颈问题。

其原理是：假设两个使用 IP 协议的站点 A、B 通过第三层交换机进行通信，发送站点 A 在开始发送时，把自己的 IP 地址与 B 站的 IP 地址比较，判断 B 站是否与自己在同一子网内。若目的站 B 与发送站 A 在同一子网内，则进行二层的转发。若两个站点不在同一子网内，如发送站 A 要与目的站 B 通信，发送站 A 要向“缺省网关”发出 ARP（地址解析）封包，而“缺省网关”的 IP 地址其实是三层交换机的三层交换模块。当发送站 A 对“缺省网关”的 IP 地址广播出一个 ARP 请求时，如果三层交换模块在以前的通信过程中已经知道 B 站的 MAC 地址，则向发送站 A 回复 B 的 MAC 地址。否则三层交换模块根据路由信息向 B 站广播一个 ARP 请求，B 站得到此 ARP 请求后向三层交换模块回复自身的 MAC 地址，三层交换模块保存此地址并回复给发送站 A，同时将 B 站的 MAC 地址发送到二层交换引擎的 MAC 地址表中。从这以后，A 向 B 发送的数据包便全部交给二层交换处理，信息得以高速交换。由于仅仅在路由过程中才需要三层处理，绝大部分数据都通过二层交换转发，因此三层交换机的速度很快，接近二层交换机的速度，同时比相同功能的路由器的价格低很多。

3. 交换机 VLAN 划分

（1）VLAN 简介

VLAN 通过将局域网内的设备逻辑地址而不是物理地址划分成一个个网段，从而实现虚拟工作组的新兴技术。

VLAN 技术允许网络管理者将一个物理的 LAN 逻辑地划分成不同的广播域（或称虚拟 LAN，即 VLAN），每一个 VLAN 都包含一组有着相同需求的计算机工作站，与物理上形成的 LAN 有着相同的属性，但由于它是逻辑地址而不是物理地址划分，所以同一个 VLAN 内的各个工作站无需被放在同一个物理空间内，即这些工作站不一定属于同一个物理 LAN 网段。一个 VLAN 内部的广播和单播流都不会转发到其他 VLAN 中，即使是两台计算机有着相同的物理网段，它们如果没有相同的 VLAN 号，各自的广播流也不会相互转发，从而有助于控制流量、减少设备投资、简化网络管理和提高网络的安全性。

VLAN 是为解决以太网的广播问题和安全性而提出的，它在以太网帧的基础上增加了 VLAN 头，用 VLANID 把用户划分为更小的工作组，限制不同工作组间的用户二层互访，每个工作组就是一个虚拟局域网。虚拟局域网的好处是可以限制广播范围，并能够形成虚拟工作组，动态管理网络。

既然 VLAN 隔离了广播风暴，同时也隔离了各个不同 VLAN 之间的通信，所以不同的 VLAN 之间的通信是需要路由完成的。

（2）VLAN 的划分方法

从属性上说，VLAN 主要分为两种，一种是静态 VLAN，另一种是动态 VLAN。静态 VLAN 的划分方法主要是根据交换机的端口来划分的；动态 VLAN 的划分方法有很多种，常用的方法主要是根据 MAC 地址划分和根据所连接的计算机的 IP 地址或所连接的计算机的当前登录用户来划分。

（3）VLAN 的创建与基于端口的 VLAN 划分

在特权模式下，可以通过 VLAN 的 vlan-id 来创建 VLAN，其中 vlan-id 的取值范围一般为 1～4096，VLAN 1 是交换机的默认 VLAN，不能被创建或删除。

创建好相应编号的 VLAN 后，VLAN 就会以编号的形式被保存在交换机中。由于时间长了以后，有可能会忘记不同 VLAN 的功能和范围，所以可以通过命名的方式标识不同 VLAN 的功能和范围。例如：

```
Switch# config
Switch(config)# vlan 2
Switch(config-vlan)# name student
Switch(config)# vlan 3
Switch(config-vlan)# name teacher
```

默认情况下，交换机的所有端口都是属于 VLAN 1 的。基于端口的 VLAN 划分过程主要分为两个步骤：第一步是选中端口；第二步是将端口划入 VLAN。需要注意的是，只有“access”类型的端口才能被划入指定的 VLAN。当交换机的端口模式不是 access 时，要增加一条“switchport mode access”命令，将交换机的端口设置为 access 类型。基于端口的 VLAN 划分举例如下：

```
Switch(config)# interface fastethernet 0/5
Switch(config-if)# switchport mode access
Switch(config-if)# switchport access vlan 2
Switch(config)# interface range fastethernet 0/8-10
Switch(config-if-range)# switchport mode access
Switch(config-if-range)# switchport access vlan 3
```

（4）VLAN 的 Trunk 连接

一台交换机上相同的 VLAN 中的主机可以通过交换机的背板自由通信，但如果一个 VLAN 中的成员跨越两台交换机时，它们之间的通信可以采取另外一种方法来解决，即在网络设备上定义 Trunk 链路。这种链路可以将指定 VLAN 的通信汇聚到一条链路上，为交换机建立 Trunk 链路的方法是将链路两端的端口设置为 Trunk 模式。默认情况下，交换机的 Trunk 链路是允许所有 VLAN 通过的。

```
Switch1(config)# interface fastethernet 0/1
Switch1(config-if)# switchport mode trunk
Switch1(config-if)# switchport trunk allowed vlan all
```

```
Switch2(config)# interface fastethernet 0/1
Switch2(config-if)# switchport mode trunk
Switch2(config-if)# switchport trunk allowed vlan all
```

（5）VLAN 间主机的通信

因为不同 VLAN 属于不同广播域，所以如果不同 VLAN 间的主机进行通信，就必须为VLAN指定路由。三层交换机的路由模块可以自动为直连的不同广播域生成直连路由，因此可以实现 VLAN 间主机的通信。当然，使用路由器也可以实现该功能。

使用三层交换机实现 VLAN 间主机的通信，需要在三层交换机上为每一个 VLAN 创建一个虚拟子接口，并设置子接口的 IP 地址，这样就可以实现虚拟子接口之间的路由，从而实现 VLAN 间的通信。各 VLAN 对应的子接口的 IP 地址就成为该 VLAN 成员与其他子网通信的默认网关地址。

创建虚拟子接口的命令如下:

```
Switch(config)# interface vlan 10
Switch(config-if)# ip address 192.168.20.1 255.255.255.0
Switch(config-if)# no shutdown
```

4. 换机的链路聚合

（1）链路聚合技术

链路聚合又叫端口聚合（Aggregate Port），是指将交换机上多个端口在物理上分别连接，在逻辑上通过技术捆绑在一起，形成一个拥有较大带宽的复合主干链路，以实现主干链路负载均衡，并提供冗余链路功能。聚合在一起的链路的传输速率是单一逻辑链路的传输速率的叠加，是用户在交换机间以比较经济的形式增加网络带宽的方法。聚合端口只能在 100Mb/s 以上的链路上实现。锐捷交换机最多支持 8 个物理端口组成一个聚合端口组。Aggregate Port（AG）可以根据报文的源 MAC 地址、目的 MAC 地址或 IP 地址进行流量平衡，即把流量平均地分配到 AG 组成员链路中去。

链路聚合时要注意以下几点：各端口的速度必须一致；各端口必须属于同一个 VLAN；各端口使用的传输介质相同；各端口必须属于同一层次，并与 AG 在同一层次。

（2）配置链路聚合的基本命令

在链路两端的交换机上配置如下命令:

```
Switch1(config)# interface aggregateport 1    //创建聚合接口 AG1
Switch1(config-if)# switchport mode trunk     //配置 AG1 模式为 Trunk
Switch1(config)# interface range fastethernet 0/1-2
    //进入 f0/1 和 f0/2
Switch1(config-if-range)# port-group 1     //配置 f0/1 和 f0/2 属于 AG1
Switch1# show aggregateport 1 summary     //查看链路聚合配置
```

5. 生成树协议

（1）冗余链路导致的新问题

链路的冗余备份为网络带来健壮性、稳定性和可靠性，但同时也会使网络存在环路，从而导致新问题的产生，如广播风暴、多帧复制和地址表达的不稳定性。为了解决这些新问题，需要在交换机上启用生成树协议。

（2）生成树协议的简介

配置生成树协议（Spanning-Tree Protocol）的目的就是将一个存在物理环路的交换机网络变成一个没有环路的逻辑树形网络。利用协议通过在交换机上运行一套复杂的算法 STA（Spanning-Tree Algorithm），使交换机的冗余端口置于"阻断状态"，使得接入网络的计算机与其他计算机通信时，只有一条链路生效。当这条生效的链路出现故障无法使用时，IEEE 802.1ID 协议会重新计算网络链路，将处于"阻断状态"的端口重新打开，从而保障网络正常运转。

（3）生成树协议的配置方法

1）通过"Spanning Tree"命令开启生成树协议。

2）通过"Spanning tree mode [stp|rstp|mstp]"选择生成树协议版本。

3）通过"Spanning-tree priority [4096|8192|...|32768]"命令设置交换机优先级。选择一台交换机为根交换机（Root Bridge），使根交换机的所有端口进入转发状态。优先级值为 4096 的整数倍的数值，交换机的默认优先级值为 32768，优先级值小的为根交换机。如果网络中所有交换机的优先级别都相同，则比较交换机的 MAC 地址的大小以确定根交换机。

4）所有非根交换机通过比较链路的开销值，选择一条到达根交换机的最短路径，如果某端口到达根交换机路径最短，就被选为根端口。生成树协议使根端口处于转发状态。

5）当一个网络中有多个网桥时，这些网桥会将其到根交换机的管理成本宣告出去，其中具有最低管理成本的网桥作为指定网桥，指定网桥中发送最低管理成本的端口为指定端口（Designated Port）。

6）将交换网络中所有设备的根端口和指定端口设为转发状态（Forwarding），将其他端口设为阻塞状态（Blocking），这样就在网络中避免了环路。如果连接根交换机的某条链路出现故障，则交换机就会重新计算网络链路，将处于阻塞状态的端口启动而进行数据转发，使通信正常进行。

（4）生成树协议的三种版本

目前常见的生成树协议版本有生成树协议 STP（IEEE 802.1ID）、快速生成树协议 RSTP（IEEE 802.1W）和多生成树协议 MSTP（IEEE 802.1S）。

1）STP 是生成树协议的早期版本，其特点是收敛时间长，当主要链路出现故障后，切换到备份链路需要 50s 的时间。

2）RSTP 在 STP 的基础上增加了两种端口角色：替换端口和备份端口，分别作为根端口和指定端口的冗余端口。当根端口和指定端口出现故障时，冗余端口不需要经过 50s 的收敛时间，可以直接切换到替换端口和备份端口，从而实现 RSTP 协议小于 1s 的收敛时间。在网络搭建中经常推荐使用快速生成树协议。

3）MSTP 就是基于 VLAN 的 RSTP，是传统的 STP、RSTP 的基础上发展而来的新的生成树协议，包含了 RSTP 的快速转发机制。

(5) 生成树协议的端口状态

每个交换机的端口都会经过一系列的状态。

1) Disable (禁用): 为了管理目的或者因为发生故障将端口关闭。

2) Blocking (阻塞): 在开始启用端口之后的状态。端口不能接收或者传输数据，不能把 MAC 地址加入到交换机的地址表中，只能接收 BPDU(网桥协议数据单元,Bridge Protocol Data Unit，是一种生成树协议问候数据包)。如果端口失去了根端口或者指定端口的状态，就会返回阻塞状态。

3) Listening (监听): 若一个端口可以成为一个根端口或者指定端口，则转入监听状态。该端口不能接收或者传输数据，也不能把 MAC 地址加入到交换机的地址表中，只能接收或发送 BPDU。

4) Learning (学习): 在 Forward Delay (转发延迟) 计时时间 (默认 15s) 之后，端口进入学习状态。端口不能传输数据，但可以接收或发送 BPDU。这时端口可以学习 MAC 地址，并把其加入到地址表中。

5) Forward (转发): 在下一次 Forward Delay (转发延迟) 计时时间 (默认 15s) 之后，端口进入学习状态。端口现在可以发送和接收数据、学习 MAC 地址，还可以接收或发送 BPDU。

任务小结

汇聚层交换机是多台接入层交换机的汇聚点，它必须能够处理来自接入层设备的所有通信量，并提供到核心层的上行链路，因此汇聚层交换机与接入层交换机比较，需要更高的性能，更少的接口和更高的交换速率。

练习测评

按图 3-2-3 所示拓扑图完成以下练习。

1) 设置生成树。

2) 创建 VLAN10、VLAN20，分别添加 IP 为 192.168.1.1/24、192.168.2.1/24，并把端口 f0/1-5 划分为 vlan 10，f0/6-10 划分为 vlan 20。

3) 设置三层交换机端口 f0/13-14 为聚合端口。

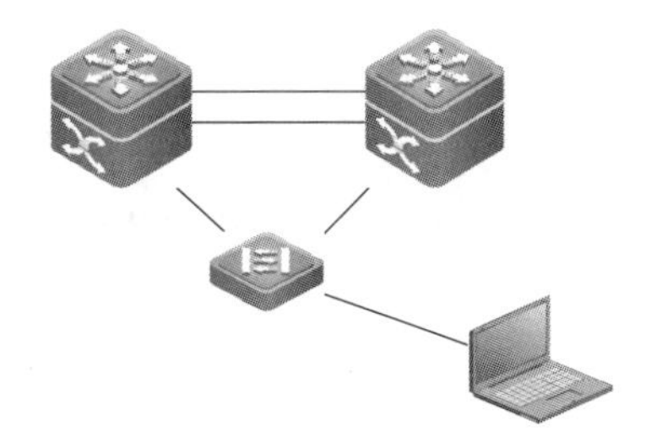

图 3-2-3 网络拓扑图

任务三 配置核心层交换机

任务描述

1. 任务背景

为了加快内部的信息化建设，实现企业的办公自动化，希望企业采用先进的网络通信技术，建设一个以办公、电子商务、财务电算化、业务综合管理、多媒体视频会议、远程通信、信息发布及查询、集中式的供应链管理系统和客户服务关系管理系统为核心的现代化网络系统，实现内、外通信，以作为支持内部办公自动化、供应链管理以及各应用系统运行的基础设施。

2. 网络拓扑

核心层交换机网络拓扑结构图如图 3-3-1 所示。

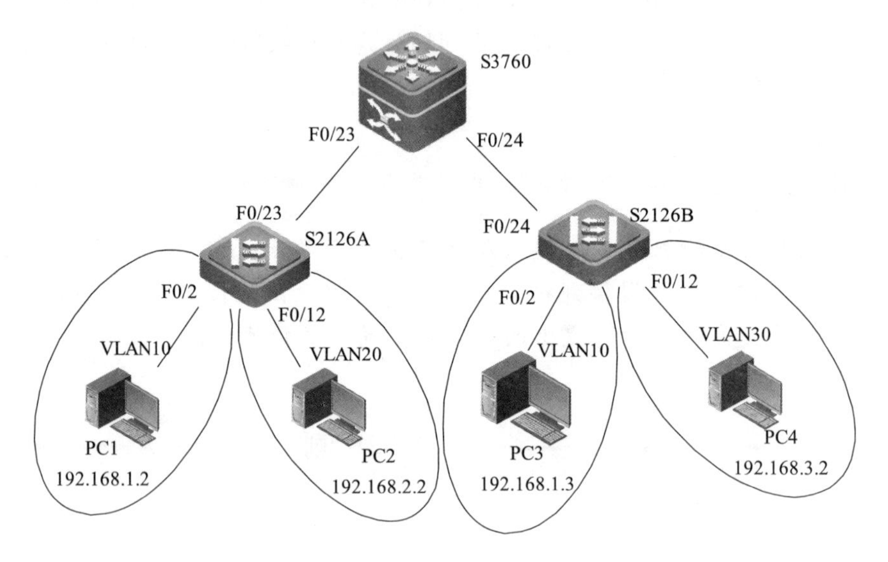

图 3-3-1 网络拓扑结构图

3. 实验设备

S3760 三层交换机（1 台）；S2126 二层交换机（2 台）；PC 机（4 台）；网线（6 条）。

4. 技术原理

1）VLAN 技术主要应用于交换机和路由器中，但主流应用还是在交换机之中。但又不是所有交换机都具有此功能，只有 VLAN 协议的第三层以上交换机才具有此功能。

2）核心层。将网络主干部分称为核心层，核心层的交换机主要作用在于通过高速转发通信来提供优化、可靠的骨干传输结构，因此核心层交换机应拥有更高的性能，可靠性和吞吐量。

任务实施

01 配置二层交换机 S2126A，在交换机上划分 VLAN10、VLAN20

```
Switch>
Switch>enable                                          //进入交换机特权模式
Switch#configure terminal                              //进入交换机全局模式
Switch(config)#hostname S2126A                         //将交换机名称设为 S2126A
S2126A(config)#vlan 10                                 //创建 VLAN 10
S2126A(config-vlan)#vlan 20                            //创建 VLAN 20
S2126A(config-vlan)#exit
S2126A(config)#interface range fastEthernet 0/1-10     //进入 F0/1-10 端口
S2126A(config-if-range)#switchport access vlan 10      //划分为 VLAN 10
S2126A(config-if-range)#exit
S2126A(config)#interface range fastEthernet 0/11-20    //进入 F0/11-20 端口
S2126A(config-if-range)#switchport access vlan 20      //划分为 VLAN 20
S2126A(config)#interface fastEthernet 0/23             //进入 F0/23 端口
S2126A(config-if)#switchport mode trunk                //设置为骨干端口
S2126A(config-if)#exit
S2126A(config)#exit
S2126A#show running-config                             //查看配置
……
```

02 配置二层交换机 S2126B，在交换机上划分 VLAN10 和 VLAN30

```
Switch>
Switch>enable                                          //进入交换机特权模式
Switch#configure terminal                              //进入交换机全局模式
Switch(config)#hostname S2126B                         //将交换机名称设为 S2126B
S2126B(config)#vlan 10                                 //创建 VLAN 10
S2126B(config-vlan)#vlan 30                            //创建 VLAN 30
S2126B(config-vlan)#exit
S2126B(config)#interface range fastEthernet 0/1-10     //进入 F0/1-10 端口
S2126B(config-if-range)#switchport access vlan 10      //划分为 vlan 10
S2126B(config-if-range)#exit
S2126B(config)#interface range fastEthernet 0/11-20    //进入 F0/11-20 端口
S2126B(config-if-range)#switchport access vlan 30      //划分为 vlan 30
S2126B(config)#interface fastEthernet 0/24             //进入 F0/24 端口
S2126B(config-if)#switchport mode trunk                //设置为骨干端口
S2126B(config-if)#exit
S2126B(config)#exit
S2126B#show running-config                             //查看配置
……
```

03 配置三层交换机 S3760

在三层交换机上划分 VLAN，设置 VLAN 的 IP，把它作为该网络的核心交换机。

```
Ruijie>
Ruijie>enable                                          //进入交换机特权模式
```

```
Ruijie#configure terminal                       //进入交换机全局模式
Ruijie(config)#hostname S3760                   //将交换机名称设为 S3760
S3760(config)#vlan 10                           //创建 VLAN 10
S3760(config-vlan)#vlan 20                      //创建 VLAN 20
S3760(config-vlan)#vlan 30                      //创建 VLAN 30
S3760(config-vlan)#exit
S3760(config)#interface vlan 10                 //进入 VLAN 10
S3760(config-vlan 10)#ip address 192.168.1.1 255.255.255.0 //设置 IP
S3760(config-vlan 10)#exit
S3760(config)#interface vlan 20                              //进入 VLAN 20
S3760(config-vlan 20)#ip address 192.168.2.1 255.255.255.0  //设置 IP
S3760(config-vlan 20)#exit
S3760(config)#interface vlan 30                              //进入 VLAN 30
S3760(config-vlan 30)#ip address 192.168.3.1 255.255.255.0 //设置 IP
S3760(config-vlan 30)#exit

S3760(config)#interface range fastEthernet 0/23-24 //进入 F0/23-24 口
S3760(config-if-range)#switchport mode trunk    //设置骨干端口
S3760(config-if-range)#exit
S3760(config)#show ip route                     //查看路由表
Codes: C - connected, S - static, I - IGRP, R - RIP, M - mobile, B - BGP
    D - EIGRP, EX - EIGRP external, O - OSPF, IA - OSPF inter area
    N1 - OSPF NSSA external type 1, N2 - OSPF NSSA external type 2
    E1 - OSPF external type 1, E2 - OSPF external type 2, E - EGP
    i - IS-IS, L1 - IS-IS level-1, L2 - IS-IS level-2, ia - IS-IS inter area
    * - candidate default, U - per-user static route, o - ODR
    P - periodic downloaded static route

Gateway of last resort is not set

    192.168.1.0/24 is subnetted, 1 subnets
C      192.168.1.0 is directly connected, Vlan10
    192.168.2.0/24 is subnetted, 1 subnets
C      192.168.2.0 is directly connected, Vlan20
192.168.3.0/24 is subnetted, 1 subnets
C      192.168.3.0 is directly connected, Vlan30

S3760(config)#show running-config                           //查看配置
……
```

04 设置四电脑 IP 以及网关

设置 PC1 的 IP、子网掩码、网关分别为 192.168.1.2、255.255.255.0、192.168.1.1；PC2 的 IP、子网掩码、网关分别为 192.168.2.2、255.255.255.0、192.168.2.1；PC3 的 IP、子网掩码、网关分别为 192.168.1.3、255.255.255.0、192.168.1.1；PC4 的 IP、子网掩码、网关分别为 192.168.3.2、255.255.255.0、192.168.3.1。

05 测试网络是否畅通

在 PC1 上使用 ping 命令，从反馈信息中可看到 PC1 与 PC2、PC3、PC4 是互通的，如图 3-3-2 所示。

```
PC>ipconfig /all

Physical Address................: 0090.2B1A.6384
IP Address......................: 192.168.1.2
Subnet Mask.....................: 255.255.255.0
Default Gateway.................: 192.168.1.1
DNS Servers.....................: 0.0.0.0

PC>ping 192.168.2.2

Pinging 192.168.2.2 with 32 bytes of data:

Reply from 192.168.2.2: bytes=32 time=125ms TTL=127
Reply from 192.168.2.2: bytes=32 time=125ms TTL=127
Reply from 192.168.2.2: bytes=32 time=109ms TTL=127
Reply from 192.168.2.2: bytes=32 time=97ms TTL=127

Ping statistics for 192.168.2.2:
    Packets: Sent = 4, Received = 4, Lost = 0 (0% loss),
Approximate round trip times in milli-seconds:
    Minimum = 97ms, Maximum = 125ms, Average = 114ms

PC>ping 192.168.1.3

Pinging 192.168.1.3 with 32 bytes of data:

Reply from 192.168.1.3: bytes=32 time=125ms TTL=128
Reply from 192.168.1.3: bytes=32 time=109ms TTL=128
Reply from 192.168.1.3: bytes=32 time=125ms TTL=128
Reply from 192.168.1.3: bytes=32 time=125ms TTL=128

Ping statistics for 192.168.1.3:
    Packets: Sent = 4, Received = 4, Lost = 0 (0% loss),
Approximate round trip times in milli-seconds:
    Minimum = 109ms, Maximum = 125ms, Average = 121ms

PC>ping 192.168.3.2

Pinging 192.168.3.2 with 32 bytes of data:

Reply from 192.168.3.2: bytes=32 time=125ms TTL=127
Reply from 192.168.3.2: bytes=32 time=125ms TTL=127
Reply from 192.168.3.2: bytes=32 time=125ms TTL=127
```

图 3-3-2 在 PC1 上使用 ping 命令

任务小结

核心层的主要目的在于通过高速转发通信来提供优化、可靠的骨干传输结构，核心层交换机应拥有更高的性能、可靠性和吞吐量。而单核心交换机是指只有一个核心交换机，该交换机是网络中的中心交换机，管理整个局域网。

练习测评

1. 在三层交换机创建 VLAN 10、VLAN 20、VLAN 30、VLAN 40，IP 分别设为 10.0.1.1、10.0.2.1、10.0.3.1、10.0.4.1，设置骨干端口。

2. 组建单核心网络，如图 3-3-3 所示。

1）在三层交换机上创建 VLAN10、VLAN20。

2）设置 VLAN10 的 IP 地址为 192.168.10.1/24。VLAN20 的 IP 地址为 192.168.20.1/24。

3）设置 PC1、PC2 的 IP 地址为 192.168.10.11/24、192.168.10.12/24，网关均为 192.168.10.1；PC3、PC4 的 IP 地址分别为 192.168.20.11/24、192.168.20.12/24，网关均为 192.168.20.1。

3. 按图 3-3-4 所示配置二层交换机 S2126 和三层交换机 S3760。

按网络拓扑结构如图 3-3-4 所示，对三层交换机进行配置，要求如下。

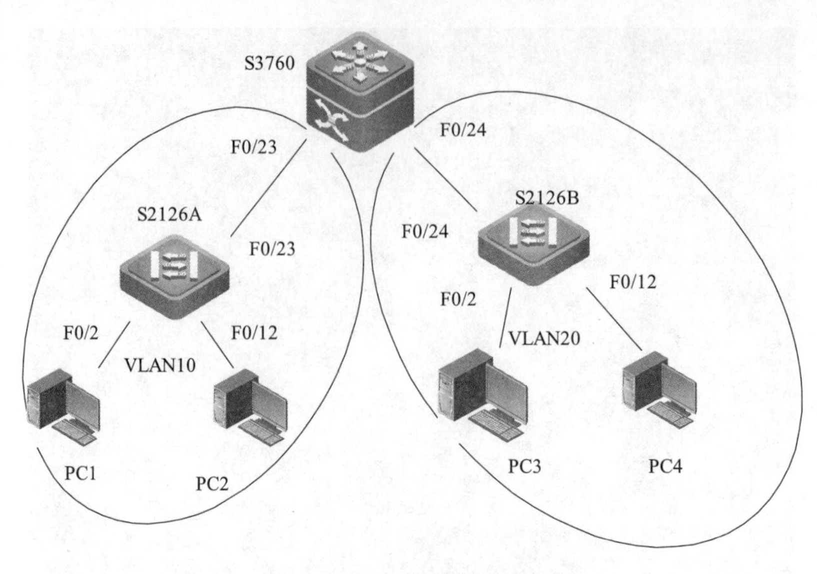

图 3-3-3 一个单核心网络

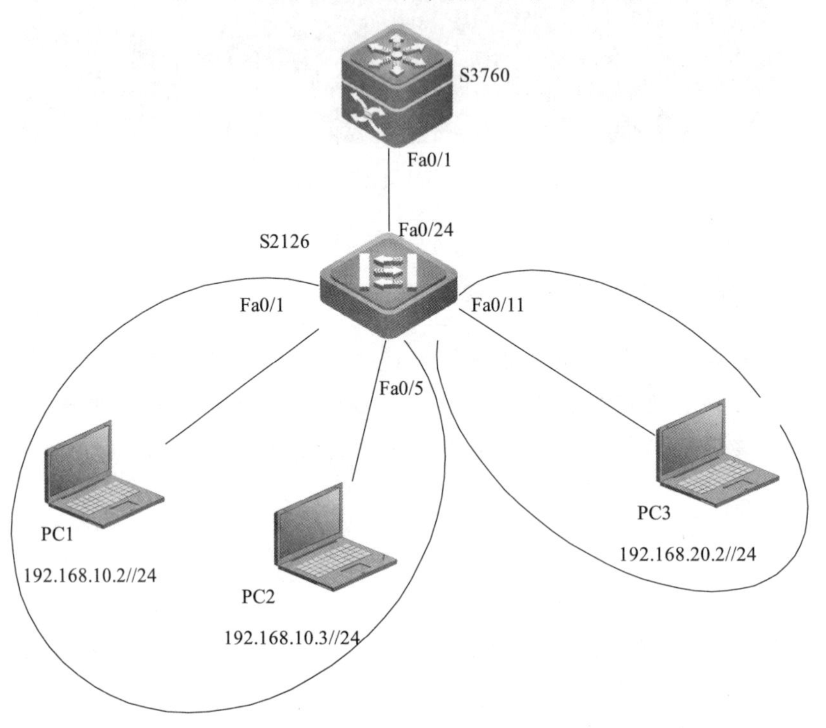

图 3-3-4 配置二层交换机和三层交换机

1）按照拓扑结构图连接好网络设备。

2）把二层交换机命名为 S2126，三层交换机命名为 S3760。

3）在二层交换机上创建 VLAN10、VLAN20，并将 Fa0/1-10 加入到 VLAN10、Fa0/11-20 加入到 VLAN20，把 Fa0/24 设置为 Trunk 模式。

4）在三层上创建 VLAN10、VLAN20，并设置 VLAN 的 IP 地址。

5）保存配置。

4. 把三层交换机当作路由器使用，如图 3-3-5 所示。

按网络拓扑结构图 3-3-5 所示，对三层交换机进行配置，要求如下。

1）把三层交换机名为 S3760。

2）设置 enable 密码为 admin。

3）配置三层的端口 IP 地址，端口 no switch port，使三层交换机当作路由器使用；在 PC1、PC2 使用 ping 命令进行测试。

4）保存配置。

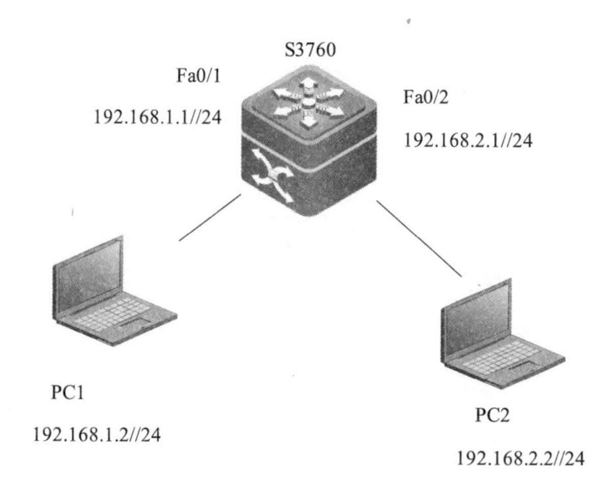

图 3-3-5　将三层交换机作为路由器网络拓扑结构图

读书笔记

4

项目四　路由器的安装与配置

项目说明

路由器是一种连接多个网络或网段的设备，是互联网络中必不可少的网络设备之一。在本项目中，我们主要学习对路由器的基本配置、路由功能配置和广域网协议配置，最终实现内部网络的广域网接入等功能。

由于路由器的配置繁多，任何一个项目都不可能全面地用到路由器的所有相关配置，所以我们在任务一和任务二中让大家循序渐进地学习路由器的配置方法，在任务三中完成了广域网接入路由器的相应配置。配置共分为从基础配置到高级配置的三个步骤：

任务一　路由器的基本配置

任务二　配置动态路由协议与网络安全

任务三　配置广域网接入模块

技能目标

- 了解路由器的配置方式和路由器的工作模式。
- 学会配置路由器的名字、特权口令、接口、静态路由、单臂路由和 DHCP 功能。
- 掌握路由器配置的保存与导入方法。
- 学会配置路由器的 RIP 协议、OSPF 协议、路由重发布、广域网协议（PPP 与 HDLC）、ACL 和 NAT。
- 掌握在 DDN 专线连接中的路由器的各接口参数、路由功能、NAT、ACL 和路由器自身安全的配置方法。

任务一 路由器的基本配置

任务描述

1. 应用背景

某企业有厂区A和厂区B两个厂区，通过两台路由器将两个厂区连接起来，在厂区B连接Internet。现要在路由器上进行适当配置，通过网络的互联互通实现企业网内部主机之间的信息共享和传递，并实现接入Internet。

2. 网络拓扑

该结构模型如图4-1-1所示，由两台路由器（RG-RSR20-04）通过一条V.35线缆将172.16.1.0/24、172.16.3.0/24两个C类网段互联起来；而两个路由器之间由211.69.11.0/30一个子网相连，该子网内只有两个可用IP地址，被两个路由器之间互联的端口使用。

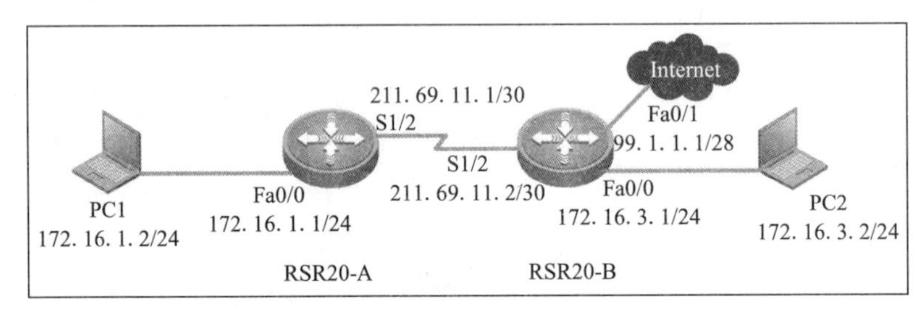

图4-1-1 静态路由方式实现网络连通的网络拓扑图

3. 实验设备

1）路由器（RG-RSR20-04），其自带的两个10/100Mb/s快速以太网接口FastEthernet0/0和FastEthernet0/1。

2）PC（2台）。

3）直连线或交叉线（2条）。

4）V.35模式线缆。

> **注意**
>
> 当普通路由器和主机相连时，需要使用交叉线。锐捷的路由器的以太网端口支持MDI/MDIX，使用直连线也可以连通。

因为向电信部门专门申请一根专用线路很昂贵，所以用V.35模式线缆来模拟电信链路，从而完成对路由器广域网链路的一些参数信号配置。路由器的串行接口原本连接的基带Modem（调制解调器）设备省去，而使用专门的模拟电缆——孔型V.35线缆进行模拟电信链路端设备。在这种实训环境中，对于路由器而言，其广域网链路配置与实际环境完全一致，只是需要在孔型V.35线缆连接的一端进行模拟电信信号的一个命令设置。

DCE（数据通信设备）在DTE（数据终端设备）和传输线路之间提供信号变换和编码功能，并负责建立、保持和释放链路的连接。一般广域网常用的DCE设备有CSU/DSU、广域网交换机和Modem。

DTE是具有一定的数据处理能力和数据收发能力的设备，DTE提供或接收数据。这里的“终端”是广义的，PC也可以是终端。一般广域网常用DTE设备有路由器和终端主机。

DCE设备通常与DTE对接，因此针脚的分配相反。其实对于标准的串行端口，通常从外观就能判断是DTE还是DCE，DTE是针头（俗称公头），DCE是孔头（俗称母头），这样两种接口才能接在一起。DCE代表的是电信线路端设备；DTE代表的是用户端设备。

DTE、DCE之间的区别是DCE一方提供时钟，DTE不提供时钟，但它依靠DCE提供的时钟工作，比如PC机和Modem之间。数据传输通常是经过DTE-DCE，再经过DCE-DTE的路径。

路由器之间用串口相连的时候一般无所谓哪头接DCE，哪头接DTE。通常，核心层的路由器作为DCE，而有的是默认的，比如Modem永远是DTE，与其相连的电信程控交换机则为DCE。在DCE中如果不设置clock rate（时钟速率）的话，DCE与DTE之间就无法通信。

实际应用环境中路由器一般作为DTE，与对端设备的连接主要是34pin_M的插头。对应在应用模型下的连接示意图如图4-1-2所示。

1）V.35同步口与协议转换器连接。

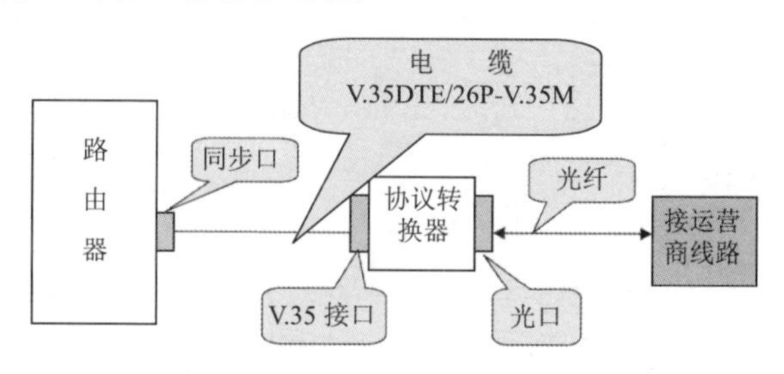

图4-1-2　V.35同步口与协议转换器连接示意图

2）在一些实验室的使用中，也有如图4-1-3所示这种应用模型。

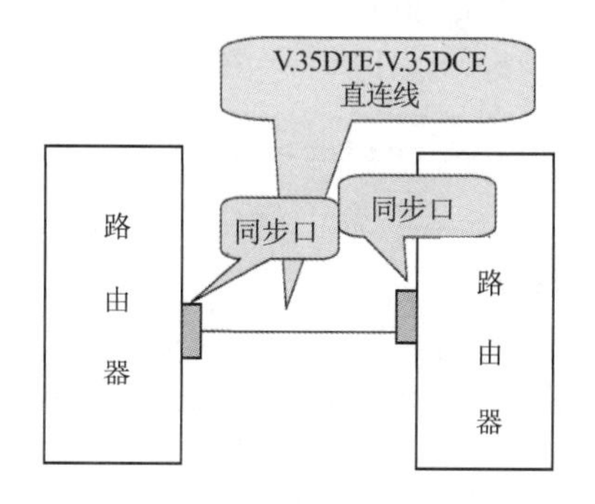

图4-1-3　V.35同步口与同步口相连接示意图

4. 技术原理

路由器属于网络层设备，能够根据IP包头的信息选择一条最佳路径，将数据包转发出去，实现不同网段的主机之间的互相访问。

路由器是根据路由表进行选路和转发的，而路由表是由一条条的路由信息组成的。路由表的产生方式一般有以下三种。

1）直连路由。给路由器端口配置一个 IP 地址，路由器自动产生本端口 IP 所在网段的路由信息。

2）静态路由。在拓扑结构简单的网络中，网络管理员通过手动的方式配置本路由器未知网段的路由信息，从而实现不同网段之间的连接。

3）动态路由。适用于大规模的网络中，或在网络拓扑相对复杂的情况下。通过在路由器上运行动态路由协议，路由器之间互相自动学习产生路由信息。

任务实施

路由器的基本配置一般包括如下内容：为路由器命名、配置口令及加密、配置相关接口、配置保存与加载、静态路由和默认路由等。这些配置是使用路由器时必须进行的配置，也是其他配置的基础。

01 在路由器 RSR20-A 上进行基本配置

（1）路由器命名

```
Reijie> enable                          //进入特权配置模式
Reijie# config                          //进入全局配置模式
Reijie(config)# hostname RSR20-A        //路由器命名为“RSR20-A”
```

（2）设置 IP 地址

```
RSR20-A (Config)# int f 0/0             //进入接口配置模式
RSR20-A (Config-if)# ip add 172.168.1.1 255.255.255.0 //给 Fa0/0 配置 IP
RSR20-A (Config-if)# no shutdown        //开启端口
RSR20-A (Config)# int serial 1/2        //进入接口配置模式
RSR20-A (Config-if)# ip add 211.69.11.1 255.255.255.252// 给 s1/2 配置 IP
RSR20-A (Config-if)# clock rate 64000   //配置路由器的时钟频率（DCE）
RSR20-A (Config-if)# no shutdown        //开启端口
RSR20-A# show ip interface brief        //验证路由器端口的配置
……
RSR20-A# show interface serial 1/2      //查看端口的状态
……
```

（3）启动 Telnet 服务

```
RSR20-A (config)# line vty 0 4
    //进入到 LINE VTY 0 VTY4 的 LINE 模式
RSR20-A (config-line)# login            //启用用户口令验证
RSR20-A (config-line)# password 123     //配置路由器远程登录口令为“123”
RSR20-A (config-line)#enable secret xiao1682 //配置特权密码为“xiao1682”
```

（4）配置静态路由和默认路由

```
RSR20-A (config)# ip route 172.16.3.0 255.255.255.0 211.69.11.2
    //配置静态路由
```

```
RSR20-A (config)# ip route 0.0.0.0 0.0.0.0 211.69.11.2 //配置默认路由
RSR20-A# show ip route //验证路由器上的路由配置
……
```

02 在路由器 RSR20-B 上进行基本配置

（1）路由器命名

```
Reijie> enable                         //进入特权配置模式
Reijie# config                         //进入全局配置模式
Reijie (config)# hostname RSR20-B      //路由器命名为"RSR20-B"
```

（2）设置 IP 地址

```
RSR20-B (Config)# int f 0/0            //进入接口配置模式
RSR20-B (Config-if)# ip add 172.168.3.1 255.255.255.0
    //给 f0/0 配置 IP
RSR20-B (Config-if)# no shutdown       //开启端口
RSR20-B (Config)# int serial 1/2       //进入接口配置模式
RSR20-B  (Config-if)# ip add 211.69.11.2 255.255.255.252   //给 s1/2 配置 IP
RSR20-B  (Config-if)# clock rate 64000 //配置路由器的时钟频率（DTE）
RSR20-B (Config-if)# no shutdown       //开启端口
RSR20-B# show IP interface brief       //验证路由器端口的配置
……
RSR20-B# show interface serial 1/2     //查看端口的状态
……
```

（3）启动 Telnet 服务

```
RSR20-B(config)# line vty 0 4
    //进入到 LINE VTY 0 VTY4 的 LINE 模式
RSR20-B (config-line)# login           //启用用户口令验证
RSR20-B (config-line)# password 123    //配置路由器远程登录口令为"123"
RSR20-B  (config-line)#enable secret xxhua1682 //配置特权密码为"xxhua1682"
RSR20-B (config)# banner motd &        //设置每日通知信息，&为终止符
……
Welcome to RSR20-B,if you are admin ,you can config it.if
you are not admin,please EXIT!&
RSR20-B  (config)# banner login $ enter your password $ //设置登录标题信息
```

（4）配置静态路由和默认路由

```
RSR20-B (config)# ip route 172.16.1.0 255.255.255.0 211.69.11.1
    //配置静态路由
RSR20-B  (config)# ip route 0.0.0.0 0.0.0.0 99.1.1.2    //配置默认路由
RSR20-B# show ip route    //验证路由器上的路由配置
……
```

（5）测试网络的互联互通性

```
RSR20-B# ping 172.16.1.1
    //从路由器 RSR20-B 测试与路由器 RSR20-A 的 Fa/0 端口的连通性
……
```

（6）保存配置

```
RSR20-B# show running-config    //显示路由器 RSR20-B 的全部配置
……
RSR20-A (config)# write
    //将 (running-config)保存到启动配置(startup-config)中
```

（7）从 PC2 登录路由器 RSR20-B

在 PC2 的“运行”对话框中，输入“telnet 172.16.3.1”，输入正确的登录名和口令：

```
User Access Verification
Password: login
Password: 123
RSR20-A> enable
Password: xiao1682
RSR20-A#
```

（8）导出配置

```
RSR20-B (config)# copy run tftp
    //需按提示对 IP 地址、文件名、存放位置进行设置
```

相关知识

1. 认识路由器

路由器技术是融合了现代通信技术、计算机技术、网络技术、微电子芯片技术、大规模集成电路技术、光电子技术及通信技术的一种核心技术，是衡量一个国家科学技术水平的重要标准。路由器的功能主要是选择最合理的路由、引导通信和转发数据包。新一代的路由器普遍具有交换功能，一个性能和功能优秀的路由器，不但要有科学的路由计算法则及足够的传输带宽与高速率，还要有较强的信息流量控制能力。

这里，按功能将路由器分为核心层（骨干级）路由器、分发层（企业级）路由器和访问层（接入级）路由器。

1）骨干级路由器。骨干级路由器的数据吞吐量较大，具有高速度和高可靠性。为了获得高可靠性，网络系统一般采用诸如热备份、双电源、双数据通路等传统冗余技术。骨干级路由器在转发表中查找某个路由器时，常将一些访问频率较高的目的端口放到 Cache（高速缓存）中，从而达到提高路由查找效率的目的。

2）企业级路由器。企业级或校园级路由器连接许多终端系统。虽然它的连接对象较多，但系统相对简单，且数据流量较小，对这类路由器的要求是以尽量便捷的方法实现尽量多的端点互联，同时还要能够支持不同的服务质量。这种路由器的每个端口的造价较贵，并且在使用前要求用户进行大量的配置工作。企业级路由器的性能在于是否可提供大量端口且端口造价很低、是否容易配置、是否支持 QoS、是否支持广播和组播等多项功能。

3）接入级路由器。接入级路由器主要应用于连接家庭或 ISP 内的小型企业客户群体。接入级路由器支持高速端口，并能在各个端口运行多种协议。

2. 路由器的基础配置

路由器在使用前必须进行相关的配置才能起到相应的作用。路由器的配置包括许多方面，例如基本配置、静态路由、动态路由协议、广域网协议、远程访问、IP 地址转换、访问控制列表等。用户应根据网络的具体情况和需求，先进行规划和设计，经分析确认后，有选择地依次对网络中的每一个路由器进行相应的配置。路由器的配置连接图如图 4-1-4 所示。

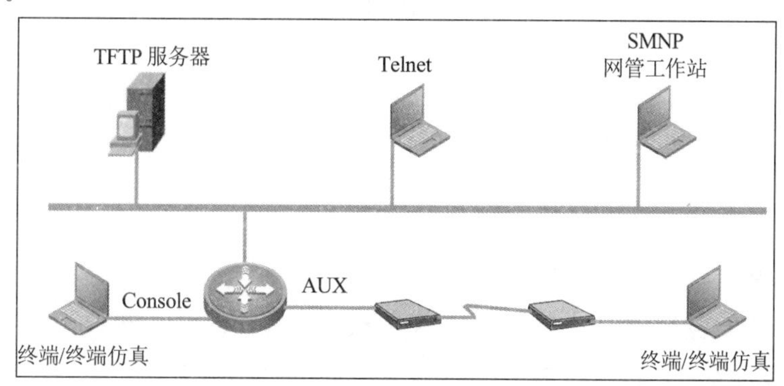

图 4-1-4 配置连接图

(1) 路由器的配置方式

路由器的管理方式基本分为两种：带内管理和带外管理。超级终端方式属于带外管理，这种方式不占用路由器的网络端口，但需要的线缆特殊，需要近距离配置。第一次配置路由器时必须利用 Console 端口进行配置，使其支持 Telnet 等其他带内管理方式，从而实现远程管理路由器。

1）超级终端方式。该方式主要用于路由器的初始配置，路由器不需要 IP 地址。

基本方法如下：计算机通过 COM1/COM2 口与路由器的 Console 口连接，在计算机上启用“超级终端”程序，设置“波特率：9600；数据位：8；停止位：1；奇偶校验：无；校验：无”即可。

2）Telnet 方式。该方式要求路由器必须已配置 IP 地址。

基本方法如下：计算机通过网卡与路由器的以太网接口相连，计算机的网卡和路由器的以太网接口的 IP 地址必须在同一网段。

3）其他方式。①AUX 口接 Modem，通过电话线与远程终端仿真软件的微机连接进行配置；②通过 Ethernet 上的 TFTP 服务器进行配置；③通过 Ethernet 上的 SNMP 网管工作站进行配置。

(2) 路由器的工作模式

路由器的管理可以分为命令行操作和 Web 界面操作两种模式。其中命令行操作模式主要包括一般用户模式、使能（特权）模式、全局配置模式、全局模式下的子模式和监控模式等。

1）一般用户模式。该模式是进入路由器后得到的第一个操作模式，主要用于查看路由器的软/硬件版本等基本信息，并进行简单的测试，只能执行少数命令，不能对路由器进行配置。提示符为“Reijie>”。

2）使能（特权）模式。由用户模式进入的下一级模式，主要用于对路由器的配置文件进行管理，查看路由器的配置信息，进行路由器或网络的测试和调试，不能对接口、路由协议进行配置。提示符为“Reijie#”，进入方式为“Reijie>enable”。

3）全局配置模式。属于特权模式的下一级模式，主要用于配置路由器的全局性参数（如主机名、登录信息等）。在该模式下可以进入下一级的子模式，对路由器具体功能进行配置。提示符为“Reijie（config）#”，进入方式为“Reijie#config”。

4）全局模式下的子模式。包括接口、路由协议、线路等模式。其进入和提示符如下所示。

```
Reijie (config)#interface fastethernet 1/0   //进入接口模式。
Reijie (config-if)#                          //接口模式提示符。
Reijie (config)#router rip                   //进入路由协议模式。
Reijie (config-router)#                      //路由协议模式提示符。
Reijie (config)#line console 0               //进入线路模式。
Reijie (config-line)#                        //线路模式提示符。
```

5）监控模式。该模式主要用于 IOS 升级及恢复口令，不能用于正常配置。提示符为“ctrl>”，进入方式为：在路由器加电 60s 内，在超级终端连接状态下，按 Ctrl+C 组合键。

（3）常用命令

1）“？”、“Tab”的使用：键入“？”得到系统的帮助；键入“Tab”可以补全命令。

2）改变命令行操作模式的基本命令如表 4-1-1 所示。

3）显示命令，如表 4-1-2 所示。

表 4-1-1 基本命令

功 能	命 令
进入特权模式	enable
进入全局配置模式	configure terminal（可简写为 config）
退出到上一层操作模式	exit
进入全局配置模式的接口子模式	interface type slot/number
进入全局配置模式的线路子模式	line type slot/number
进入全局配置模式的路由协议子模式	router protocol
从全局配置模式的子模式下直接返回特权模式	end

表 4-1-2 显示命令

功 能	命 令
显示路由器的版本信息	show version
显示 flash 版本	show flash
显示当前运行的配置参数	show running-config
显示保存的配置参数	show startup-config
显示端口信息	show interface type slot/number
显示路由信息	Show ip router
显示命令历史缓存（显示上一条命令）	Ctrl+P
显示命令历史缓存（显示下一条命令）	Ctrl+N

4）拷贝命令。

说到路由器的拷贝命令，就要先了解路由器的内存体系结构。

路由器的内存包括有 ROM、FLASH、DRAM、NVRAM。路由器启动时，首先运行 ROM 中的程序，进行系统自检及引导，然后运行 FLASH 中的 IOS，接着在 NVRAM 中寻找路由器的配置，并将其装入 DRAM 中。ROM、NVRAM 的大小不能调整；FLASH、DRAM 的大小可以调整。

① ROM: ROM 相当于 PC 机的 BIOS，锐捷路由器运行时首先运行 ROM 中的程序。该程序主要进行加电自检，并对路由器的硬件进行检测。

② FLASH: FLASH 中存放的是 IOS，可以通过写入新版本对路由器进行软件升级。

③ DRAM: DRAM 内存中的内容在系统掉电时会完全丢失。DRAM 中主要包含路由表、ARP 缓存、fast-switch 缓存、数据包缓存等。DRAM 中也包含有正在执行的路由器配置文件 running-config。

④ NVRAM: NVRAM 中包含有路由器配置文件 startup-config，NVRAM 中的内容在系统掉电时不会丢失。

对 IOS 及 Config 的备份和升级。连接示意图如图 4-1-5 所示。拷贝命令及功能如表 4-1-3 所示。

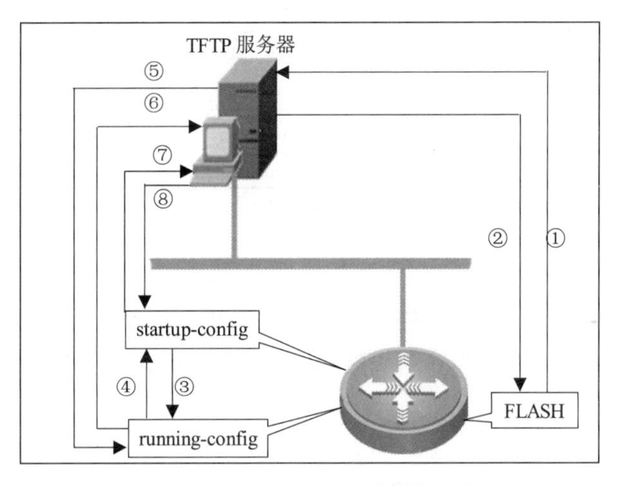

图 4-1-5　备份/升级连接功能示意图

表 4-1-3　拷贝命令及功能

功　能	拷 贝 命 令
从路由器的 FLASH 中备份 IOS 到 TFTP 服务器	copy flash tftp
从 TFTP 服务器升级 IOS 到路由器的 FLASH 中	copy tftp flash
将路由器的 NVRAM 中的配置文件 startup-config 复制到 DRAM 中当前运行的配置文件 running-config	copy start running
将路由器的 DRAM 中的当前运行配置文件 running-config 复制到 NVRAM 中的配置文件 startup-config	copy running start

续表

功　能	拷 贝 命 令
从 TFTP 服务器升级 config 文件到路由器的 DRAM 中的 running-config	copy tftp running
将路由器的 DRAM 中的 running-config 备份到 TFTP 服务器	copy running tftp
将路由器的 NRAM 中的 startup-config 备份到 TFTP 服务器	copy start tftp
从 TFTP 服务器升级 Config 文件到路由器的 NRAM 中的 startup-config	copy tftp start
将路由器中当前运行的配置参数复制到 flash	write memory
清空路由器 FLASH 中的配置参数	delete flash:config.text
清空路由器的 DRAM 中的 Running-config 文件	del config.text
对路由器进行热启动	reload

5）网络命令。网络命令如表 4-1-4 所示。

表 4-1-4　网络命令

功　能	命　令
登录远程主机	telnet hostname|IP address
网络侦测	ping hostname|IP address
路由跟踪	traceroute hostname|IP address

（4）路由器的基本设置

1）路由器的命名。路由器的名字被称为主机名（hostname），它会在系统提示符中显示，在集中配置一个多路由器环境的网络中，路由器的统一命名会给管理与配置网络路由器带来极大的方便。路由器的系统默认名字是“Rui jie”。命名需要在全局配置模式下完成，方法如下。

```
Ruijie# config                          //进入全局配置模式
Ruijie(config)# hostname RSR20-A        //路由器命名为“RSR20-A”
RSR20-A(config)#
```

2）配置接口。以太网口的基本配置主要包括对 IP 地址、速率、双工模式等的配置。串口的基本配置主要包括对 IP 地址、封装协议、速率等的配置。

进入接口模式的命令格式如下。

```
RSR20-A(config)# interface type port-number
```

其中，“type”为接口类型，如 Serial、Ethernet、FastEthernet 等；“port-number”为接口号，如%、0/1 等。

以太网口的基本配置具体如下。

```
RSR20-A(config)# interface fastEthernet 0/0    //进入 Fa/0 以太网端口
RSR20-A(config-if)# ip add 172.16.1.1 255.255.255.0 //配置 IP 地址
```

```
RSR20-A(config-if)# speed 100                    //配置速率为 100Mb/s
RSR20-A(config-if)# duplex full                  //配置为全双工模式
```

串口的基本配置具体如下。

```
RSR20-A(config)# interface serial 1/2            //进入 s1/2 串口
RSR20-A(config-if)# ip add 211.69.11.1 255.255.255.252 //配置 IP 地址
RSR20-A(config-if)# enca ppp                     //封装 PPP 协议
RSR20-A(config-if)# clock rate 128000            //配置速率为 128000b/s
RSR20-A(config-if)# desc This is a serial port   //描述端口信息
```

接口的关闭与开启具体如下：

```
RSR20-A(config)# interface serial 1/2            //进入 s1/2 串口
RSR20-A(config-if)# shudown                      //关闭接口
RSR20-A(config-if)# no shutdown                  //开启接口
```

3）配置口令及加密。路由器的口令主要有 enable 口口令、console 口口令、aux 口口令及 telnet 口令等，通过口令配置，可以增加系统的安全性。默认配置的大部分口令是明码显示，可通过加密的方式，使所有口令在用“show run”显示时成为密文。

enable 口令（进入特权模式密码）：

```
RSR20-A(config)# enable password 0 xxhua1682
    //其中“0”为无加密，“7”为简单加密
RSR20-A(config)# no enable password xxhua1682   // 取消 enable 口令
RSR20-A(config)# enable secret level 1 0 star
    //配置登录密码口令为“star”，明文显示
RSR20-A(config)# enable secret level 15 1 Star
    //配置特权密码口令为“star”，密文显示
```

console 口口令：

```
RSR20-A(config)# line console 0        //进入 console 口
RSR20-A(config-line)# login            //提示输入口令
RSR20-A(config-line)# password xiao1682  //配置 Console 口口令为“xiao1682”
```

aux 口口令：

```
RSR20-A(config)# line aux 0            //进入 aux 口
RSR20-A(config-line)# login            //提示输入口令
RSR20-A(config-line)# password xiao1682 //配置 aux 口口令为“xiao1682”
```

telnet 口口令：

如果要使用 Telnet 来登录网络中的路由器进行管理与配置，必须配置 telnet 口令。路由器一般支持最多 5 个 Telnet 用户。Line vty 0 4 建立 Telnet 会话访问时使用的密码保护。

当 5 个 Telnet 用户口令相同时：

给路由器设置管理 IP。

```
RSR20-A(Config)#int f 0/1
RSR20-A(Config-if)#ip add 10.1.1.1 255.255.255.0
RSR20-A(Config-if)#no shutdown
```

路由器启动 Telnet 服务。

```
RSR20-A(config)# line vty 0 4       //进入到 LINE VTY 0~4 的 LINE 模式
RSR20-A(config-line)# login          //提示输入口令
RSR20-A(config-line)# password 123   //配置路由器远程登录口令为“123”
RSR20-A(config-line)#enable secret xiao1682//配置特权密码为“xiao1682”
```

使用 Telnet 登录。

在微软操作系统的“运行”对话框中，输入“telnet 10.1.1.1”，输入正确的登录名和口令：

```
User Access Verification
Password: login
Password: 123
RSR20-A> enable
Password: xiao1682
RSR20-A#
```

当 5 个 Telnet 用户口令不全相同时：

```
RSR20-A(config)# line vty 0          //进入到 LINE VTY 0 的 LINE 模式
RSR20-A(config-line)# login          //提示输入口令
RSR20-A(config-line)# password ruijie0 //配置路由器远程登录口令为“ruijie0”
RSR20-A(config)# line vty 1 3        //进入到 LINE VTY 1 ~3 的 LINE 模式
RSR20-A(config-line)# login          //提示输入口令
RSR20-A(config-line)# password ruijie1 //配置路由器远程登录口令为“ruijie1”
RSR20-A(config)# line vty 4          //进入到 LINE VTY 4 的 LINE 模式
RSR20-A(config-line)# login          //提示输入口令
RSR20-A(config-line)# password ruijie4 //配置路由器远程登录口令为“ruijie4”。
```

口令加密：

上述除“enable secret”为加密口令外，其余口令都为明文显示。如果想加密，可采用如下命令。

```
RSR20-A(config)# service password-encryption
```

4）配置静态路由。静态路由是手工配置的。当网络拓扑结构发生改变而需要更新路由时，网络管理员就必须手动更新静态路由信息。当某个网络只能通过一条路由出去时，使用静态路由即可，这样网络配置静态路由时就避免了动态路由更新所带来的系统和带宽开销。“ip route”命令用来设定一条静态路由，语法如下。

```
ip route network mask {address|interface} [distance] [tag] [permanent]
```

说明

network：目标网络或子网地址。
mask：子网掩码。
address：下一跳的 IP 地址或相邻路由器的端口地址。
interface：相邻路由器的端口名称。
distance：管理距离。
tag：可选。
permanent：路由的优先级。

【例 4.1.1】 网络拓扑图如图 4-1-1 所示，要求内部网之间通过静态路由实现内网各网段 172.16.1.0/24、172.16.3.0/24、211.69.11.0/30 的相互通信。

RSR20-A 的配置:

```
RSR20-A(config)# ip route 172.16.3.0 255.255.255.0 211.69.16.2
```

RSR20-B 的配置:

```
RSR20-B(config)# ip route 172.16.1.0 255.255.255.0 211.69.16.1
```

配置静态路由时，凡是与路由器不直接相连的网段，都要宣告其下一跳的 IP 地址或相邻路由器的端口地址/名称。

5）配置默认路由。默认路由也是手工配置的。它可作为到达目的网络的路由未知时所选择的路径。也就是当路由表中没有明确列出到达某一目的网络的下一跳时，则将选择默认路由所指定的下一跳地址（默认路由的优先级最低）。

实际上，路由器不可能知道到达所有网络的路由，如在图 4-1-1 中，RSR20-A、RSR20-B 路由器不可能知道内网访问 Internet 时所有路由的目的网络地址，因此，如果想让内网用户能够访问 Internet，则必须都配置一条默认路由。

【例 4.1.2】 网络拓扑图如图 4-1-1 所示，要求内部网的所有用户都能够访问 Internet。

RSR20-A 的配置:

```
RSR20-A(config)# ip route 172.16.3.0 255.255.255.0 211.69.11.2
RSR20-A(config)# ip route 0.0.0.0 0.0.0.0 211.69.11.2
```

RSR20-B 的配置:

```
RSR20-B(config)# ip route 172.16.1.0 255.255.255.0 211.69.11.1
RSR20-B(config)# ip route 0.0.0.0 0.0.0.0 99.1.1.2
```

6）配置的保存与导入。将当前运行的配置（running-config）保存到启动配置（startup-config）中：

```
RSR20-A(config)# write
    //将系统配置（running-config）写入 NVRAM，等同于
copy running-config startup-config
```

将当前运行的配置（running-config）保存到 TFTP 服务器上：

```
RSR20-A(config)# copy run tftp
    //需按提示对 IP 地址、文件名、存放位置进行设置
```

将 TFTP 服务器上配置文件导入到当前运行的配置（running-config）：

```
RSR20-A(config)# copy tftp run
    //需按提示对 IP 地址、文件名、存放位置进行设置
```

7）导出与导入 IOS 软件。TFTP 服务器可以是一台装有并运行 TFTP 软件的计算机。可以把 IOS 软件作为备份复制到计算机上，也可以利用此方法对 IOS 软件进行升级（导入），其方法如下。

导出 IOS（备份）:

```
RSR20-A(config)# copy flash tftp
    //需按提示对 IP 地址、文件名、存放位置进行设置
```

导入 IOS（升级）：

```
RSR20-A(config)# copy tftp flash
    //需按提示对 IP 地址、文件名、存放位置进行设置
```

8）恢复出厂默认设置。

```
RSR20-A(config)# write erase
RSR20-A(config)# reload
```

9）设置日期、时间。RSR20 路由器有独立于软件时钟的硬件时钟，硬件时钟是不间断持续运转的，即使设备关闭或重启状态下也在运转，软件时钟在设备关闭或重启状态时不存在，在设备重启时硬件时钟自动复制给软件时钟，也可以手工用硬件时钟值（calendar）来设置软件时钟。

```
RSR20-A# clock set hh:mm:ss month day year //设置软件时钟
RSR20-A# show clock                        //显示软件时钟
Ruijie# calendar set 10:20:30 3 17 2003    //设置硬件时钟
Ruijie# show calendar                      //显示硬件时钟
Ruijie# clock read-calendar                //将硬件时钟复制给软件时钟
```

任务小结

在本任务的实施过程中需熟记相关配置命令，并尽可能地在真实的环境中进行配置，在配置的过程中理解相关配置的作用与意义。一定要明确，路由器的基本配置是路由器配置的基础，是必须掌握的。

练习测评

【实训名称】

为锐捷路由器（RG-RSR20-04）清除密码。

【实训要求】

不慎忘记锐捷路由器（RG-RSR20-04）进入特权模式的密码，根据路由器是否在实际网络中使用，分别采取不同的方法清除原来的密码。

【实训步骤】

方法一 直接修改配置文件（即路由器的特权模式的密码丢失，且网络中没有 Xmodem 或 Tftp 服务器）。

如果丢失路由器的特权用户密码，可以按照以下步骤进行恢复。

1）准备一台运行仿真终端程序的 PC，推荐使用超级终端（Windows Hyper Terminal）。将 PC 的串口和路由器的 Console 口用配套的控制线连接。路由器重启后，在超级终端上执行 Ctrl+C 命令，使路由器进入 Rom 模式，出现以下菜单。

```
main menu:
1. tftp download & run
2. tftp download & write into file
3. x-modem download & run
4. x-modem download & write into file
5. list active files
6. list deleted files
7. run a file
8. delete a file
9. rename a file
a. squeeze file system
b. format file system
c. other utilities
please select an item:9
!选择菜单选项 9，进行文件名修改操作，把缺省的配置文件 config.text 改名称为
config.bak
old file name input.
enter file name(input esc to quit):config.text
new file name input.
enter file name(input esc to quit):config.bak
write file to flash: !!
write file to flash successfully!
rename successfully!
main menu:
```

2）通过以上操作，将配置文件 config.text 改名为 config.bak。当启动路由器进入主模式之后，路由器找不到配置文件 config.text，就会以默认配置运行路由器，这样就避开了原来配置的用户口令了。进入路由器的原版本，再把配置恢复回来，并且重新修改密码。进入原版本后，执行以下的操作来恢复原来的配置。

```
nbr# dir
```

通过该命令，查看路由器 flash 上的所有文件，其中 config.bak 是需要恢复的配置文件，config.text 是路由器生成的默认的配置文件。现在要删除默认的配置文件，把备份的配置文件改名为默认配置文件。

```
nbr# delete config.text
    //通过该命令，删除默认的配置文件 config.text
nbr# rename config.bak config.text
    //通过该命令，把备份的配置文件 config.bak 改名为默认的配置文件 config.text
nbr# copy starup-config running-config
    //通过该命令，将配置文件拷贝到当前的运行环境中
```

通过以上步骤，我们就把原先在 ROM 版本改名的配置文件进行了恢复，只要把 enable 密码修改一下，记住修改后的密码，即可用修改后的密码登录路由器了。

方法二 下载配置文件并修改配置文件（即路由器特权模式的密码丢失，但网络中有 Xmodem 或 Tftp 服务器）。

如果是实际使用的路由器碰到此类问题，因为路由器的配置文件很重要，所以不允许删除 config.text 配置文件。可以采用如下方法。

1）给设备加电启动，执行 Ctrl＋C 命令进入 Ctrl>提示符下，然后输入 quit 命令进入 Ctrl 菜单模式，选择相应菜单将配置文件 config.text 上传到本地计算机（可用 Xmodem 或 Tftp 软件）。

2）上传完成之后可用记事本程序打开 config.text 文件，将以下内容删除。

```
enable secret 5 $1$sd7B$0zzyu41FzyAvqDyx
```

如果将下面的语句也删除，即可将连接 Consol 口和 telnet 登录的密码删除。

```
line con 0
    login
    password 7 100606261706
    line vty 0 4
    login
    password 7 100606261706
```

3）设备启动好之后可将该配置文件重新下载到路由器上，然后重新配置新的密码，这样，密码丢失问题就解决了。

方法三 删除配置文件（特权模式的密码丢失）。

如果是在平时的练习过程中碰到此问题的话，直接将 config.text 配置文件删除后重启路由器就可以了。

1）断掉路由器的电源。

2）把路由器通过 Console 口连接到 PC 的 COM 口，打开“超级终端”，在选择时钟频率的时候注意，交换机要选“57600”，路由器要选“9600”，这是最关键所在。

3）按住 Esc 键或者同时按下 Ctrl+C，一直按着，同时给路由器加电，注意观察窗口显示内容。

4）过一段时间（这段时间不好确定，有时候可能是几秒，也有时候需要 1～2 分钟，要有耐心），窗口里会显示一个操作选择菜单。

5）选择“Delete A File”，选项是 8。

6）接下来系统会提示输入要删除的文件名。在锐捷设备中，这个文件一般是“config.text”。

7）接下来系统会再提供一个菜单，让你选择，此时，一般选择“Run A File”，当系统提示要输入“Run”的文件名时，可以输入“rngos.bin”，锐捷的商标 RNG 和 Operat System 的首字母简写。

8）最后，系统会重新加载路由器的缺省配置。这时可以在初始化的过程中，重新配置相关信息。

任务二 配置动态路由协议与网络安全

任务描述

1. 应用背景

某大学有校区 A 和校区 B 两个校区，通过两台路由器将两个校区连接起来，在校区 B 连接 Internet。现要在路由器上进行适当配置，通过网络的互联互通实现校园网内部主机之间的信息共享和传递，并实现接入 Internet。

2. 网络拓扑

该结构模型如图 4-2-1 所示，由两台路由器（RSR20-A 和 RSR20-B，型号为 RG-RSR20-04）通过一条 V.35 线缆互联起来，两路由器之间的链路配置 PPP 协议，并启用 CHAP 双向认证。而两个路由器之间、路由器与核心交换机（RG-S3760）之间分别配置 OSPF 路由协议、RIPv2 路由协议、静态路由、单臂路由和路由重发布，使全网互通。

3. 地址规划

本任务规划如表 4-2-1 所示。

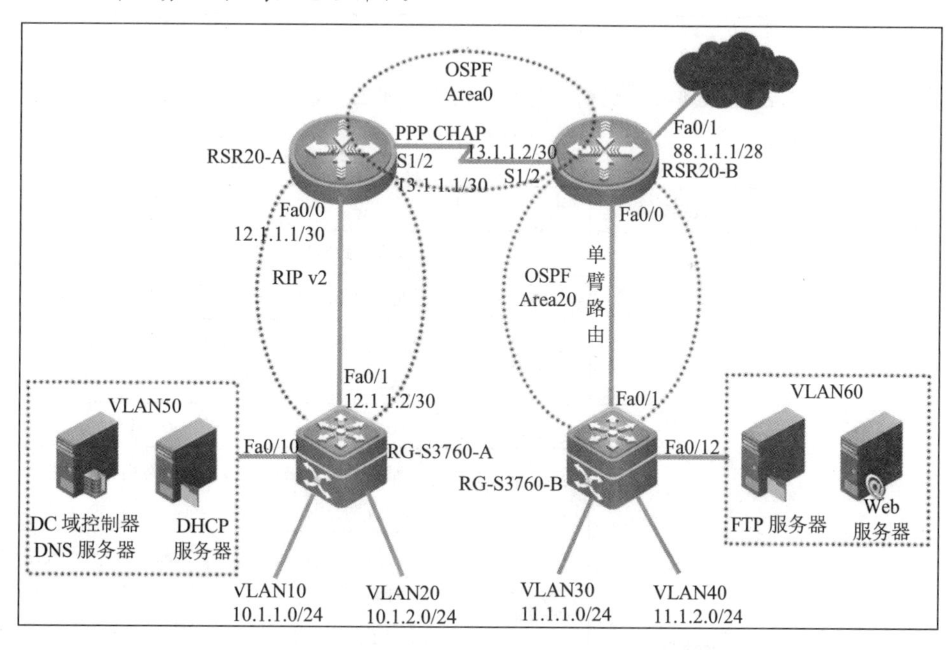

图 4-2-1　动态路由方式实现网络联通的网络拓扑图

表 4-2-1　地址规划表

源设备名称	设 备 接 口	IP 地址	备　　注
RSR20-A	S1/2	13.1.1.1/30	
	Fa0/0	12.1.1.1/30	

续表

源设备名称	设备接口	IP 地址	备　注
RSR20-B	Fa0/0.30	11.1.1.1/24	
	Fa0/0.40	11.1.2.1/24	
	Fa0/0.60	172.16.2.1/24	
	Fa0/1	88.1.1.1/28	
	S1/2	13.1.1.2/30	
S3760-A	Fa0/1	12.1.1.2/30	
	VLAN10	10.1.1.1/24	
	VLAN20	10.1.2.1/24	
	VLAN50	172.16.1.1/24	
DHCP 服务器	虚拟网卡	172.16.1.10/24	在一台物理计算机上安装两台虚拟机
DC/DNS 服务器	虚拟网卡	172.16.1.11/24	
Web 服务器	虚拟网卡	172.16.2.10/24	在一台物理计算机上安装两台虚拟机
FTP 服务器	虚拟网卡	172.16.2.11/24	
PC1	网卡	10.1.1.10/24	
PC2	网卡	11.1.1.10/24	

4. 网络要求

网络要实现的功能及各设备的配置要求如表 4-2-2 所示。

表 4-2-2　网络中各设备的配置要求

源设备名称	网络功能	配置要求
RSR20-A	基本功能	配置 IP 地址
	路由功能	配置 OSPF、RIPv2 路由协议和路由重发布，使全网互通
	安全功能	配置 PPP 协议，并与 RSR20-B 之间链路启用 CHAP 双向认证，口令为 123456
RSR20-B	基本功能	配置 IP 地址
	路由功能	配置 OSPF 路由协议、静态路由、单臂路由和路由重发布，使全网互通
	安全功能	配置 PPP 协议，并与 RSR20-A 之间链路启用 CHAP 双向认证，口令为 123456；只允许内网中 VLAN10、VLAN20、VLAN30、VLAN40 在工作时间（周一至周五的 9:00～17:00）才能访问互联网
	NAT 功能	配置 NAT，内网中 VLAN10、VLAN20、VLAN30、VLAN40 通过公网地址（88.1.1.4～88.1.1.7）访问互联网；将内网的 FTP、Web 服务器发布到互联网上，其公有 IP 地址为 88.1.1.8、88.1.1.9，要求只发布其 FTP、Web 服务，其他服务不允许发布

续表

源设备名称	网络功能	配置要求
S3760-A	基本功能	配置 IP 地址、VLAN 信息、SVI 接口；将接口 Fa0/2-9 和 Fa0/11-20 分别划分到 VLAN10 和 VLAN20
	路由功能	配置 RIPv2 路由协议，使全网互通
	安全功能	配置端口安全功能，每个接入接口的最大连接数为 2，如果违例则关闭接口；只允许内网中 VLAN10、VLAN20、VLAN30、VLAN40 用户在工作时间(周一至周五的 9:00～17:00）才能访问 DC、DNS 服务器，其他时间不允许访问
	其他功能	配置 DHCP 中继
RG-S3760-B	基本功能	配置 VLAN 信息；将接口 Fa0/2-11 和 Fa0/13-21 分别划分到 VLAN30 和 VLAN40
	安全功能	配置端口安全功能，每个接入接口的最大连接数为 2，如果违例则关闭接口；不允许内网中 VLAN40 用户访问 FTP、Web 服务器，其他不受限制
	DHCP 功能	配置 DHCP 服务，为 VLAN30、VLAN40 动态分配 IP 地址：VLAN30 的 IP 地址分配范围为 11.1.1.2～11.1.1.200，默认网关为 11.1.1.1，DNS Server 为 172.16.1.11，域名为 contest.com；VLAN40 的 IP 地址分配范围为 11.1.2.2～11.1.2.150,默认网关为 11.1.2.1，DNS Server 为 172.16.1.11，域名为 contest.com

5. 技术原理

配置动态路由协议主要实现两个基本功能：维护路由选择表和以路由更新的形式将信息及时地发布给其他路由器，同时要完成下面的相应参数配置。

带宽（bandwidth）：链路的数据承载能力。

延迟（delay）：把数据包从源端送到目标端所需的时间。

负载（load）：在路由器或链路上的通信信息量。

可靠性（reliability）：网络中每条通信链路上的差错率。

跳数（hop count）：数据包从源端到达目的端所必须通过的路由器个数。

滴答数（ticks）：数据链路延迟。

任务实施

动态路由协议是路由器配置过程的重中之重，它是路由器的核心配置。本任务主要完成 RIP 和 OSPF 动态路由协议的相关配置，最终使路由器具有相应的动态路由功能，实现全网互通。

01 在路由器 RSR20-A 上进行配置

（1）基本功能（路由器命名和配置路由器接口的 IP 地址）

```
Reijie (config)# hostname RSR20-A                //给路由器命名为RSR20-A
RSR20-A(config)# interface serial 1/2            //进入接口配置模式
```

```
RSR20-A (config-if)# ip address 13.1.1.1 255.255.255.252 //给 s1/2 配置 IP
RSR20-A (config-if)# clock rate 64000
    //配置路由器的时钟频率（DCE），DCE 端一定要配时钟频率
RSR20-A(config)# interface fastethernet 0/0     //进入接口配置模式
RSR20-A (config-if)# ip address 12.1.1.1 255.255.255.252  //给 Fa/0 配置 IP
RSR20-A# show ip interface brief     //验证路由器端口的配置
……
RSR20-A# show interface serial 1/2   //查看端口的状态
……
```

（2）路由功能（配置 OSPF、RIPv2 路由协议和路由双向重发布，使全网互通）

1）配置 OSPF 路由协议和路由重发布。

```
RSR20-A (config)# router ospf 10
    //启用 OSPF 路由协议，定义 OSPF 进程 ID 号为 10（进程 ID 号：1～65535，只在路
由器内部起作用，不同的路由器一般要求不同）
RSR20-A (config-router)# redistribute connected metric 60 subnets
    //向 OSPF 协议里发布直连路由信息，度量值为 60
RSR20-A (config-router)# redistribute rip metric 60 subnets
    //向 OSPF 协议里重新分配 RIP 信息，度量值为 60
RSR20-A (config-router)# network 13.1.1.0 0.0.0.3 area 0
    //指定参与交换 OSPF 更新的网络（与本路由器直连网段）以及这些网络所属的区
域（为 0，当网络中存在多个区域时，必须存在 0 区域，它是骨干区域，所有其他区域
都通过直接或虚链路连接到骨干区域上）
```

2）配置 RIP 路由协议和路由重发布。

```
RSR20-A (config)# router rip                  //启用 RIP 协议
RSR20-A (config-router)# version 2            //使用 RIPv2 协议
RSR20-A (config-router)# network 12.0.0.0//宣告所连 12.0.0.0 网段
RSR20-A (config-router)# no auto-summary//关闭路由信息的自动汇总功能
RSR20-A (config-router)# redistribute connected metric 1
    //向 RIP 协议里发布直连路由信息，度量值为 1
RSR20-A (config-router)# redistribute ospf 10 metric 1
    //向 RIP 协议里重新分配 OSPF 信息，度量值为 1
RSR20-A# show ip route                        //验证路由器上的路由配置
……
```

（3）安全功能（配置 PPP 协议，并与 RSR20-B 之间链路启用 CHAP 双向认证，口令为 123456）

```
RSR20-A (config)# username RSR20-B password 0 123456
    //验证方配置被验证方用户名、密码（username 后面的参数是对方的主机名）
RSR20-A (config)# interface serial 1/2        //进入接口配置模式
RSR20-A (config-if)# encapsulation ppp        //接口下封装 PPP 协议
RSR20-A (config-if)# ppp authentication chap  //PPP 启用 CHAP 方式验证
RSR20-A# debug ppp authentication
    //观察 CHAP 验证过程（在路由器物理层 UP，链路尚未建立的情况下打开才有信
息输出，链路层协商建立的信息出现在链路协商的过程中）
……
```

02 在路由器 RSR20-B 上进行配置

（1）基本功能（路由器命名和配置路由器接口的 IP 地址）

```
Reijie (config)# hostname RSR20-B          //给路由器命名为 RSR20-B
RSR20-B(config)# interface serial 1/2      //进入接口配置模式
RSR20-B (config-if)# ip address 13.1.1.2 255.255.255.252 //给 s1/2 配置 IP
RSR20-B(config)# interface fastethernet 0/1 //进入接口配置模式
RSR20-B (config-if)# ip address 88.1.1.1 255.255.255.240  //给 Fa/1 配置 IP
RSR20-B# show ip interface brief                //验证路由器端口的配置
……
RSR20-B# show interface serial 1/2              //查看端口的状态
……
```

（2）路由功能（配置 OSPF 路由协议、静态路由、单臂路由和路由重发布，使全网互通）

1）配置 OSPF 路由协议和路由重发布。

```
RSR20-B (config)# router ospf 10
    //启用 OSPF 路由协议，定义 OSPF 进程 ID 号为 10（进程 ID 号：1～65535，只在
      路由器内部起作用，不同的路由器一般要求不同）
RSR20-B (config-router)# network 13.1.1.0 0.0.0.3 area 0
    //指定参与交换 OSPF 更新的网络（与本路由器直连网段）以及这些网络所属的区域（为 0）
RSR20-B (config-router)# network 11.1.1.0 0.0.0.255 area 20
    //指定参与交换 OSPF 更新的网络（与本路由器直连网段）以及这些网络所属的区
      域（为 20）
RSR20-B (config-router)# network 11.1.2.0 0.0.0.255 area 20
    //指定参与交换 OSPF 更新的网络（与本路由器直连网段）以及这些网络所属的区
      域（为 20）
RSR20-B (config-router)# network 172.16.2.0 0.0.0.255 area 20
    //指定参与交换 OSPF 更新的网络（与本路由器直连网段）以及这些网络所属的区
      域（为 20）
RSR20-B (config-router)# default-information originate metric 60
    //向 OSPF 协议里重新分配默认路由（静态路由），度量值为 60
```

2）配置单臂路由。

```
RSR20-B (config)# interface fastethernet 0/0.30 //进入接口配置模式
RSR20-B (config-subif)# encapsulation dot1Q 30
    //封装 Dot1q 协议，30 为 vlan 的 ID 号
RSR20-B (config-subif)# ip address 11.1.1.1 255.255.255.0
    //给 Fa/0.30 配置 IP
RSR20-B (config)# interface fastethernet 0/0.40  //进入接口配置模式
RSR20-B (config-subif)# encapsulation dot1Q 40
    //封装 Dot1q 协议，40 为 vlan 的 ID 号
RSR20-B (config-subif)# ip address 11.1.2.1 255.255.255.0
    //给 Fa0/0.40 配置 IP
RSR20-B (config)# interface fastethernet 0/0.60  //进入接口配置模式
RSR20-B (config-subif)# encapsulation dot1Q 60
    //封装 Dot1q 协议，60 为 vlan 的 ID 号
RSR20-B(config-subif)# ip address 172.16.2.1 255.255.255.0
```

```
    //给 Fa0/0.60 配置 IP
```

3）配置默认路由（静态路由）。

```
RSR20-B (config)# ip route 0.0.0.0 0.0.0.0 fastethernet 0/1
    //配置默认路由，保证访问外网的数据包可以通过接口 Fa/1 出入
RSR20-B# show ip route         //验证路由器上的路由配置
……
```

（3）安全功能

1）配置 PPP 协议，并与 RSR20-A 之间链路启用 CHAP 双向论证，口令为 123456。

```
RSR20-B (config)# username RSR20-A password 0 123456
    //验证方配置被验证方用户名、密码（username 后面的参数是对方的主机名）
RSR20-B (config)# interface serial 1/2        //进入接口配置模式
RSR20-B (config-if)# encapsulation ppp        //接口下封装 PPP 协议
RSR20-B (config-if)# ppp authentication chap //PPP 启用 CHAP 方式验证
RSR20-B# debug ppp authentication
    //观察 CHAP 验证过程（在路由器物理层 UP，链路尚未建立的情况下打开才有信
      息输出，链路层协商建立的信息出现在链路协商的过程中）
……
```

2）只允许内网中 VLAN10、VLAN20、VLAN30、VLAN40 在工作时间（周一～周五的 9:00～17:00）才能访问互联网。

① 定义一个时间段。

```
RSR20-B (config)# time-range internet        //定义一个时间段
internetRSR20-B(config-time-range)# periodic weekdays 9:00 to 17:00
    //定义周期性时间段
RSR20-B# show time-range  //查看时间段配置
……
```

② 定义一个命名标准访问控制列表。

```
RSR20-B(config)# ip access-list standard 10
    //定义一个命名标准访问控制列表，名为 10
RSR20-B (config-std-nacl)# permit 10.1.1.0 0.0.0.255 time
-range internet        //允许来自 10.1.1.0 网段的流量在规定的时间内通过
RSR20-B (config-std-nacl)# permit 10.1.2.0 0.0.0.255 time
-range internet        //允许来自 10.1.2.0 网段的流量在规定的时间内通过
RSR20-B (config-std-nacl)# permit 11.1.1.0 0.0.0.255 time
-range internet        //允许来自 11.1.1.0 网段的流量在规定的时间内通过
RSR20-B (config-std-nacl)# permit 11.1.2.0 0.0.0.255 time
-range internet        //允许来自 11.1.2.0 网段的流量在规定的时间内通过
RSR20-B (config-std-nacl)# permit 12.1.1.0 0.0.0.3
    //允许来自 12.1.1.0 网段的流量在任何时间内通过
RSR20-B (config-std-nacl)# permit 13.1.1.0 0.0.0.3
    //允许来自 13.1.1.0 网段的流量在任何时间内通过
RSR20-B# show access-lists    //查看访问控制列表
……
```

③ 把访问控制列表在接口下应用。

```
RSR20-B (config)# interface serial 1/2        //进入接口配置模式
RSR20-B (config-if)# ip access-group 10 in
```

```
    //把访问控制列表在接口 s1/2 下应用（入栈）
RSR20-B (config)# interface FastEthernet 0/0.30
    //进入接口配置模式
RSR20-B (config-if)# ip access-group 10 in
    //把访问控制列表在接口 Fa/0.30 下应用（入栈）
RSR20-B (config)# interface FastEthernet 0/0.40 //进入接口配置模式
RSR20-B (config-if)# ip access-group 10 in
    //把访问控制列表在接口 Fa/0.40 下应用（入栈）
RSR20-B (config)# interface FastEthernet 0/0.60
    //进入接口配置模式
RSR20-B (config-if)# ip access-group 10 in
    //把访问控制列表在接口 Fa/0.60 下应用（入栈）
RSR20-B# show ip interface serial 1,2
    //查看访问控制列表在接口上的应用
……
```

（4）NAT 功能

1）配置动态 NAT，内网中 VLAN10、VLAN20、VLAN30、VLAN40 通过公网地址（88.1.1.4～88.1.1.7）访问互联网。

```
RSR20-B (Config)# ip nat pool to_internet 88.1.1.4 88.1.1.7 netmask
255.255.255.240 //定义一个内部全局地址池，名为 to_internet
RSR20-B (Config)# access-list 11 permit 10.1.1.0 0.0.0.255
    //定义允许转换的地址
RSR20-B (Config)# access-list 11 permit 10.1.2.0 0.0.0.255
    //定义允许转换的地址
RSR20-B (Config)# access-list 11 permit 11.1.1.0 0.0.0.255
    //定义允许转换的地址
RSR20-B (Config)# access-list 11 permit 11.1.2.0 0.0.0.255
    //定义允许转换的地址
RSR20-B (Config)# ip nat inside source list 11 pool to_internet overload
    //为内网中的本地地址调用转换地址池，并且可以复用
RSR20-B (Config)# interface serial 1/2       //进入接口配置模式
RSR20-B (Config-if)# ip nat inside           //定义 s1/2 为内网接口
RSR20-B (Config)# interface FastEthernet 0/0.30
    //进入接口配置模式
RSR20-B (Config-if)# ip nat inside           //定义 Fa/0.30 为内网接口
RSR20-B (Config)# interface FastEthernet 0/0.40   //进入接口配置模式
RSR20-B (Config-if)# ip nat inside           //定义 Fa/0.40 为内网接口
RSR20-B (Config)# interface FastEthernet 0/0.60
    //进入接口配置模式
RSR20-B (Config-if)# ip nat inside           //定义 Fa/0.60 为内网接口
RSR20-B (Config)# interface FastEthernet 0/1      //进入接口配置模式
RSR20-B (Config-if)# ip nat outside          //定义 Fa/1 为外网接口
RSR20-B# show ip nat translations            //查看 NAT 的动态映射表
……
```

2）配置反向 NAT，将内网的 FTP、Web 发布到互联网上，其公有 IP 地址为 88.1.1.8、88.1.1.9，要求只发布其 FTP、Web 服务，其他服务不允许发布。

```
RSR20-B (Config)# ip nat inside source static tcp 172.16.2.11
```

```
21 88.1.1.8 21      //发布 FTP 服务,FTP 采用 21 号端口
RSR20-B (Config)# ip nat inside source static tcp 172.16.2.11
20 88.1.1.8 20      //发布 FTP 服务, FTP 也采用 20 号端口
RSR20-B (Config)# ip nat inside source static tcp 172.16.2.10
80 88.1.1.9 80      //发布 Web 服务,Web 采用 80 号端口
```

03 在交换机 S3760-A 上进行配置

（1）基本功能（配置 IP 地址、VLAN 信息、SVI 接口；将接口 Fa0/2-9 和 Fa0/11-20 分别划分到 VLAN10 和 VLAN20）

```
Reijie (config)# hostname S3760-A          //给交换机命名为 S3760-A
S3760-A (Config)# interface FastEthernet 0/1 //进入接口配置模式
S3760-A (Config)# no switchport            //关闭接口 Fa/1 的交换功能
S3760-A (Config-if)# ip address 12.1.1.2 255.255.255.252
    //给 Fa/1 配置 IP
S3760-A (Config)# vlan 10                  //创建 VLAN10
S3760-A (Config)# int range f0/2-9         //进入接口 Fa/2-9 配置模式
S3760-A (Config-if-range)# switchport access vlan 10
    //将 Fa/2-9 端口加入 VLAN10 中
S3760-A (Config)# interface vlan 10        //创建 VLAN 虚端口（SVI）
S3760-A (Config-if)# ip address 10.1.1.1 255.255.255.0
    //为 VLAN10 配置 IP 地址
S3760-A (Config)# vlan 20                  //创建 VLAN20
S3760-A (Config)# int range f0/11-20
    //进入接口 f0/2-9 配置模式
S3760-A (Config-if-range)# switchport access vlan 20
    //将 Fa/11-20 端口加入 VLAN20 中
S3760-A (Config)# interface vlan 20        //创建 VLAN 虚端口（SVI）
S3760-A (Config-if)# ip address 10.1.2.1 255.255.255.0
    //为 VLAN20 配置 IP 地址
S3760-A (Config)# vlan 50                  //创建 VLAN50
S3760-A (Config)# int f0/10                //进入接口 Fa/10 配置模式
S3760-A (Config-if)# switchport access vlan 50
    //将 Fa/10 端口加入 VLAN50 中
S3760-A (Config)# interface vlan 50        //创建 VLAN 虚端口（SVI）
S3760-A (Config-if)# ip address 172.16.1.1 255.255.255.0
    //为 VLAN50 配置 IP 地址
S3760-A# show vlan                         //验证交换机的 VLAN 配置
……
S3760-A# show IP interface brief           //验证交换机端口的配置
……
```

（2）路由功能（配置 RIPv2 路由协议，使全网互通）

```
S3760-A (Config)# router rip               //启用 RIP 协议
S3760-A (Config-router)# version 2         //使用 RIPv2 协议
S3760-A (Config-router)# network 10.0.0.0 //宣告所连 10.0.0.0 网段
S3760-A (Config-router)# network 12.0.0.0 //宣告所连 12.0.0.0 网段
S3760-A (Config-router)# network 172.16.0.0 //宣告所连 172.16.0.0 网段
S3760-A (Config-router)# no auto-summary   //关闭路由信息的自动汇总功能
S3760-A # show ip route                    //验证交换机上的路由配置
……
```

1）只允许内网中 VLAN10、VLAN20、VLAN30、VLAN40 用户在工作时间（周一～周五的 9:00～17:00）才能访问 DC、DNS 服务器，其他时间不允许访问。

① 定义一个时间段。

```
S3760-A (Config)# time-range access_service
    //定义一个时间段，名为 access_service
S3760-A (Config-time-range)# periodic weekdays 9:00 to 17:00
                                              //定义周期性时间段
S3760-A# show time-range                      //查看时间段配置
……
```

② 定义一个命名扩展访问控制列表。

```
S3760-A (Config)# ip access-list extended 110
    //定义一个命名扩展访问控制列表，名为 110
S3760-A (Config-ext-nacl)# permit ip 10.1.1.0 0.0.0.255 host
172.16.1.11 time-range access_service
    //允许来自 10.1.1.0 网段的流量在规定的时间内访问 DC、DNS 服务器（主机）
S3760-A (Config-ext-nacl)# permit ip 10.1.1.0 0.0.0.255 host
172.16.1.10 time-range access_service
    //允许来自 10.1.1.0 网段的流量在规定的时间内访问 DHCP 服务器（主机）
S3760-A (Config-ext-nacl)# permit ip 10.1.2.0 0.0.0.255 host
172.16.1.11 time-range access_service
    //允许来自 10.1.2.0 网段的流量在规定的时间内访问 DC、DNS 服务器（主机）
S3760-A(Config-ext-nacl)# permit ip 10.1.2.0 0.0.0.255 host
172.16.1.10 time-range access_service
    //允许来自 10.1.2.0 网段的流量在规定的时间内访问 DHCP 服务器（主机）
S3760-A (Config-ext-nacl)# permit ip 11.1.1.0 0.0.0.255 host
172.16.1.11 time-range access_service
    //允许来自 11.1.1.0 网段的流量在规定的时间内访问 DC、DNS 服务器（主机）
S3760-A (Config-ext-nacl)# permit ip 11.1.1.0 0.0.0.255 host
172.16.1.10 time-range access_service
    //允许来自 11.1.1.0 网段的流量在规定的时间内访问 DHCP 服务器（主机）
S3760-A (Config-ext-nacl)# permit ip 11.1.2.0 0.0.0.255 host
172.16.1.11 time-range access_service
    //允许来自 11.1.2.0 网段的流量在规定的时间内访问 DC、DNS 服务器（主机）
S3760-A (Config-ext-nacl)# permit ip 11.1.2.0 0.0.0.255 host
172.16.1.10 time-range access_service
    //允许来自 11.1.2.0 网段的流量在规定的时间内访问 DHCP 服务器（主机）
S3760-A# show access-lists          //查看访问控制列表
……
```

③ 把访问控制列表在接口下应用。

```
S3760-A (Config)# interface vlan 50  //进入 VLAN 虚端口（SVI）
S3760-A (Config-if)# ip access-group 110 in
    //把访问控制列表在接口 s1/2 下应用（入栈）
S3760-A# show ip interface vlan 50  //查看访问控制列表在接口上的应用
……
```

2）配置端口安全功能，每个接入接口的最大连接数为 2,如果违例则关闭接口。

```
S3760-A (Config)# interface FastEthernet 0/8    //进入端口 f0/8
```

```
S3760-A (Config-if)# switchport port-security//开启该端口的安全功能
S3760-A (Config-if)# switchport port-secruity maxmum 2
    //配置端口的最大连接数为 2
S3760-A (Config-if)# switchport port-secruity violation shutdown
    //配置安全违例的处理方式为 shutdown
S3760-A# show interface fastethernet 0/8    //查看 Fa/8 端口信息
……
```

3）配置 DHCP 中继。

```
S3760-A (Config)# interface vlan 10  //进入 VLAN 虚端口（SVI）
S3760-A (Config-if)# ip helper-address 172.16.1.10
    //指定 DHCP 中继服务器的 IP 地址
S3760-A (Config)# interface vlan 20  //进入 VLAN 虚端口（SVI）
S3760-A (Config-if)# ip helper-address 172.16.1.10
    //指定 DHCP 中继服务器的 IP 地址
S3760-A# show vlan // 验证交换机的 VLAN 配置
……
```

04 在交换机 S3760-B 上进行配置

（1）基本功能（配置 VLAN 信息；将接口 Fa0/2-11 和 Fa0/13-21 分别划分到 VLAN30 和 VLAN40）

```
Reijie (config)# hostname S3760-B          //给交换机命名为 S3760-B
S3760-B (Config)# interface FastEthernet 0/12 //进入接口配置模式
S3760-B (Config-if)# switchport access vlan 60
    //将 f0/12 端口加入 VLAN60 中
S3760-B (Config)# vlan 30                  //创建 VLAN30
S3760-B (Config)# int range f0/2-11        //进入接口配置模式
S3760-B (Config-if-range)# switchport access vlan 30
    //将 f0/2-11 端口加入 VLAN30 中
S3760-B (Config)# vlan 40                  //创建 VLAN40
S3760-B (Config)# int range f0/13-21       //进入接口配置模式
S3760-B (Config-if-range)# switchport access vlan 40
    //将 f0/13-21 端口加入 VLAN40 中
S3760-B# show vlan                         //验证交换机的 VLAN 配置
……
S3760-B# show IP interface brief           //验证交换机端口的配置
……
```

（2）安全功能

1）配置端口安全功能，每个接入接口的最大连接数为 2，如果违例则关闭接口。

```
S3760-B (Config)# interface FastEthernet 0/13  //进入端口 Fa/13
S3760-B (Config-if)# switchport port-security  //开启该端口的安全功能
S3760-B (Config-if)# switchport port-secruity maxmum 2
    //配置端口的最大连接数为 2
S3760-B (Config-if)# switchport port-secruity violation shutdown
    //配置安全违例的处理方式为 shutdown
S3760-B# show interface fastethernet 0/13   //查看 f0/13 端口信息
……
```

2）不允许内网中 VLAN40 用户访问 FTP、WEB 服务器，其他不受限制。

```
S3760-B (Config)# ip access-list standard 10
    //定义一个命名扩展访问控制列表，名为 110
S3760-B (Config-std-nacl)# deny 11.1.2.0 0.0.0.255
    //拒绝来自 11.1.2.0 网段的流量通过
S3760-B (Config-std-nacl)# permit any      //允许其他网段的流量通过
S3760-B# show access-lists                 //查看访问控制列表
……
S3760-B (Config)# interface vlan 60        //进入 VLAN 虚端口（SVI）
S3760-B (Config-if)# ip access-group 10 in
    //把访问控制列表在 VLAN60 的 SVI 接口下应用（入栈）
S3760-B# show ip interface vlan 60    //查看访问控制列表在接口上的应用
……
```

（3）DHCP 功能（配置 DHCP 服务，为 VLAN30、VLAN40 动态分配 IP 地址：VLAN30 的 IP 地址分配范围为 11.1.1.2～11.1.1.200，默认网关为 11.1.1.1，DNS Server 为 172.16.1.11，域名为 contest.com；VLAN40 的 IP 地址分配范围为 11.1.2.2～11.1.2.150，默认网关为 11.1.2.1，DNS Server 为 172.16.1.11，域名为 contest.com）

```
S3760-B (Config)# service dhcp         //开启 dhcp server 功能
S3760-B (Config)# ip dhcp excluded-address 11.1.1.201 11.1.1.254
    //设置排斥的地址为 11.1.1.201 至 11.1.1.254 的 IP 地址不分配给客户端
S3760-B (Config)# ip dhcp excluded-address 11.1.2.151 11.1.2.254
    //设置排斥的地址为 11.1.2.151 至 11.1.2.254 的 IP 地址不分配给客户端
S3760-B (Config)# ip dhcp excluded-address 11.1.1.1
    //设置排斥的地址为 11.1.1.1 的 IP 地址不分配给客户端
S3760-B (Config)# ip dhcp excluded-address 11.1.2.1
    //设置排斥的地址为 11.1.2.1 的 IP 地址不分配给客户端
S3760-B (Config)# ip dhcp pool vlan40
    //新建一个 DHCP 地址池名为 vlan40
S3760-B (dhcp-config)# domain-name contest.com
    //DHCP 服务器的域名为 contest.com
S3760-B (dhcp-config)# network 11.1.2.0 255.255.255.0
    //给客户端分配的 IP 地址段
S3760-B  (dhcp-config)# dns-server 172.16.1.11 //给客户端分配的 DNS
S3760-B  (dhcp-config)# default-router 11.1.2.1 //客户端分配的默认网关
S3760-B (Config)# ip dhcp pool vlan30 //新建一个 DHCP 地址池名为 vlan30
S3760-B  (dhcp-config)# domain-name contest.com //DHCP 服务器的域名为
                                                  contest.com
S3760-B (dhcp-config)# network 11.1.1.0 255.255.255.0
    //给客户端分配的 IP 地址段
S3760-B  (dhcp-config)# dns-server 172.16.1.11  //给客户端分配的 DNS
S3760-B  (dhcp-config)# default-router 11.1.1.1 //客户端分配的默认网关
```

相关知识

1. 路由协议概述

目前的 TCP/IP 网络全部是通过路由器互联起来的，Internet 就是成千上万个 IP 子网通过路由器互联起来的国际性网络。在这种以路由器为基础的网络中，路由器不仅负责对数据进行转发，还要负责与其他路由器进行联络，共同确定网络中的路由选择和路由表维护。这就涉及到路由的两个基本动作：路径选择和数据转发。路径选择即判定到达目的地的最佳路线，由路由选择算法来实现；数据转发即沿选择好的最佳路径传送信息。它们分别有各自的协议——路由选择协议和路由转发协议。

（1）路由选择协议

路由选择算法通过将收集到的不同信息填入路由表中，让路由器根据路由表了解目的网络与下一站的关系。路由表通过互通信息机制进行更新维护来正确反映网络的拓扑变化，并由路由器根据量度来决定最佳路径。路由信息协议（RIP）、开放式最短路径优先协议（OSPF）和边界网关协议（BGP）等都属于路由选择协议。

（2）路由转发协议

通过查找路由表，路由器根据相应表项将数据包发送到下一站（路由器或主机），如果遇到不知道如何发送的数据包，路由器通常会将其丢弃。在此之前，路由器会对数据包进行识别，如果目的网络直接与路由器相连，路由器就直接把数据包送到相应的端口上。

通常，我们所说的路由协议是指路由选择协议。在路由器的工作原理中，路由选择协议和路由转发协议既是相互配合又是相互独立的，理解好它们的概念对学习网络知识至关重要。

2. 典型的路由选择方式

路由器就是互联网中的中转站，在路由器中有一个路由表，这个路由表中包含有该路由器知道的目的网络地址以及通过此路由器到达这些网络的最佳路径，如某个接口或下一跳的地址。当路由器从某个接口收到一个数据包时，路由器查看数据包中的目的网络地址，如果发现数据包的目的地址不在接口所在的子网中，路由器就会查看自己的路由表，找到数据包的目的网络所对应的接口，并从相应的接口转发出去。以上描述就是最简单的路由原理。

典型的路由选择方式有两种：静态路由和动态路由。默认情况下，当静态路由与动态路由发生冲突时，以静态路由为准。在网络中动态路由通常作为静态路由的补充。当一个数据包在路由器中进行寻址时，路由器首先查找静态路由，如果查到则根据相应的静态路由进行转发；否则再查找动态路由。

（1）静态路由

静态路由是指由网络管理员手工配置的路由信息，是在路由器中设置的固定的路由表。当网络的拓扑结构或链路的状态发生变化时，除非网络管理员手工修改路由表中的相关的静态路由信息，否则静态路由不会发生变化。静态路由信息在默认情况下是私有的，不会传递给其他的路由器，静态路由的这个特性决定了静态路由具有网络安全保密性高、不占用网络带宽和 CPU 资源的特点。当然，网络管理员也可以通过对路由器进行设置（路由重发布）使之成为共享的。

静态路由具有简单、高效、可靠和网络安全保密性高（静态路由信息在默认情况下是私有的）的特点，但是大型和复杂的网络环境通常不宜采用静态路由。默认路由可以看作是静态路由的一种特殊情况。静态路由的配置命令详见本项目中任务一相关内容。

（2）动态路由

动态路由是指路由器能够自动地建立自己的路由表，并且能够实时地适应网络结构和链路状态的变化更新自己的路由表。如果路由更新信息表明发生了网络变化，路由选择软件就会重新计算路由，并发出新的路由更新信息。这些信息通过各个网络，引起各路路由器重新启动路由算法，并更新各自的路由表以动态地反映网络拓扑变化。动态路由适用于网络规模大、网络拓扑复杂的网络。当然，动态路由协议会不同程度地占用网络带宽和 CPU 资源。

动态路由协议根据协议是否在一个自治系统内部使用分为内部网关协议（IGP）和外部网关协议（EGP）。这里的自治系统指一个具有统一管理机构、统一路由策略的网络集合，例如大公司或大学。小的站点常常是其 Internet 服务提供商自治系统的一部分。动态路由协议分类如表 4-2-3 所示。

表 4-2-3　动态路由协议的分类表

网关协议	路由协议名称	适用范围
内部网关协议（IGP）	距离矢量协议（RIPv1、RIPv2 等）	适用于大多数的校园网和使用速率变化不大的连续性（没有多余的路径）的地区性网络
	链路状态协议（OSPF 等）	适用于规模较大的网络，或具有多余路径的网络
外部网关协议（EGP）	外部网关协议（EGP）	一般企业或学校较少涉及外部网关协议
	边界网关协议（BGP）	最常见的外部网关协议是边界网关协议

3. RIP

（1）RIP 的概念、原理、分类和特点

RIP（路由信息协议）是距离矢量协议，它是通过路径经过的路由器跳数来衡量路径是否为最佳路径，连接速度问题是被忽略的。路由器的 RIP 协议每隔 30 秒定期向外发送一次更新报文，收到广播信息的每个路由器增加一个跳数。如果广播信息经过多个路由器最终由目的路由器收到，到达目的路由器具有最低跳数的路径是被选中为最佳路径。如果首选的最佳路径不能正常工作，那么其他具有次低跳数的路径将被启用。

对于 RIP 协议，网络上的路由器在一条路径不能用时，决定替代路径的过程称为收敛。在 RIP 协议认识到路径不能到达之前，它一直等待。如果路由器经过 6 次更新（总共 6×30s＝180s），仍然没有收到来自某一路由器的路由更新报文，则将所有来自此路由器的路由信息标志为不可达；如果经过了 8 次更新（总共 8×30s＝240s），一个路由项还没有得到确认，路由器就会认为它已失效了，它就会被从路由器的路由表中删除。

在 RIP 中，路由器与它直接相连网络的跳数为 0，通过一个路由器可达的网络的跳数为 1，其余依此类推。为了限制收敛时间，RIP 规定度量值的取值范围为 0～15 之间的整数，大于或等于 16 的跳数被定义为目的网络或主机不可达。

RIP 协议处于 UDP 协议的上层，RIP 的路由信息都封装在 UDP 的数据报文中，RIP 在 UDP 的 520 端口上，只接收来自与其相邻的路由器的路由更新信息，同时通知与其相邻的路由器，即将其部分或全部的路由表传递给与其相邻的路由器。

RIP 协议有两个版本：版本 1（RIPv1）和版本 2（RIPv2）。RIPv1 的报文为广播报文，在路由更新时不发送子网掩码信息，不支持 VLSM（可变长子网掩码），不支持路由认证。RIPv2 的报文为组播报文，支持 VLSM，支持明文和 MD5 的路由认证。

RIP 的缺陷是：①过于简单，以跳数为依据计算度量值，经常得出非最佳路径；②度量值以 16 为限，不适合大的网络；③RIPv1 不支持无类 IP 地址和 VSLM；④收敛速度缓慢，时间经常大于 5 分钟；⑤可靠性差，接受来自任何设备的路由更新；⑥占用带宽很大。

（2）RIP 配置举例

RIP 是一种应用较早、使用广泛的内部网关协议。RIP 路由以距离最短（hops，跳数）的路径为路由。RIP 有 3 个时钟，分别是路由更新时钟（每 30s）、路由无效时钟（每 180s）、路由取消时钟（每 240s）。RIPv1 版本的最大跳数是 15，RIPv2 版本的最大跳数是 128。

RIP 是最容易配置的路由协议。其基本配置只需三个步骤：首先，指定使用 RIP 协议；然后，指定使用 RIP 版本；最后，声明所连接的网络号（主类网络号，不带子网号，不带子网掩码）。

【例 4.2.1】 网络拓扑图如图 4-2-1 所示，要求内部网之间通过 RIP 协议实现 RSR20-A 与 RG S3760-A 之间的内网各网段 10.1.1.0/24、10.1.2.0/24、172.16.1.0/24、12.1.1.0/30 的相互通信。

1）RSR20-A 的配置。

```
RSR20-A(Config)# router rip                  //启用 RIP 协议
RSR20-A(Config-router)# version 2            //使用 RIPv2 协议
RSR20-A(Config-router)# network 12.0.0.0     //宣告所连 12.0.0.0 网段
RSR20-A(Config-router)# no auto-summary      //关闭路由信息的自动汇总功能
```

2）S3760-A 的配置。

```
S3760-A(Config)# router rip                  //启用 RIP 协议
S3760-A(Config-router)# version 2            //使用 RIPv2 协议
S3760-A(Config-router)# network 10.1.0.0     //宣告所连 10.0.0.0 网段
S3760-A(Config-router)# network 12.0.0.0     //宣告所连 12.0.0.0 网段
S3760-A(Config-router)# network 172.16.0.0 //宣告所连 172.16.0.0 网段
S3760-A(Config-router)# no auto-summary //关闭路由信息的自动汇总功能
```

3）测试 RIP 配置的正确性。

配置 RIP 之后，要检查数据是否可以被正确转发，除了可以使用连通性 ping 工具之外，还可以使用以下几个命令：

① show ip route 用于查看路由表；

② clear ip route 用于清除 IP 路由表的配置信息；

③ debug ip rip 用于调试 RIP 协议信息。

【例 4.2.2】 如图 4-2-1 所示，查看 RSR20-A 的路由表。

```
RSR20-A# sh ip route
……
```

```
R 10.1.2.0/24[120/1] via 12.1.1.2 00:00:07 FastEthernet 0/0
O IA 11.1.1.0/24[110/51] via 13.1.1.2 00:42:03 serial 1/2
……
```

说明：

C：表示该路由器的直连网络；R：表示该路由器经 RIP 学习到的路由；O：表示该路由器经 OSPF 学习到的路由。
via：表示路由器发布这条路由及其下一跳地址。
00:00:07：表示 RIP 在上一次更新路由的时间。
120/1："120"为管理距离，管理越小，路由越优先，RIP 的默认管理距离为 120；"1"为到达目标网络的跳数，即 HOPS 为 1。
110/51：在 OSPF 路由中，"110"为管理距离，"51"为路由开销。

4. OSPF

（1）OSPF 的概念、原理和特点

OSPF（开放式最短路径优先）是一种链路状态路由协议，OSPF 将链路状态广播数据包传送到某一区域内的所有路由器，这一点与 RIP 不同。在一个自治系统（AS）中，所有的 OSPF 路由器都维护一个相同的网络拓扑数据库，该数据库中存放的是区域内相应链路状态信息，OSPF 路由器正是从这个数据库中构造一个最短路径树来计算出最佳路径。

OSPF 的收敛速度比 RIP 要快，而且在更新路由信息时，产生的流量也较少。为了管理大规模的网络，OSPF 采用分层的连接结构，将自治系统分为不同的区域，以减少路由重计算的时间。

（2）OSPF 配置举例

OSPF 协议配置中主要增加了 OSPF 协议区域设置。每个区域都有一个区域号，当网络中存在多个区域时，必须存在 0 区域，它是骨干区域，所有其他区域都通过直接或虚链路连接到骨干区域上。为了优化操作，各区域所包含的路由器不应超过 70 个。

【例 4.2.3】 网络拓扑结构图如图 4-2-1 所示，要求内部网之间通过 OSPF 协议实现 RSR20-A 与 RSR20-B 的内网各网段 11.1.1.0/24、11.1.2.0/24、172.16.2.0/24 和 13.1.1.0/30 的相互通信。

RSR20-A 的配置：

```
RSR20-A(Config)# router ospf 10
    //启用 OSPF 路由协议，定义 OSPF 进程 ID 号为 10
RSR20-A(Config-router)# network 13.1.1.0 0.0.0.3 area 0
   //指定参与交换OSPF更新的网络（与本路由器直连网段）以及这些网络所属的区域为 0）
```

RSR20-B 的配置：

```
RSR20-B(Config)# router ospf 10
    //启用 OSPF 路由协议，定义 OSPF 进程 ID 号为
10RSR20-B(Config-router)# network 13.1.1.0 0.0.0.3 area 0
   //指定参与交换OSPF更新的网络（与本路由器直连网段）以及这些网络所属的区域为 0）
RSR20-B(Config-router)# network 11.1.1.0 0.0.0.255 area 20
   //指定参与交换OSPF更新的网络（与本路由器直连网段）以及这些网络所属的区域为 20）
RSR20-B(Config-router)# network 11.1.2.0 0.0.0.255 area 20
```

```
    //指定参与交换OSPF更新的网络(与本路由器直连网段)以及这些网络所属的区域为20)
RSR20-B(Config-router)# network 172.16.2.0 0.0.0.255 area 20
    //指定参与交换OSPF更新的网络(与本路由器直连网段)以及这些网络所属的区域为20)
```

5. 多路由协议配置（路由重分布）

（1）路由重分布的原理

为了实现全网互通，我们需要路由器能在不同协议之间交换路由信息或者全网运行同一种路由协议，但实际网络中往往需要运行多种路由协议。这涉及到路由重分布即引入其他路由协议发现的路由。比如你可以将 OSPF 路由域中的路由信息重新分布后通告到 RIP 路由域中，也可以将 RIP 路由域的路由信息重新分布后通告到 OSPF 路由域中。路由的相互重分布可以在所有的 IP 路由协议之间进行。

（2）路由重分布配置的相关命令

配置路由重分布的命令及功能如表 4-2-4 所示。

表 4-2-4　多路由协议配置的相关命令

功　能	命　令
重新分配直连的路由	redistribute connected （subnet/metric metric-value）
重新分配静态路由	redistribute static （subnet/metric metric-value）
产生缺省路由（默认路由）	default-information originate metric metric-value
重新分配 OSPF 路由	redistribute ospf process-id metric metric-value
重新分配 RIP 路由	redistribute rip metric metric-value （subnets）

6. 广域网协议配置

在网络中，资源共享是网络的最根本应用，但是对于两个局域网物理距离相隔较远的情况下，资源共享就变得困难起来，对通信的要求越高，困难越大。局域网连接在一起，就成了广域网（WAN），最后构成了整个国际互联网。那么如何把我们的网络或者计算机接入到广域网中呢？

（1）广域网的概念

局域网只能在一个相对比较短的距离内实现，当主机之间的距离较远时（例如，相隔几十或几百公里，甚至几千公里），局域网显然就无法完成主机之间的通信任务。这时就需要另一种结构的网络，即广域网。广域网将地理上相隔很远的局域网互联起来。

广域网的造价较高，一般都是由国家或较大的电信公司出资建造。广域网是互联网的核心部分，其任务是长距离运送主机所发送的数据。连接广域网各节点的链路都是高速链路，可以是距离几千公里的光缆线路，也可以是距离几万公里的点对点卫星链路。受经济条件的限制，广域网都不使用局域网普遍采用的多点接入技术。局域网使用的协议主要在数据链路层，而广域网使用的协议在网络层。另外，局域网中使用私有专用 IP 地址，广域网中使用合法注册的公用 IP 地址。

（2）广域网接入技术分类

1）点对点链路（专线）。点对点链路提供的是一条预先建立的从客户端经过运营商网络到达远端目标网络的广域网通信路径。一条点对点链路就是一条租用的专线，可以在数据收发双方之间建立起永久性的固定连接。网络运营商负责点对点链路的维护与管理。

2）电路交换。电路交换是广域网所使用的一种交换方式。可以通过运营商网络为每一次会话过程建立、维持和终止一条专用的物理电路。电路交换在电信运营商的网络中被广泛使用，其操作过程与普通电话拨号过程非常相似。综合业务数字网（ISDN）就是一种采用电路交换技术的广域网技术。

3）虚拟电路。虚拟电路是一种逻辑电路，可以在两台网络设备之间实现可靠通信。分别有交换虚拟电路（SVC）和永久性虚拟电路（PVC）。

4）包交换。通过包交换，网络设备可以共享一条点对点链路进行数据包的传递。ATM、帧中继和 X.25 等都是采用包交换技术的广域网技术。

（3）广域网中的数据链路层协议

广域网数据链路层将数据传输到远程站点，定义了数据如何进行封装。广域网数据链路层协议描述了帧如何在系统之间的单一数据路径上进行传输，数据帧是如何传送的，包括 PPP、HDLC 和帧中继等。

1）点到点协议（PPP）。

点到点协议提供了实现路由器到路由器（router-to-router）和主机到网络（host-to-network）的连接。PPP 不仅适用于拨号用户，而且适用于租用的路由器对路由器线路。PPP 协议是目前使用最广泛的广域网协议。

PPP 的工作过程是一系列的过程，下面用一个实例来描述这一过程。

PC 终端首先通过调制解调器呼叫远程访问服务器，如 ISP 的路由器。当路由器上的远程访问模块应答了这个呼叫后，就建立起一个初始的物理连接。

接下来，PC 终端和远程访问服务器之间开始传送一系列经过 PPP 封装的数据包。如果有一方要求认证，接下来就开始进入认证过程。如果认证失败，比如错误的用户名或密码，则链路被终止，物理链路回到空闲状态。如果认证成功，则通信双方开始网络层连接，网络层连接成功后，双方的逻辑通信链路就建立好了，双方可以开始在此链路上交换上层数据。当数据传送完成后，一方会发起断开连接的请求，首先释放网络层的连接，归还 IP 地址，然后关闭数据链路层连接，物理链路回到空闲状态。

PPP 提供了两种可选的身份认证方法：口令验证协议（PAP）和挑战握手协议（CHAP）。

① PAP。PAP 是一种简单的、实用的身份验证协议，PAP 认证进程只在双方的通信链路建立初期进行。如果认证成功，在通信过程中不再进行认证。如果认证失败，则直接释放链路。当双方都封装了 PPP 协议且要求进行 PAP 身份认证，当它们之间的链路在物理层已激活后，认证客户端（被认证一端）会不停地发送身份认证请求，直到身份认证成功。当认证客户端路由器发送了用户名和口令后，认证服务器会将收到的用户名和口令与本地数据库中的口令信息比较，如果正确则身份认证成功，否则认证失败。

PAP 的弱点是用户的用户名和密码是明文发送的，有可能被协议分析软件捕获而导致安全问题。但恰恰是这样，认证只是在链路建立初期进行，因此节省了宝贵的链路带宽。

PAP 认证的配置共分为三个步骤：建立本地口令数据库、启用 PAP 认证、认证客户端配置。其中前两个步骤是认证端的配置，第三步是被认证端的配置。

【例 4.2.4】 网络拓扑图如图 4-2-1 所示，要求内部网之间通过 PPP（PAP 认证）协议实现 RSR20-A 与 RSR20-B 的广域网连接。

RSR20-A 的配置（DTE，被认证的客户端）

```
RSR20-A(Config)# interface serial 1/2          //进入接口配置模式
RSR20-A(Config-if)# encapsulation ppp          //接口下封装 PPP 协议
RSR20-A(Config-if)# ppp pap sent-username xiao password 0 12345
    //被认证端发送 PAP 认证的用户名和密码
```

RSR20-B 的配置（DCE，认证服务器端，注意在认证端需配置时钟）

```
RSR20-B(Config)# username xiao password 12345
    //验证方配置被验证方的用户名和密码
RSR20-B(Config)# interface serial 1/2          //进入接口配置模式
RSR20-B(Config-if)# encapsulation ppp          //接口下封装 PPP 协议
RSR20-B(Config-if)# clock rate 64000           //为接口配置时钟频率
```

② CHAP。CHAP 认证比 PAP 认证更安全，因为 CHAP 不在线路上发送明文密码，而是发送经过摘要算法加工过的随机序列，也被称为“挑战字符串”。同时，身份认证可以随时进行，包括在双方正常通信过程中。因此，非法用户就算截获并成功破解了一次密码，此密码也将在一段时间内失效。

CHAP 要求被认证的双方都要通过对方的认证程序，否则无法建立二者之间的链路，与 PAP 不同的是，这时认证服务器发送的是“挑战”字符串。

CHAP 认证的配置步骤是：首先在路由器的相应接口均封装 PPP 协议，然后，在双方的路由器中均为对方创建一个用户，所建的这两个用户的密码必须相同。

【例 4.2.5】 网络拓扑图如图 4-2-1 所示，要求内部网之间通过 PPP（CHAP 认证）协议实现 RSR20-A 与 RSR20-B 的广域网连接。

RSR20-A 的配置（DTE，被认证的客户端）

```
RSR20-A(Config)# username RSR20-B password xxhua1682
    //以对方的主机名为用户名创建一个用户，密码与对方的路由器创建的用户的密码相同
RSR20-A(Config)# interface serial 1/2          //进入接口配置模式
RSR20-A(Config-if)# encapsulation ppp          //接口下封装 PPP 协议
RSR20-A(Config-if)# ppp authentication chap    //PPP 启用 CHAP 方式验证
```

RSR20-B 的配置（DCE，认证服务器端，注意在认证端需配置时钟）

```
RSR20-B(Configr)# username RSR20-A password xxhua1682
    //以对方的主机名为用户名创建一个用户，密码与对方的路由器创建的用户的密码相同
RSR20-B(Config)# interface serial 1/2          //进入接口配置模式
RSR20-B(Config-if)# encapsulation ppp          //接口下封装 PPP 协议
RSR20-B(Config-if)# clock rate 64000           //为接口配置时钟频率
RSR20-B(Config-if)# ppp authentication chap    //PPP 启用 CHAP 方式验证
RSR20-B# show interface s 1/2                  //查看接口的配置情况
……
```

```
RSR20-B# debug ppp authentication
     //查看 CHAP 验证过程，在路由器物理 up，链路尚未建立的情况下打开才有信息输出
……
```

2）高级数据链路控制协议（HDLC）。

HDLC（高级数据链路控制协议）串行线路的默认封装协议。在正常情况下，它是不用配置的。

3）DDN 专线连接。

在实际工程中，锐捷路由器接 DDN 专线时，一般采用 HDLC 协议封装，同步串口需通过 V.35 线缆连接网络运营商的通信/数据服务单元，此时，锐捷路由器为 DTE，通信/数据服务单元为 DCE，由 DCE 端提供时钟。

如果将两台路由器通过 V.35 线缆进行背对背相连，则必须由连接 DCE 线缆的一方路由器提供同步时钟。

7. ACL 配置

访问控制列表 ACL，最直接的功能便是包过滤。通过配置访问控制列表（ACL），实现对进入到路由器（或三层交换机）的输入数据流进行过滤，即能在路由器（或三层交换机）的接口处决定哪种类型的信息流被转发，哪种类型的信息流被拒绝。

在锐捷路由器中，每个访问控制列表的执行顺序是“从上到下，顺序判断”，每一条新加的列表项都被安置在访问控制列表的最后面。因此，当一个 ACL 建好后，就不能通过行号删除某一指定的列表项。当需要另外增加一列表项时，只能先删除该 ACL，然后再新建一个新的 ACL。另外，访问控制列表的结尾处有一个隐含的“deny all”，一般情况下，隐含拒绝并不会出现在配置文件中，因此，如果某数据包在 ACL 的最后一条规则上停止，它将被抛弃。访问控制列表有两种基本类型：数字访问控制列表和命名访问控制列表。

（1）数字访问控制列表

数字访问控制列表又分为数字标准访问控制列表和数字扩展访问控制列表。

数字标准访问控制列表：列表号的范围为 1 ~ 99，其只对数据包的源地址进行检查。

数字扩展访问控制列表：列表号的范围为 100 ~ 199，其可对数据包中的源地址、目的地址、协议及端口号进行检查。

1）数字标准访问控制列表。

数字标准访问控制列表的语法举例如下：

```
RSR20-A(Config)# access-list 1 deny host 192.168.0.2
     //拒绝来自 192.168.0.2 主机的流量通过
RSR20-A(Config)# access-list 1 permit 192.168.0.0 0.0.0.255
     //允许来自 192.168.0.0/24 网段的流量通过
RSR20-A(Config)# access-list 1 deny any //此配置是默认的，可省略
```

这里，对关键字 host 和 any 的用法作些介绍。

① host：用在访问列表项中指定通配符是 0.0.0.0。这样，当某环境下要输入单个的地址时，如 172.16.8.1，就不用输入“172.16.8.1 0.0.0.0”，直接在地址前加“host”就可

以了。下面两条指令是等价的。

```
access-list 1 permit  172.16.8.1 0.0.0.0
access-list 1 permit  host 172.16.8.1
```

② any：指定允许所有的IP地址作为源地址。这样，当某环境下允许访问任何目的地址时，我们就不用输入“0.0.0.0 255.255.255.255”，直接使用“any”就可以了。下面两条指令是等价的。

```
access-list 1 permit  0.0.0.0 255.255.255.255
access-list 1 permit  any
```

当使用标准访问控制列表时，源地址必须被指定。源地址可以是一台主机、一组主机或者整个子网的地址。源地址的范围是由通配符掩码来确定。通配符掩码相当于子网掩码的反码。

```
211.69.10.0 0.0.0.255       //匹配的是211.69.10.0/24这个C类网段，包括
                              211.69.10.0~211.69.10.255
211.69.10.0 0.0.0.3         //匹配的是211.69.10.0/30这个子网段，包括
                              211.69.10.0~211.69.10.3
211.69.10.0 0.0.0.15        //匹配的是 211.69.10.0/28 这个子网段，包括
                              211.69.10.0~211.69.10.15
211.69.10.0 0.0.0.31        //匹配的是 211.69.10.0/27 这个子网段，包括
                              211.69.10.0~211.69.10.31
211.69.0.0 0.0.15.255       //匹配的是 211.69.0.0/20 这个子网段，包括
                              211.69.0.0~211.69.15.255
172.15.0.0 0.0.255.255      //匹配的是172.15.0.0/16这个B类网段，包括
                              172.15.0.0~172.15.255.255
```

在创建了一个访问控制列表并分配了表号之后，为了让该访问控制列表真的起作用，用户就必须把它配置到一个接口上且指明应用的数据流方向。

> **注 意**
>
> 访问控制列表一般配置在内网的出口上。

【例 4.2.6】 网络拓扑图如图4-2-2所示，以图中RSR20-B来说明实现数字标准访问控制列表的配置。要求：允许内网192.168.0.0/24访问Internet，拒绝此网络中主机192.168.0.2访问Internet。

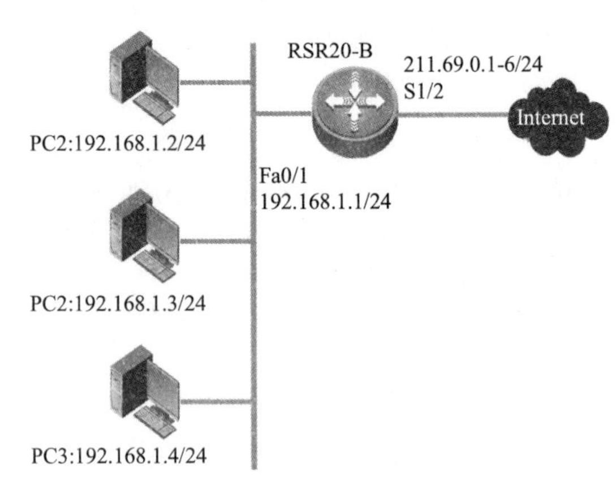

图 4-2-2 数字标准访问控制列表的网络拓扑结构图

RSR20-B 的 ACL 配置如下:

```
RSR20-B(Config)# access-list 1 deny host 192.168.0.2
    //拒绝来自 192.168.0.2 主机的流量通过
RSR20-B(Config)# access-list 1 permit 192.168.0.0 0.0.0.255
    //允许来自 192.168.0.0/24 网段的流量通过
RSR20-B(Config)# interface FastEthernet 0/1     //进入接口配置模式
RSR20-B(Config-if)# ip access-group 1 out
    //定义 ACL 是被应用到 f0/1 接口的流出方向,(in 则定义 ACL 是被应用到 f0/1
接口的流入方向)
RSR20-B# show access-list 1   //查看 ACL 列表项
……
```

2）数字扩展访问控制列表。

数字扩展访问控制列表的语法举例如下:

```
RSR20-B(Config)# access-list 101 permit tcp host 192.168.0.2 any eq 80
    //允许来自 192.168.0.2 主机的 80 端口的数据包通过(Web 访问)
```

可以使用扩展 ACL 来过滤多种不同协议，如 TCP、UDP、ICMP 和 IP。在扩展 ACL 中，要指定上层 TCP 或 UDP 端口号，从而选择允许或拒绝的协议。常见的端口号及其对应的协议如表 4-2-5 所示。

表 4-2-5　端口与对应的协议

端　口	协　议
FTP	20/21
Telnet	23
SMTP	25
TFTP	69
DNS	53
Http	80

扩展 ACL 的 IP 地址和通配符掩码的使用与标准 ACL 相同。

【例 4.2.7】 网络拓扑图如图 4-2-3 所示，以图中 RSR20-B 来说明实现数字扩展访问控制列表的配置。假设图 4-2-3 中的 PC1 为内网的 Web 服务器，PC2 为内网的 FTP 服务器，PC3 为内网中的特定计算机，PC4 为外网中的特定计算机。要求：内网的 Web、FTP 服务器能对外提供服务，内网只有特定计算机 PC3 能访问外网；外网均可访问内网的 Web、FTP 服务器，外网除特定计算机 PC4 外，均不能访问内网。

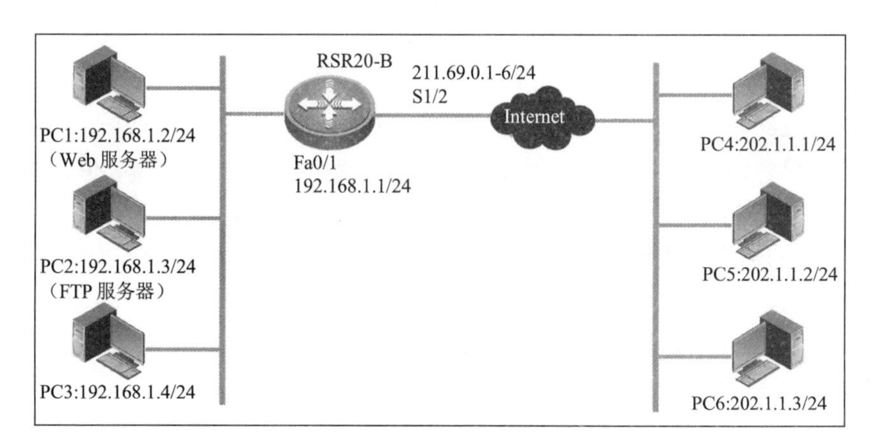

图 4-2-3　数字扩展访问控制列表的网络拓扑结构图

RSR20-B 的 ACL 配置如下:

```
RSR20-B(Config)# access-list 101 permit tcp host 192.168.0.2 any eq 80
RSR20-B(Config)# access-list 101 permit tcp host 192.168.0.3 any eq 21
RSR20-B(Config)# access-list 101 permit ip host 192.168.0.4 any
RSR20-B(Config)# access-list 101 deny ip 192.168.0.0 0.0.0.255 any
RSR20-B(Config)# access-list 102 permit ip host 202.1.1.1 any
RSR20-B(Config)# access-list 102 permit ip 202.1.1.0 0.0.0.255 any eq 80
RSR20-B(Config)# access-list 102 permit ip 202.1.1.0 0.0.0.255 any eq 21
RSR20-B(Config)# access-list 102 deny ip any any
RSR20-B(Config)# interface serial 1/2
RSR20-B(Config-if)# ip access-group 101 out
RSR20-B(Config-if)# ip access-group 102 in
RSR20-B# show access-list 1        //查看 ACL 列表项
……
```

（2）命名访问控制列表

命名访问控制列表又分为命名标准访问控制列表和命名扩展访问控制列表。

1）命名标准访问控制列表

```
RSR20-B(Config)# ip access-list standard 10
    //定义一个命名标准访问控制列表，名为 10
RSR20-B(Config-std-nacl)# permit 10.1.1.0 0.0.0.255 time-range internet
    //允许来自 10.1.1.0 网段的流量在规定的时间内通过
RSR20-B(Config-std-nacl)# permit 10.1.2.0 0.0.0.255 time-range internet
    //允许来自 10.1.2.0 网段的流量在规定的时间内通过
```

2）命名扩展访问控制列表

```
S3760-A(Config)# ip access-list extended 110
    //定义一个命名扩展访问控制列表，名为 110
S3760-A(Config-ext-nacl)# permit ip 10.1.1.0 0.0.0.255 host 172.16.1.11
time-range access_service
    //允许来自 10.1.1.0 网段的流量在规定的时间内访问 DC、DNS 服务器（主机）
S3760-A(Config-ext-nacl)# permit ip 10.1.1.0 0.0.0.255 host 172.16.1.10
time-range access_service
    //允许来自 10.1.1.0 网段的流量在规定的时间内访问 DHCP 服务器（主机）
```

8. NAT 配置

随着 Internet 技术的不断迅速改进，一个重要而紧迫的问题出现了——IP 地址空间迅速地枯竭，尽管即将出现的 IPv6 被视为解决此问题的长期发展方案，但是在过去的几年中还提出了一些短期的解决方案，其中一项重要的技术就是 NAT（网络地址转换）技术。NAT 技术的出现使人们对 IP 地址枯竭的恐慌得到了大大的缓解，甚至在一定程度上延缓了 IPv6 技术在网络中的发展和推广速度。

NAT 技术就是让内网使用私有 IP 地址，外网使用合法的公用 IP 地址。最常用的两种方式为静态 NAT 和动态 NAT。

（1）静态 NAT

静态 NAT 是建立内部本地地址和内部全局地址一对一的永久映射。当外部网络需要通过固定的全局可路由地址访问内部主机时，静态 NAT 显得很重要。内部本地地址采用私用 IP 地址；内部全局地址采用合法的公用 IP 地址，是由网络信息中心（NIC）或者服务提供商（ISP）提供的可在互联网传输的地址。

【例 4.2.8】 网络拓扑图如图 4-2-4 所示，以图中 RSR20-B 来说明实现静态 NAT 的配置。

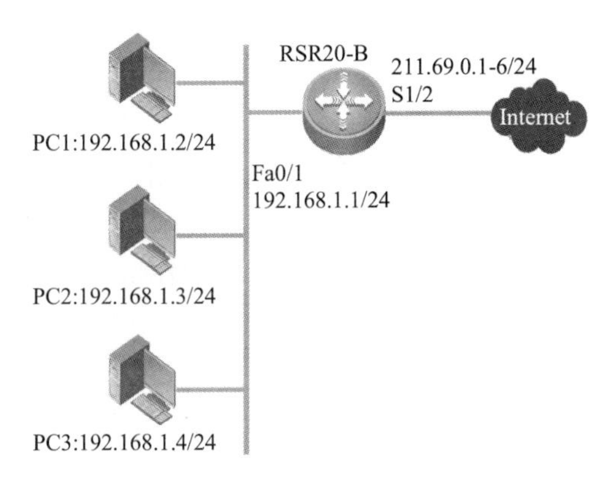

图 4-2-4 静态 NAT 的网络拓扑结构图

RSR20-B 的静态 NAT 配置如下：

```
RSR20-B(Config)# ip nat inside source static 192.168.1.2 211.69.0.2
    //定义内部地址 192.168.1.2,转换外部地址为 211.69.0.2
RSR20-B(Config)# ip nat inside source static 192.168.1.3 211.69.0.2
    //定义内部地址 192.168.1.3,转换外部地址为 211.69.0.2
RSR20-B(Config)# ip nat inside source static 192.168.1.4 211.69.0.2
    //定义内部地址 192.168.1.4,转换外部地址为 211.69.0.2
RSR20-B(Config)# interface FastEthernet 0/1 //进入接口配置模式
RSR20-B(Config-if)# ip nat inside          //指定 f0/1 为内部接口
RSR20-B(Config)# interface serial 1/2      //进入接口配置模式
RSR20-B(Config-if)# ip nat outside         //指定 s1/2 为外部接口
RSR20-B# show ip nat translation           //查看 NAT 映射表
……
```

【例 4.2.9】 网络拓扑如图 4-2-1 所示，要求在 RSR20-B 中配置反向静态 NAT，将内网的 FTP、Web 服务发布到互联网上，其公有 IP 地址为 88.1.1.8、88.1.1.9，要求只发布其 FTP、Web 服务，其他服务不允许发布。

RSR20-B 的反向静态 NAT 配置如下：

```
RSR20-B(Config)# ip nat inside source static tcp 172.16.2.11 21 88.1.1.8 21
    //发布 FTP 服务,FTP 采用 21 号端口
RSR20-B(Config)# ip nat inside source static tcp 172.16.2.11 20 88.1.1.8 20
    //发布 FTP 服务, FTP 也采用 20 号端口
RSR20-B(Config)# ip nat inside source static tcp 172.16.2.11 80 88.1.1.9 80
    //发布 Web 服务,Web 采用 21 号端口
RSR20-B(Config)# interface serial 1/2        //进入接口配置模式
RSR20-B(Config-if)# ip nat inside            //定义 s1/2 为内网接口
RSR20-B(Config)# interface FastEthernet 0/0.30 //进入接口配置模式
RSR20-B(Config-if)# ip nat inside        //定义 f0/0.30 为内网接口
RSR20-B(Config)# interface FastEthernet 0/0.40 //进入接口配置模式
```

```
RSR20-B(Config-if)# ip nat inside          //定义 f0/0.40 为内网接口
RSR20-B(Config)# interface FastEthernet 0/0.60 //进入接口配置模式
RSR20-B(Config-if)# ip nat inside          //定义 f0/0.60 为内网接口
RSR20-B(Config)# interface FastEthernet 0/1 //进入接口配置模式
RSR20-B(Config-if)# ip nat outside         //定义 f0/1 为外网接口
RSR20-B# show ip nat translations          //查看 NAT 的动态映射表
……
```

（2）动态 NAT

动态 NAT 是建立内部本地地址和内部全局地址池的临时对应关系，如果经过一段时间，内部本地地址没有向外的请求或者数据流，该对应关系将被删除。

【例 4.2.10】 网络拓扑图如图 4-2-1 所示，要求在 RSR20-B 中配置动态 NAT，内网中 VLAN10、VLAN20、VLAN30、VLAN40 通过公网地址（88.1.1.4～88.1.1.7）访问互联网。

RSR20-B 的动态 NAT 配置如下：

```
RSR20-B(Config)# ip nat pool to_internet 88.1.1.4 88.1.1.7 netmask
255.255.255.240    //定义一个内部全局地址池，名为 to_internet
RSR20-B(Config)# access-list 11 permit 10.1.1.0 0.0.0.255
    //定义允许转换的地址
RSR20-B(Config)# access-list 11 permit 10.1.2.0 0.0.0.255
    //定义允许转换的地址
RSR20-B(Config)# access-list 11 permit 11.1.1.0 0.0.0.255
    //定义允许转换的地址
RSR20-B(Config)# access-list 11 permit 11.1.2.0 0.0.0.255
    //定义允许转换的地址
RSR20-B(Config)# ip nat inside source list 11 pool to_internet overload
    //为内网中的本地地址调用转换地址池，并且可以复用
RSR20-B(Config)# interface serial 1/2      //进入接口配置模式
RSR20-B(Config-if)# ip nat inside          //定义 s1/2 为内网接口
RSR20-B(Config)# interface FastEthernet 0/0.30 //进入接口配置模式
RSR20-B(Config-if)# ip nat inside          //定义 f0/0.30 为内网接口
RSR20-B(Config)# interface FastEthernet 0/0.40 //进入接口配置模式
RSR20-B(Config-if)# ip nat inside          //定义 f0/0.40 为内网接口
RSR20-B(Config)# interface FastEthernet 0/0.60 //进入接口配置模式
RSR20-B(Config-if)# ip nat inside          //定义 f0/0.60 为内网接口
RSR20-B(Config)# interface FastEthernet 0/1 //进入接口配置模式
RSR20-B(Config-if)# ip nat outside         //定义 f0/1 为外网接口
RSR20-B# show ip nat translations          //查看 NAT 的动态映射表
……
```

任务小结

动态路由协议的配置是整个路由器配置过程中的重点，也是难点。通过本任务，我们学习了 RIP 与 OSPF 动态路由协议的原理，并且在路由器上完成了相关的配置。

练 习 测 评

【实训名称】

利用单臂路由实现 VLAN 间路由。

【实训目的】

掌握如何在路由器端口上划分子接口、封装 Dot1q 协议，实现 VLAN 间的路由。

【背景描述】

某一公司内财务部、销售部、后勤部的 PC 都连接在 1 台二层交换机上，网络内有 1 台路由器用于连接 Internet。现在发现网络内的广播流量太多，需要对广播进行限制但不能影响三个部门之间相互通信，要在路由器上进行适当配置来实现这一目标。

【需求分析】

需要在交换机配置 VLAN，然后在路由器连接交换机的端口上划分子接口，给相应的 VLAN 设置 IP 地址，以实现 VLAN 间的路由。

【实训拓扑图】

网络拓扑图如图 4-2-5 所示。

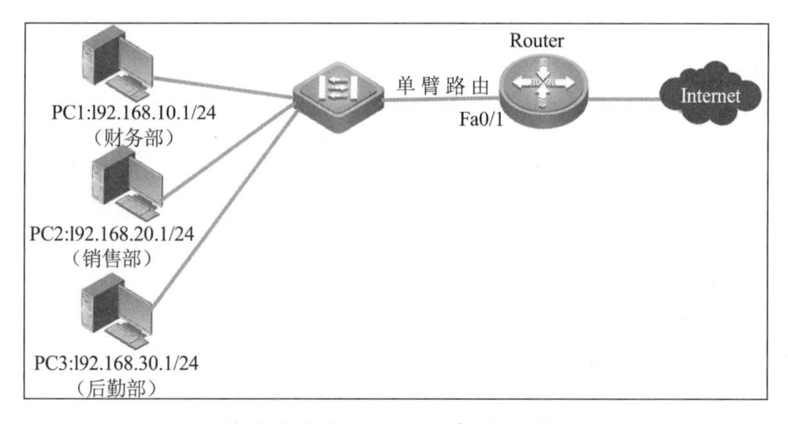

图 4-2-5 利用单臂路由实现 VLAN 间路由的网络拓扑结构图

【实训设备】

路由器 1 台，二层交换机 1 台。

【相关知识】

交换机的基本配置方法、VLAN 的工作原理和配置方法、Trunk 的工作原理和配置方法、单臂路由的工作原理和配置方法。

在交换网络中，通过 VLAN 对一个物理网络进行了逻辑划分，不同的 VLAN 之间是无法直接访问的，必须通过三层的路由设备进行连接。一般利用路由器或三层交换机来实现不同 VLAN 之间的互相访问。

将路由器和交换机相连，IEEE802.1q 启动路由器上的子接口成为干道模式，就可以利用路由器来实现 VLAN 之间的通信。

路由器可以从某一个 VLAN 接受数据包，并将这个数据包转发到另外一个 VLAN。

要实施 VLAN 间的路由，必须在一个路由器的物理接口上启用子接口，也就是将以太网物理接口划分为多个逻辑的、可编址的接口，并配置成干道模式，每个 VLAN 对应一个这种接口，这样路由器就能够知道到达这些 VLAN 的路径。

【实训步骤】

1）配置各部门的 PC 机 IP 地址、子网掩码、默认网关。

锐捷单臂路由配置如下。

PC 机设置 IP 地址：

财务部 IP：192.168.10.2； 销售部 IP：192.168.20.2； 后勤部 IP：192.168.30.2；
网关：192.168.10.1 网关：192.168.20.1 网关：192.168.30.1

2）配置交换机，划分 VLAN 和添加端口、设置 Trunk。

交换机配置如下：

```
Vlan 10
Vlan 20
Vlan 30
Interface fa0/5     switchprot acc vlan 10
Int fa 0/10         switchport    acc vlan 20
Int fa 0/15         switch acc vlan 30
Int fa 0/24         sw mode trunk
                    sw trunk allowed vlan all    锐捷这条可省略写
```

3）在路由器上划分子接口，封装 Dot1q 协议、配置 IP 地址。

```
Router（config）#interface fastEthernet 0/0
Router（config-if）#no ip address
Router（config-if）#exit
Router（config）#interface fastEthernet 0/0.10
Router（config-subif）#encapsulation dot1q 10
Router（config-subif）#ip address 192.168.10.1 255.255.255.0
Router（config-subif）#exit
Router（config）#interface fastEthernet 0/0.20
Router（config-subif）#encapsulation dot1q 20
Router（config-subif）#ip address 192.168.20.1 255.255.255.0
Router（config-subif）#exit
Router（config）#interface fastEthernet 0/0.30
Router（config-subif）#encapsulation dot1q 30
Router（config-subif）#ip address 192.168.30.1 255.255.255.0
Router（config-subif）#end
```

4）查看路由器的路由表。

5）测试网络连通性。

【注意事项】

1）在给路由器的子接口配置 IP 地址之前，一定要先封装 dot1q 协议。

2）各个 VLAN 内的主机，要以相应 VLAN 子接口的 IP 地址作为网关。

任务三 配置广域网接入模块

任务描述

1. 应用背景

在本任务中，广域网接入模块的功能是由广域网接入路由器 InternetRouter 来完成的。采用的是 InternetRouter 通过自己的接口 Fa00 使用 DDN（数字数据网）技术接入 Internet。它的主要作用是在 Internet 和校园网（或企业网、园区网）间路由数据包。除了完成主要的路由任务外，还可以利用访问控制列表来完成以自身为中心的流量控制和过滤功能，并实现一定的安全控制。

2. 网络拓扑

通过合理的三层网络构架，实现用户接入网络的安全和快捷。对于内网出口路由器(广域网的接入路由器)，要求：配置 NAT 功能，使内网用户使用 200.1.1.3～200.1.1.6 这段地址访问互联网；将内网的 Web 服务发布到互联网上，使用内网地址为 192.168.13.254，公网地址为 200.1.1.7，并要求可以通过内网地址访问 Web 服务器；使用 ACL 防止冲击波病毒。网络拓扑图如图 4-3-1 所示。

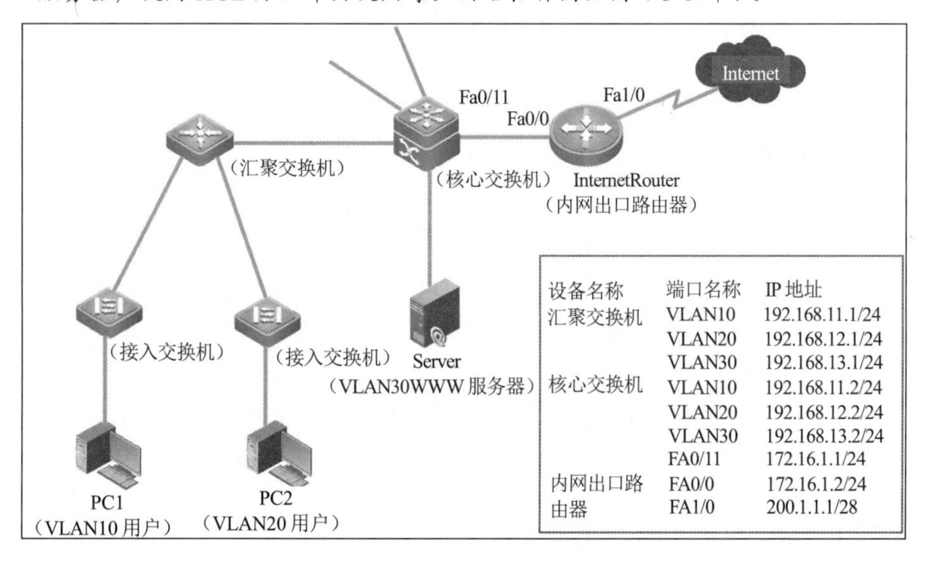

图 4-3-1 广域网接入模块的网络拓扑图

3. 技术原理

广域网接入技术是内部网络实现接入 Internet 的重要手段。本任务通过相应配置来实现 DDN 专线接入互联网，其中主要还是路由器的相关配置。

任务实施

01 配置接入路由器 InternetRouter 的各接口参数

对接入路由器 InternetRouter 的各接口参数的配置主要是对接口 F0/0 以及 S0/0 的 IP 地址、子网掩码的配置。

```
Reijie(config)# hostname InternetRouter
InternetRouter(Config)# interface fastethernet 0/0
InternetRouter(Config-if)# ip address 172.16.1.2 255.255.255.252
InternetRouter(Config-if)# no shutdown
InternetRouter(Config-if)# interface fastethernet 1/0
InternetRouter(Config-if)# ip address 200.1.1.1 255.255.255.240
InternetRouter(Config-if)# no shutdown
InternetRouter(Config)# no ip domain-lookup
```

02 配置接入路由器 InternetRouter 的路由功能

对接入路由器 InternetRouter 上需要定义两个方向上的路由，分别为到校园网内部的静态路由以及到 Internet 上的默认路由。

到 Internet 上的默认路由是一条缺省路由，其下一跳指定从本路由器的接口 fastethernet 1/0 送出。

```
InternetRouter(Config)# ip route 0.0.0.0 0.0.0.0 fastethernet 1/0
```

到校园网内部的静态路由（也可以汇总为一条路由，即

```
InternetRouter(Config)# ip route 192.16
InternetRouter(Config)# ip route 192.168.11.0
255.255.255.0 172.16.1.1
InternetRouter(Config)# ip route 192.168.12.0 255.255.255.0
172.16.1.1
InternetRouter(Config)# ip route 192.168.13.0 255.255.
255.0 172.16.1.1
```

03 配置接入路由器 InternetRouter 上的 NAT

由于目前 IP 地址非常稀缺，因此不可能给校园网内部的所有工作站都分配一个公有 IP（Internet 可路由的）地址。为了解决所有工作站访问 Internet 的需要，必须使用 NAT（网络地址转换）技术。

为了接入 Internet，本校园网向当地 ISP 申请了 6 个 IP 地址。其中一个 IP 地址 200.1.1.1 被分配给了 Internet 接入路由器的出口接口，另外 5 个 IP 地址 200.1.1.3～200.1.1.7 用作 NAT。NAT 的配置可以分为以下几个步骤。

（1）定义 NAT 内部、外部接口

```
InternetRouter(Config)# interface fastethernet 0/0
InternetRouter(Config-if)# ip nat inside
InternetRouter(Config-if)# interface fastethernet 1/0
InternetRouter(Config-if)# ip nat outside
```

（2）定义允许进行 NAT 的内部局部地址 IP 地址范围

```
InternetRouter(Config)# access-list 10 permit 192.168.11.0
 0.0.0.255
InternetRouter(Config)# access-list 10 permit 192.168.12.0
 0.0.0.255
InternetRouter(Config)# access-list 10 permit 192.168.13.0
 0.0.0.255
```

（3）定义允许进行 NAT 的内部全局地址 IP 地址范围，地址池名为：dflg

```
InternetRouter(Config)# ip nat pool dflg 200.1.1.3 200.1.1.6
netmask 255.255.255.0
```

（4）为服务器定义静态地址转换

```
InternetRouter(Config)# ip nat inside source static tcp
192.168.13.254 80 200.1.1.7 80
```

（5）为其他工作站定义复用地址转换

```
InternetRouter(Config)# ip nat inside source list 10 pool dflg overload
```

04 配置接入路由器 InternetRouter 上的 ACL

路由器是外网进入校园网内网的第一道关卡，是网络防御的前沿阵地。路由器上的访问控制列表是保护内网安全的有效手段。一个设计良好的访问控制列表不仅可以起到控制网络流量、流向的作用，还可以在不增加网络系统软件、硬件投资的情况下完成一般软、硬件防火墙产品的功能。

本实例中，我们将针对服务器以及内网工作站的安全要求给出广域网接入路由器上的 ACL 配置方案。

（1）对外屏蔽简单网管协议（SNMP）

远程主机可以利用这个协议监视、控制网络上的其他网络设备。简单网管协议有两种服务类型，分别为 SNMP 和 SNMPTRAP。

```
InternetRouter(Config)# access-list 101 deny udp any any eq snmp
InternetRouter(Config)# access-list 101 deny udp any any eq snmptrap
```

（2）对外屏蔽远程登录协议（Telnet）

Telnet 是一种不安全的协议类型。用户在使用 Telnet 登录网络设备或服务器时所使用的用户名和口令在网络中是以明文传输的，很容易被网络上的非法协议分析设备截获。其次，Telnet 可以登录到大多数网络设备和 Unix 服务器上，并可以使用相关命令完全操作它们。这是非常危险的，因此必须加以屏蔽。

```
InternetRouter(Config)# access-list 101 deny tcp any any eqtelnet
```

（3）对外屏蔽冲击波病毒

该病毒于 2002 年 8 月 12 日被瑞星全球反病毒监测网率先截获。冲击波病毒运行时会不停地利用 IP 扫描技术寻找网络上系统为 Windows 2000 或 XP 的计算机，找到后就利用 DCOM RPC 缓冲区漏洞攻击该系统，一旦攻击成功，病毒体将会被传送到对方计算机中进行传播，使系统操作异常、不停地重启、甚至导致系统崩溃。在 2002 年 8 月 16 日以后，该病毒还会使被攻击的系统丧失更新该漏洞补丁的能力。因此，必须进行如下设置来屏蔽该病毒。

```
InternetRouter(Config)# access-list 101 deny tcp any any eq 445
InternetRouter(Config)# access-list 101 deny tcp any any eq 593
InternetRouter(Config)# access-list 101 deny tcp any any eq 4444
InternetRouter(Config)# access-list 101 deny udp any any eq tftp
InternetRouter(Config)# access-list 101 deny udp any any eq 135
InternetRouter(Config)# access-list 101 deny tcp any any eq 135
```

（4）对外屏蔽其他不安全的协议或服务

这样的协议主要有 SUN 操作系统的文件共享协议端口 2049，远程执行（rsh），远程登录（rlogin），远程命令（rcmd）端口 512、513、514 和远程过程调用（SUNRPC）端口 111。

```
InternetRouter(Config)# access-list 101 deny tcp any any eq 512
InternetRouter(Config)# access-list 101 deny tcp any any eq 513
InternetRouter(Config)# access-list 101 deny tcp any any eq 514
InternetRouter(Config)# access-list 101 deny tcp any any eq 111
InternetRouter(Config)# access-list 101 deny udp any any eq 111
InternetRouter(Config)# access-list 101 deny tcp any any eq 2049
```

（5）针对 DOS 攻击的配置

DOS 攻击（Denial of Service，拒绝服务攻击）是一种非常常见的而且极具破坏力的攻击手段，它可以导致服务器、网络设备的正常服务进程停止，严重时会导致服务器操作系统崩溃。

```
InternetRouter(Config)# access-list 101 deny icmp any any eq
echo-request
InternetRouter(Config)# access-list 101 deny udp any any eq echo
InternetRouter(Config)# access-list 101 permit ip any any
InternetRouter(Config)# interface fastethernet 0/1
InternetRouter(Config-if)# ip access-group 101 in
```

05 保护路由器 InternetRouter 的自身安全

作为内、外网间屏障的路由器，保护自身安全的重要性也是不言而喻的。为了阻止黑客入侵路由器，必须对路由器的访问位置加以限制。我们已经在前面对外屏蔽了 Telnet，但是对内也应只允许具有权限的用户访问并配置路由器。这里，我们主要是通过配置路由器的 Console 口登录口令、Telnet 登录口令和特权用户口令的方式来保护路由器的。

```
InternetRouter(Config)# enable secret xxhua
InternetRouter(Config)# line con 0
InternetRouter(Config-line)# login
InternetRouter(Config-line)# exec-timeout 5 30
InternetRouter(Config-line)# password xiao
```

```
InternetRouter(Config-line)# line vty 0 15
InternetRouter(Config-line)# login
InternetRouter(Config-line)# exec-timeout 5 30
InternetRouter(Config-line)# password xxhua1682
```

相关知识

DDN（数字数据网），是由光纤、数字微波或卫星等数字传输通道和数字交叉复用设备组成，为用户提供高质量的数据传输通道，用来传送各种数据业务。数字数据网以光纤为中继干线网络。组成 DDN 的基本单位是节点，节点间通过光纤连接构成网状拓扑结构，用户的终端设备通过数据终端单元与就近的节点相连。

01 DDN 的优点

1）传输质量高，时延小，通信速率可以自主变化。

2）路由自动迂回，保证电路高可用率。

3）全透明传输，可支持数据、图像、语音等多媒体业务。

4）方便地组建虚拟网以建立自己的网管中心。

5）DDN 的主干传输为光纤传输，高速安全。

6）采用点对点或点对多点的专用数据线路，特别适用于业务量大、实时性强的用户。

7）网管中心能以图形化的方式对设备进行集中监控，电路的连接、测试、告警、路由迂回均由计算机自动完成，使网络管理智能化，减少不必要的人为错误。

02 DDN 的业务功能

（1）点对点通信

点对点技术即 P2P，是一种用于文件交换的对等网络技术，通过互联网建立分散的、动态的、匿名的逻辑网络。P2P 打破了传统的客户端/服务器（C/S）模式，没有客户端或服务器的概念，只有平等的同级节点，每个节点同时为网络上的其他节点充当客户端和服务器。

（2）点对多点通信

1）广播通信：主机同时向多个远程终端发送信息。适用于证券发布行情、信息发布、电子公告牌等。

2）轮询通信：多个远程终端通过争用轮询方式与主机通信，适用于各种会话式、查询式的远程终端与中心主机互连，如民航售票、银行储蓄网点等。

（3）语音传输

支持 64kPCM、32KADPCM 及 16kb/s、8kb/s 等语音传输，适用于需要远程热线通话或语音与数据复用传输的用户。

03 DDN 的应用范围

1）数据传输、图像传输、语音传输。

2）民航、火车站售票联网。

3）银行联网。

4）股市行情广播及交易。

5）信息数据库查询系统。

6）智能小区。

7）任何计算机联网通信。

04 DDN 专线上网业务

通过 DDN 专线接入 CHINANET，接入速率为 9.6kb/s～2Mb/s 或更高。专线入网线路稳定，并可获得真实的 Internet IP 地址，便于企业在互联网上建立网站、树立企业形象、服务广大客户。最常见的是用路由器通过 DDN 专线连入数据电信局端路由器。这种专线接入方式，ISP 一般会分配 16 个固定 Internet IP 给用户使用。入网后，网上的所有终端和工作站均可享用所有国际计算机互联网的服务。

任务小结

本任务主要完成了路由器中广域网模块的相应配置，从中学习了广域网接入路由器的相关知识，并且在路由器上完成了相应的配置，使整个校园网络顺利地接入 Internet。

练习测评

【实训名称】

锐捷路由器动态 NAPT 配置实验。

【实训内容】

某公司办公网需要接入互联网，公司只向 ISP 申请了一条专线，该专线分配了一个公网 IP 地址，现需对路由器进行配置，实现全公司的主机都能访问外网。

【实训目的】

1）理解 NAT 网络地址转换的原理及功能。

2）掌握路由器动态 NAPT 的配置，实现局域网内部所有主机在公网地址缺乏的情况下访问外部互联网。

【技术原理】

NAT 网络地址转换或网络地址翻译，是指将网络地址从一个地址空间转换为另一个地址空间的行为。NAT 将网络划分为内部网络和外部网络两部分，局域网主机利用 NAT 访问网络时，是将局域网内部的本地地址转换为全局地址（互联网合法的 IP 地址）后转发数据包。

NAT 分为两种类型：NAT（网络地址转换）和 NAPT（网络端口地址转换），NAT 实现转换后一个本地 IP 地址对应一个全局地址；NAPT 实现转换后多个本地 IP 地址对应一个全局地址。

【实训设备】

R1762 路由器（2 台）、PC（2 台）、直连线（2 条）、V.35 线（1 条）。

【网络拓扑图】

网络拓扑图如图 4-3-2 所示。

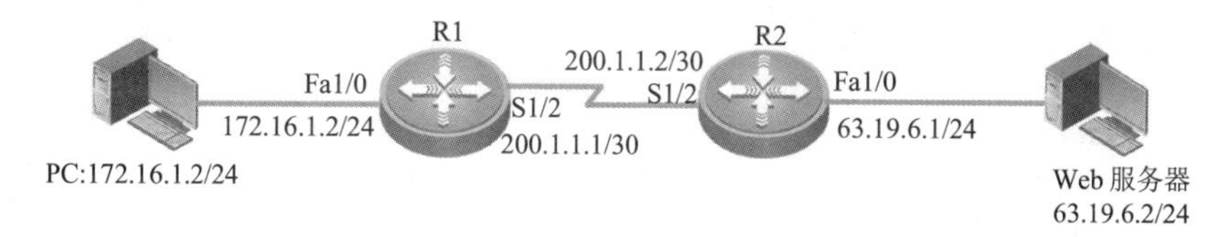

图 4-3-2 NAPT 配置实训的网络拓扑图

【实训步骤】

1）按拓扑图完成网络连接。

2）配置路由器 R1、R2 接口 IP 地址（使用串口线必须配置时钟）。

3）配置 R1、R2 缺省路由。

```
R1(config)# ip route 0.0.0.0 0.0.0.0 200.1.1.2
R2(config)# ip route 172.16.1.0 255.255.255.0 200.1.1.1
```

4）配置路由器的动态 NAPT。

```
R1(config)# interface fastethernet 1/0
R1(config-if)# ip napt inside
// 定义 F1/0 为内部网接口，将访问控制列表应用于接口
R1(config)# interface serial 1/2
R1(config-if)# ip napt outside
// 定义 S1/2 为外部网接口，将访问控制列表应用于接口
R1(config)# ip nat pool local1 200.1.1.1 200.1.1.1 netmask 255.255.255.0
//定义全局 IP 地址池，地址池名为 local1（包含开始地址-结束地址）
R1(config)# access-list 1 permit 172.16.1.0 0.0.0.255
// 定义访问控制列表，只允许 172.16.1.0 的主机实现地址转换
R1(config)# ip napt inside source list 1 pool local1 overload
// 为内部本地调用转换地址池，将地址池与访问控制列表绑定
```

5）测试。

① 在服务器 63.19.6.2 上配置 Web 服务。

② 在 PC 机 172.16.1.2 上测试访问 63.19.6.2 的网页。

③ 在路由器 R1 上查看 NAPT 映射关系。

```
R1# show ip nat translations
Pro Inside global     Inside local      Outside local     Outside global
Tcp 200.1.1.1:  2502  172.16.1.2:  2502  63.19.6.2:  80   63.19.6.2:  80
```

【思考】

在查看 NAPT 映射关系时，IP 地址后端口号是什么？该端口号有什么作用？

【注意事项】

1）不要把 inside 和 outside 应用的接口弄错。

2）要添加能使数据包向外转发的路由，比如默认路由。

3）尽量不要用广域网接口地址作为映射的全局地址。

读书笔记

5 项目五 无线局域网的安装与配置

项目说明

无线网络是利用无线电波作为信息传输媒介的无线局域网（WLAN），与有线网络的用途十分类似，最大的不同在于传输媒介的不同。无线网络利用无线电技术取代网线，可以和有线网络互为备份。在本项目中我们主要学习无线网络的四种模式和组建方式：

任务一　搭建自组网（Ad-Hoc）模式无线网络

任务二　搭建基础结构（Infrastructure）模式无线网络

任务三　搭建无线分布式（WDS）模式无线网络

任务四　搭建无线接入点客户端（Station）模式无线网络

技能目标

- 掌握自组网（Ad-Hoc）模式无线网络搭建。
- 掌握基础结构（Infrastructure）模式无线网络搭建。
- 了解无线分布式（WDS）模式无线网络搭建。
- 了解无线接入点客户端（Station）模式无线网络搭建。

任务一 搭建自组网（Ad-Hoc）模式无线网络

任务描述

1. 应用背景

使用三台笔记本通过无线网卡来组建 Ad-Hoc 模式的网络。

在没有无线接入点的情况下，可以通过无线网卡组建 Ad-Hoc 模式的无线网络，以实现设备之间的互联和资源的共享。

2. 网络拓扑

网络拓扑结构如图 5-1-1 所示。

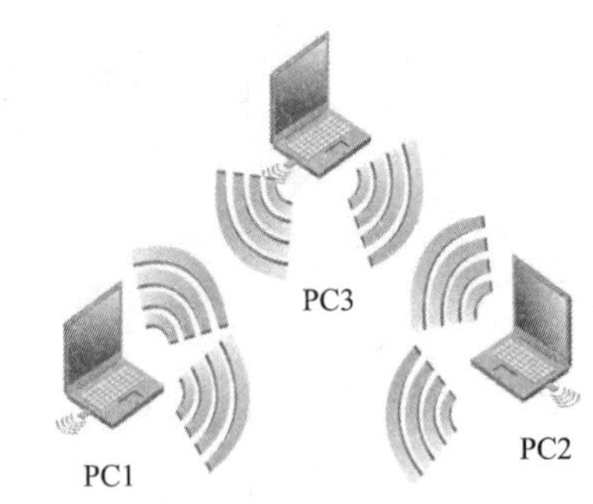

图 5-1-1 Ad-Hoc 无线组网拓扑图

3. 实验设备

RG-WG54U 3 块、PC 3 台。

4. 技术原理

自组网（Ad-Hoc）模式无线网络是一种省去了无线接入点而搭建起的对等网络结构，只要安装了无线网卡的计算机，彼此之间即可实现无线互联。由于省去了无线接入点，自组网（Ad-Hoc）模式无线网络的架设过程较为简单，但是传输距离相当有限，因此该种模式较适合满足一些临时性的计算机无线互联需求。

任务实施

01 配置 PC1，建立自组网（Ad-Hoc）模式无线网络

1）PC1 安装无线网卡 RG-WG54U 以及客户端软件 IEEE 802.11g Wireless LAN Utility。

2）打开 Windows“控制面板”，双击“网络连接”图标，如图 5-1-2 所示。

3）在打开的“网络连接”窗口中右键单击“无线网络连接”图标，在快捷菜单中选择“属性”命令，如图 5-1-3 所示，打开“无线网络连接 4 属性”对话框，如图 5-1-4 所示。

4）在“常规”选项卡中，双击“Internet 协议（TCP/IP）”选项，打开如图 5-1-5 所示对话框。

5）按如图 5-1-5 所示配置 PC1 的 IP 地址等信息。

6）双击桌面右下角任务栏图标，运行 Wireless LAN Utility，如图 5-1-6 所示。

7）在弹出的如图 5-1-7 所示的对话框中，打开“Configuration”选项卡，如图中所示配置自组网模式无线网络。

SSID：配置自组网模式无线网络名称（如“adhoc1”）。

Network Type：网络类型选择为“Ad-Hoc”。

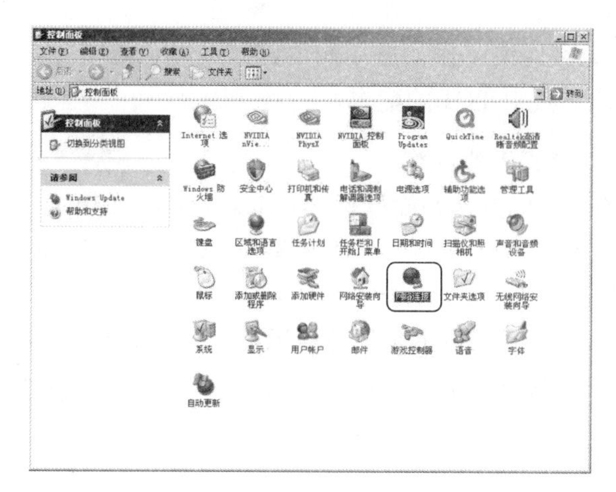
图 5-1-2　在“控制面板”中选择“网络连接”图标

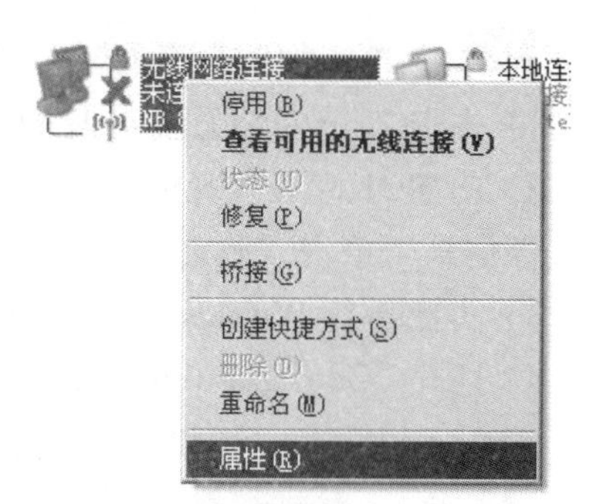

图 5-1-3　打开无线网络连接“属性”

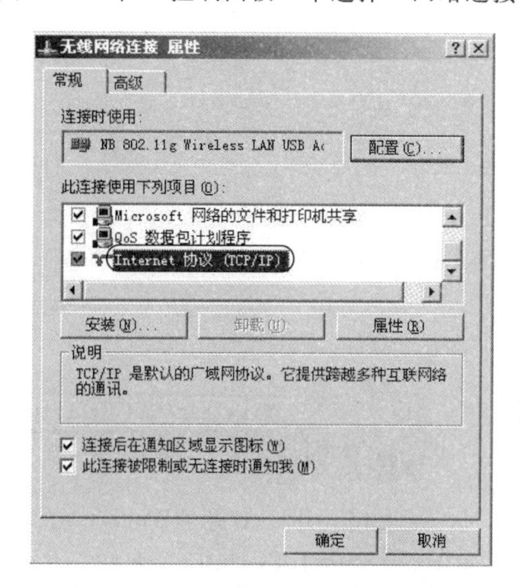

图 5-1-4　选择“TCP/IP”属性

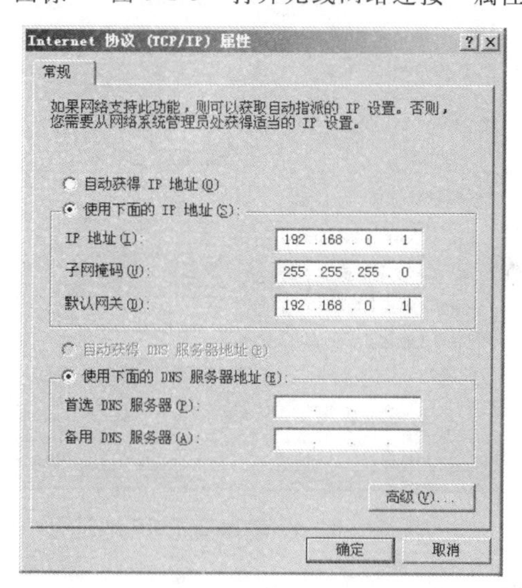

图 5-1-5　设置 PC1“TCP/IP”属性

图 5-1-6　单击“Wireless LAN Utility”图标

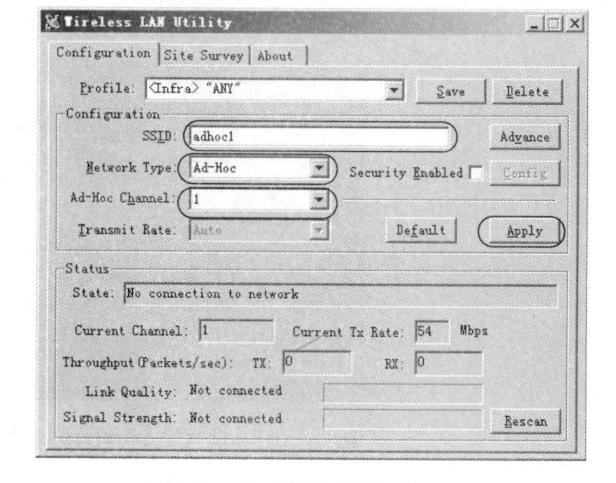

图 5-1-7　设置“Wireless LAN Utility”属性

Ad-Hoc Channel：选择自组网模式无线网络工作信道（如“1”）。

单击“Apply”按钮应用设置，至此完成对 PC1 的配置。

02 将 PC2 加入自组网（Ad-Hoc）模式无线网络

1）在 PC2 上安装无线网卡 RG-WG54U 以及客户端软件 Wireless LAN Utility。

2）与 PC1 配置步骤的 2～4 相同操作，在如图 5-1-8 所示配置 PC2 无线网卡的 IP 地址等信息；单击“确定”按钮完成设置。

3）再次运行 Wireless LAN Utility，双击桌面右下角任务栏图标，如图 5-1-9 所示。

4）打开“Configuration”选项卡，配置加入自组网模式无线网络，如图 5-1-10 所示。

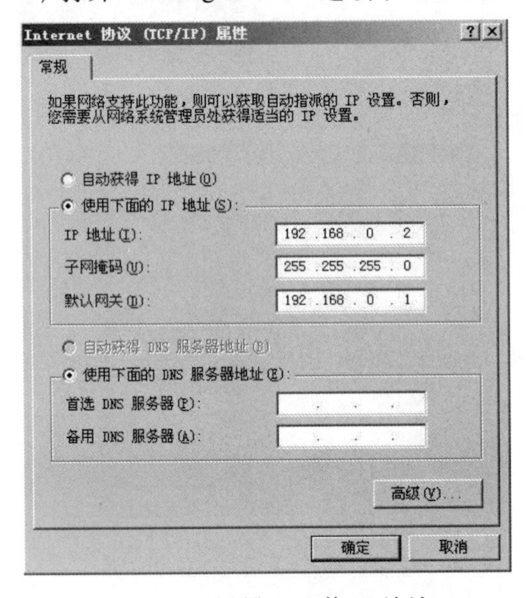

图 5-1-8　设置 PC2 的 IP 地址

图 5-1-9　打开“Wireless LAN Utility”图标

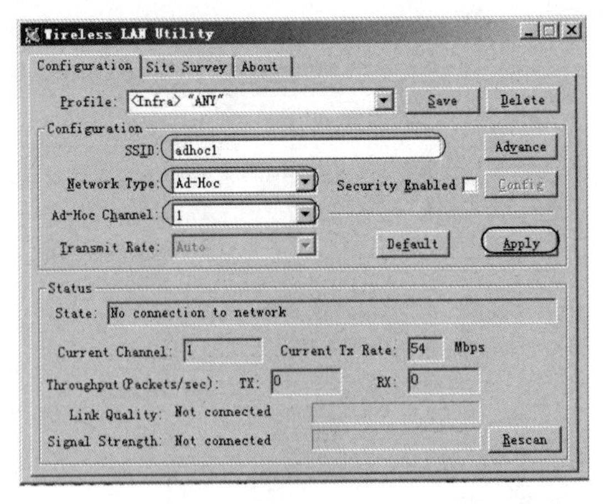

图 5-1-10　设置“Wireless LAN Utility”属性

SSID：配置自组网模式无线网络名称，与 PC1 保持一致。

Network Type：网络类型选择为“Ad-Hoc”。

Ad-Hoc Channel：选择自组网模式无线网络工作信道，与 PC1 保持一致。

单击“Apply”按钮应用设置，至此完成对 PC2 的配置。

验证测试

1）在 PC1 和 PC2 桌面右下角均可以看到无线网络连接状态为“已连接上”，如图 5-1-11 所示。

图 5-1-11　无线网络状态“已连接上”

2）查看 PC1 和 PC2 的 Wireless LAN Utility 状态，可以看到如图 5-1-12 所示信息。

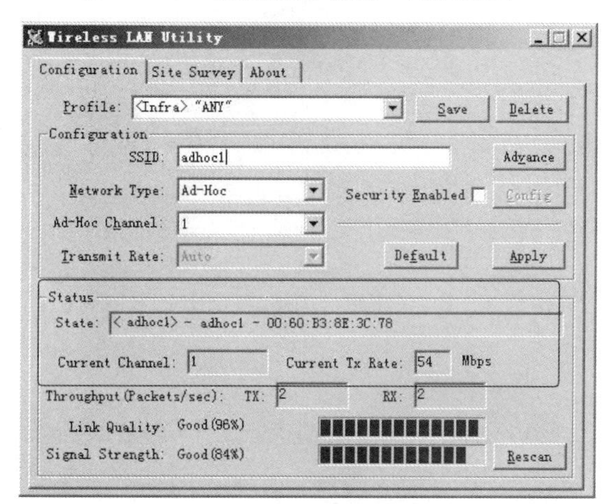

图 5-1-12　查看“Wireless LAN Utility”状态

3）执行 Ping 命令，可测试 PC1 与 PC2 能够相互连通。

03 将 PC3 加入自组网（Ad-Hoc）模式无线网络

1）在 PC3 上安装无线网卡 RG-WG54U 以及客户端软件 IEEE 802.11g Wireless LAN Utility。

2）与 PC1 配置步骤的 2～4 相同操作，在如图 5-1-13 所示配置 PC3 无线网卡的 IP 地址；单击“确定”按钮完成设置。

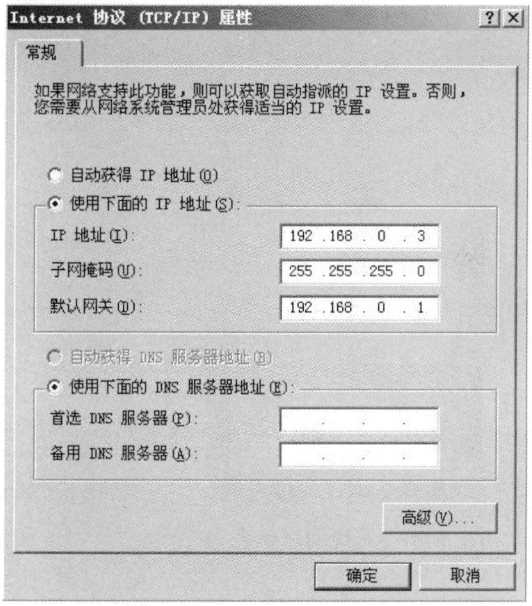

图 5-1-13　设置 PC3“TCP/IP”属性

3）再次双击桌面右下角任务栏图标，运行 Wireless LAN Utility，如图 5-1-14 所示。

图 5-1-14　打开“Wireless LAN Utility”图标

4）如图5-1-15所示，在“Configuration”页面，配置加入自组网（Ad-Hoc）模式无线网络。

SSID：配置自组网模式无线网络名称，与 PC1 保持一致。

Network Type：网络类型选择为“Ad-Hoc”。

Ad-Hoc Channel：选择自组网模式无线网络工作信道，与 PC1 保持一致。

单击“Apply”按钮应用设置，至此完成对 PC3 的配置。

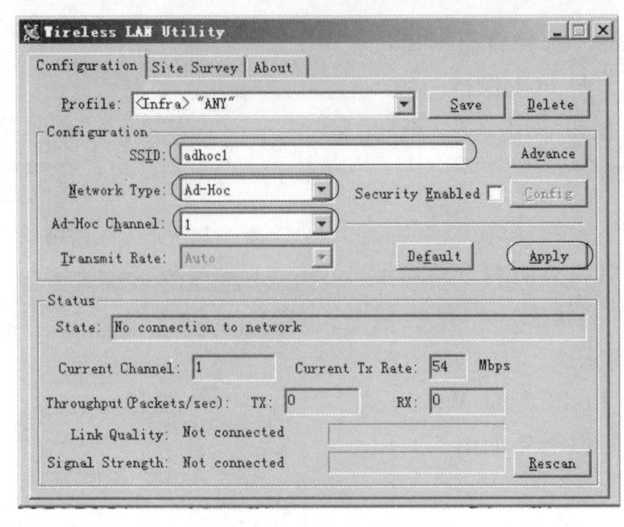

图 5-1-15 设置“WirelessLAN Utility”属性

验证测试

1）此时，在 PC1、PC2、PC3 桌面右下角均可以看到无线网络连接状态为“已连接上”，如图 5-1-16 所示。

2）在 PC1、PC2、PC3 的 Wireless LAN Utility 可以看到如图 5-1-17 所示信息。

3）执行 Ping 命令，测试 PC1、PC2、PC3 能够相互连通。

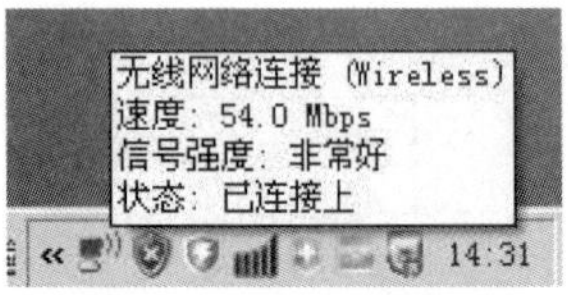

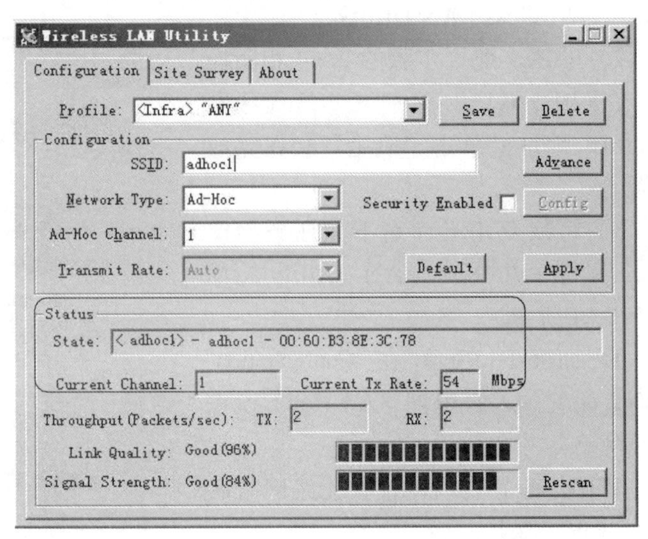

图 5-1-16 无线网络状态为“已连接上”

图 5-1-17 查看“ Wireless LAN Utility”设置信息

相关知识

Ad-Hoc 模式和直连双绞线概念一样，是 P2P 的连接，所以也就无法与其他网络沟通了。一般无线终端设备像 PMP、PSP、DMA 等用的就是 Ad-Hoc 模式。

组建家庭无线局域网时最简单的模式莫过于两台安装有无线网卡的计算机实施无线互联，其中一台计算机连接 Internet 就可以共享带宽。

Ad-Hoc 结构是一种省去了无线 AP 而搭建起的对等网络结构，只要安装了无线网卡的计算机，彼此之间即可实现无线互联。网络中的一台电脑主机建立点对点连接，相当于起到虚拟 AP 作用，而其他电脑就可以直接通过这个点对点连接进行网络互联与共享。

不过，一般的无线网卡在室内环境下传输距离通常只为 40m 左右，当超过此有效传输距离后，就不能实现彼此之间的通信，因此该种模式非常适合一些简单甚至是临时性的无线互联需求。

任务小结

本任务必须保证 PC1、PC2、PC3 的 IP 地址均已配置。保证 PC1、PC2、PC3 无线连接的 SSID 名、Ad-Hoc 信道设置相同。

任务二 搭建基础结构（Infrastructure）模式无线网络

任务描述

1. 应用背景

公司会议室的网络由于很久没有升级，一直用有线的方式接入网络，但最近的两次事情却让领导痛下决心改造老旧的会议室网络。一次是经理开会时想联网给大家展示点资料却发现网线都连在其他人的笔记本上正用着；另外一次是经理在会议室居然被地上该死的网线拌了一脚，差点没摔着。你作为公司的网络管理员马上想到了在会议室安装一个无线接入点让大家通过无线方式接入网络，这样既解决了使用交换机端口不足的问题，也改变了网线到处都是的混乱环境。

在有无线接入点的情况下，可以实现各客户端通过无线网卡连接到无线接入点的基础结构无线网络组网方式。

2. 网络拓扑

网络拓扑结构如图 5-2-1 所示。

图 5-2-1 Infrastructure 无线组网拓扑

3. 实验设备

RG-WG54U 2 块、RG-WG54P 1 台、PC2 台。

4. 技术原理

基础结构（Infrastructure）模式无线网络是最为常见的无线网络部署方式，无线客户端通过无线接入点接入网络，任意无线客户端之间通信需要通过无线接入点进行转发。AP 连接到有线网络，无线客户端通过 AP 与有线网络中的服务器、路由器或其他桌面机相连接。要加入到局域网，AP 和所有无线客户端都必须配置相同的 SSID。

与自组网（Ad-Hoc）模式无线网络相比，基础结构模式无线网络覆盖范围更广，网络可控性和可伸缩性更好。

任务实施

01 配置测试计算机 PC1，与无线接入设备 AP（RG-WG54P）相连接

1）用一根直通线将测试计算机 PC1 与无线接入设备 AP（RG-WG54P）供电模块的 Network 口相连。

2）打开 Windows“控制面板”，双击“网络连接”图标，打开“网络连接”窗口，如图 5-2-2 所示。

3）右键单击“本地连接”图标，选择“属性”命令，如图 5-2-3 所示。

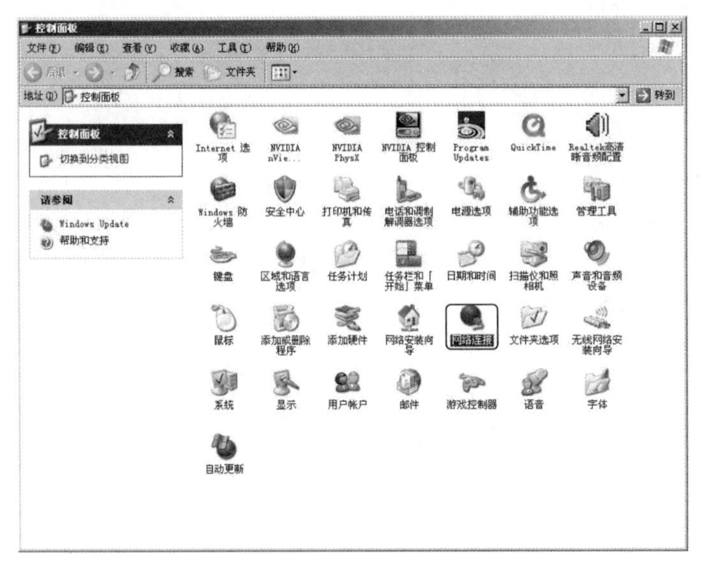

图 5-2-2 在“控制面板”打开“网络连接”

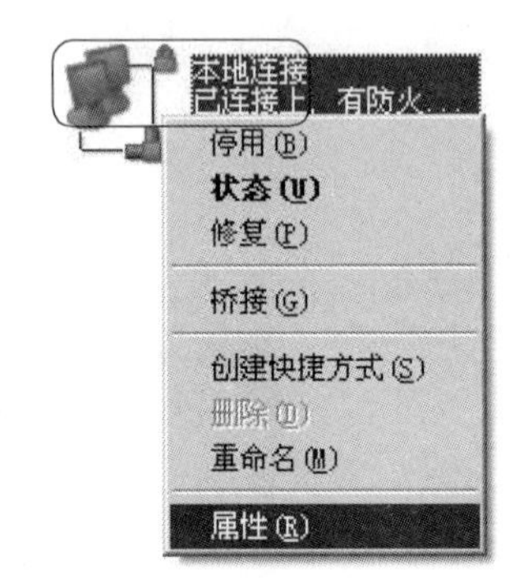

图 5-2-3 打开“本地连接”属性

4）打开“本地连接属性”对话框中的“常规”选项卡，双击“Internet 协议（TCP/IP）”选项，如图 5-2-4 所示。

5）配置测试计算机 PC1 本地连接的 TCP/IP 设置；单击“确定”按钮完成设置，如图 5-2-5 所示。

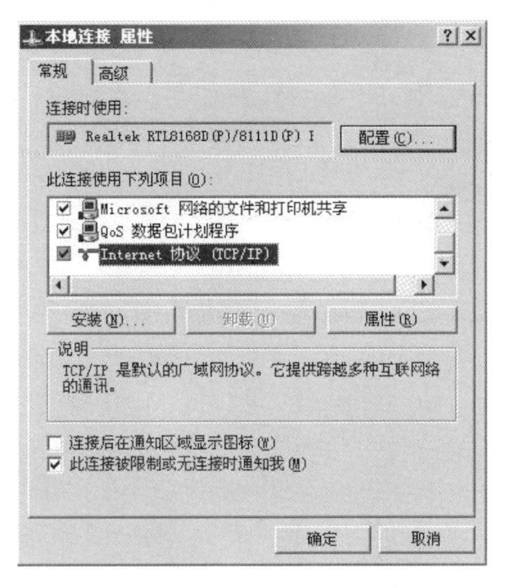

图 5-2-4 “TCP/IP”选项

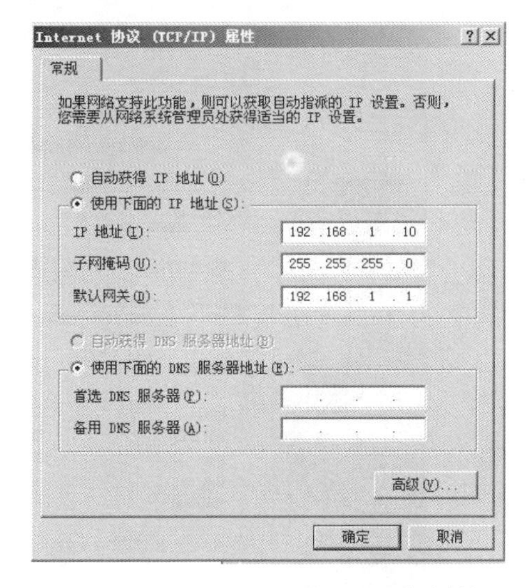

图 5-2-5 设置 PC1“TCP/IP”属性

验证测试

在测试计算机 PC1 命令行下输入“ipconfig”查看本地连接 IP 设置，配置如下：

```
IP Address. . . . . . . . . . . . . : 192.168.1.10
Subnet Mask . . . . . . . . . . . . : 255.255.255.0
Default Gateway . . . . . . . . . . : 192.168.1.1
```

02 配置无线接入设备 AP（RG-WG54P），搭建基础结构模式无线网络

1）测试计算机 PC1 登录无线接入设备 AP（RG-WG54P）管理页面（http://192.168.1.1，默认密码：default），如图 5-2-6 所示。

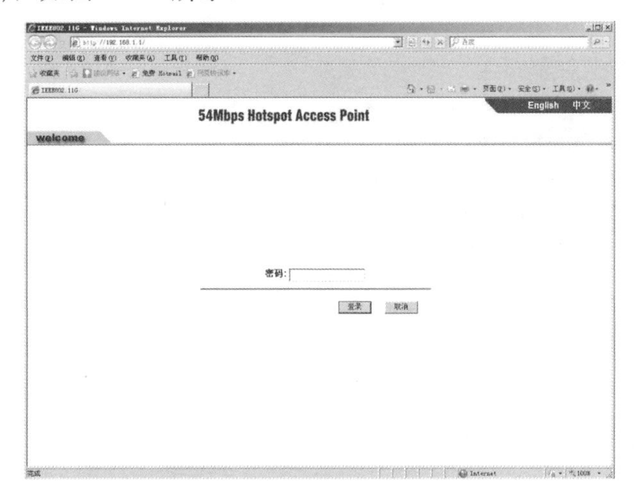

图 5-2-6 进入无线 AP 管理页面

2）配置 IEEE 802.11 参数，如图 5-2-7 所示。

ESSID：配置基础结构模式无线网络名称（如“labtest1”）；

信道/频段：选择基础结构模式无线网络工作信道（如“CH 6 / 2437MHz”）；单击“应用”按钮，完成无线接入点设置。

图 5-2-7 配置无线 AP 常规参数

03 配置测试计算机 PC2，加入基础结构模式无线网络

1）在测试计算机 PC2 安装无线网卡（RG-WG54U）以及客户端软件 Wireless LAN Utility。

2）配置 PC2 的 IP 地址，如图 5-2-8 所示。

3）运行 IEEE 802.11g Wireless LAN Utility，单击桌面右下角任务栏图标，如图 5-2-9 所示。

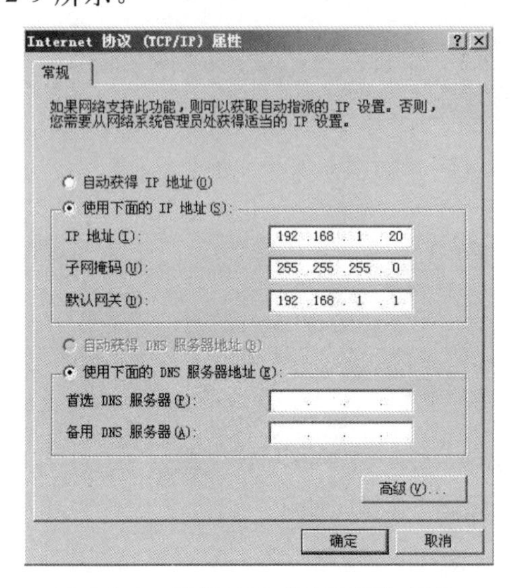

图 5-2-8 设置 PC2 “TCP/IP” 属性

图 5-2-9 打开 “Wireless LAN Utility” 图标

4）打开 “Configuration” 选项卡，如图 5-2-10 所示，配置 PC2，将其加入基础结构

模式无线网络。

SSID：配置基础结构模式无线网络名称，与无线接入设备 AP（RG-WG54P）上的配置保持一致。

Network Type：网络类型选择为“Infrastructure”。

如图 5-2-10 所示，单击“Advance”按钮应用设置，至此完成对测试计算机 PC2 的配置。也可以在“Site Survey”选项卡直接发现所搭建的基础结构模式无线网络，单击“Join”按钮即可加入网络，如图 5-2-11 所示。

选择 Wireless LAN Utility 配置软件的“Site Survey”选项卡，出现如图 5-2-11 所示信息。

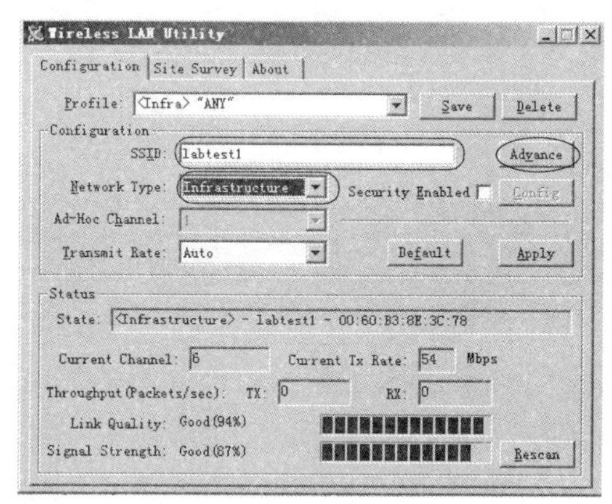

图 5-2-10　配置 PC2“Wireless LAN Utility”属性

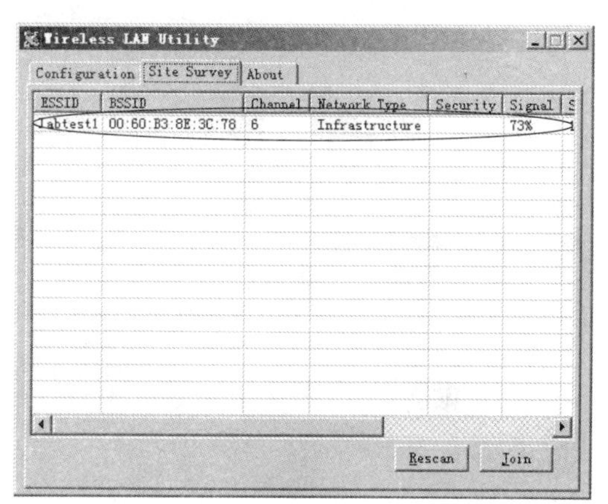

图 5-2-11　查看“Wireless LAN Utility”配置信息

验证测试

1）在查看测试计算机 PC2 的 Wireless LAN Utility 信息时，可以看到如图 5-2-12 所示信息。

2）用 Ping 命令测试 PC1、PC2 能够相互连通。

04 配置测试计算机 PC3，加入基础结构模式无线网络

1）在测试计算机 PC3 上安装无线网卡（RG-WG54U）以及客户端软件 Wireless LAN Utility。

2）如图5-2-13所示配置PC3无线网卡的IP地址；单击“确定”按钮完成设置。

3）双击桌面右下角任务栏图标，运行 Wireless LAN Utility，在打开对话框的 Configuration 选项卡中，按照如图 5-2-14 所示进行设置。

SSID：配置基础结构模式无线网络名称，与 RG-WG54P 上配置保持一致。

Network Type：网络类型选择为“Infrastructure”。

单击“Apply”应用设置，至此完成对测试计算机 PC3 的配置。

也可以在如图 5-2-15 所示的“Site Survey”选项卡中直接查找到所搭建的基础结构模式无线网络，单击“Join”按钮即可加入网络，如图 5-2-15 所示。

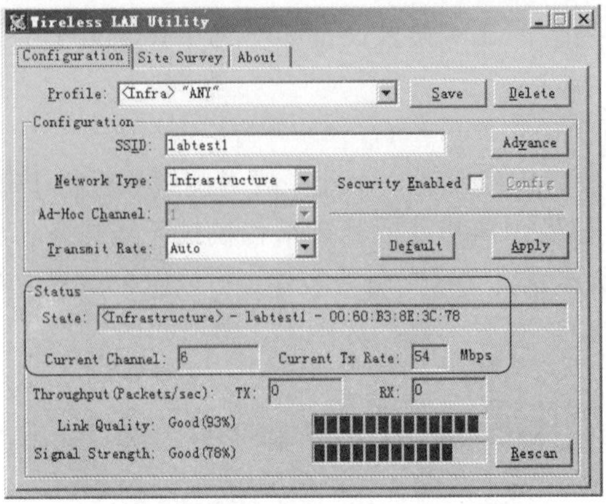

图 5-2-12 查看“Wireless LAN Utility”配置信息

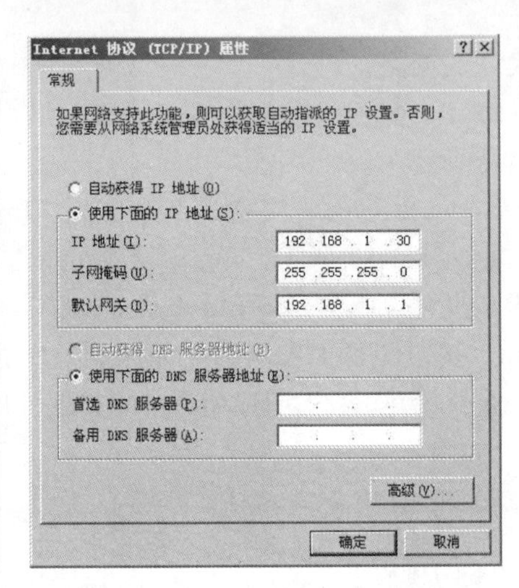

图 5-2-13 设置 PC2“TCP/IP”属性

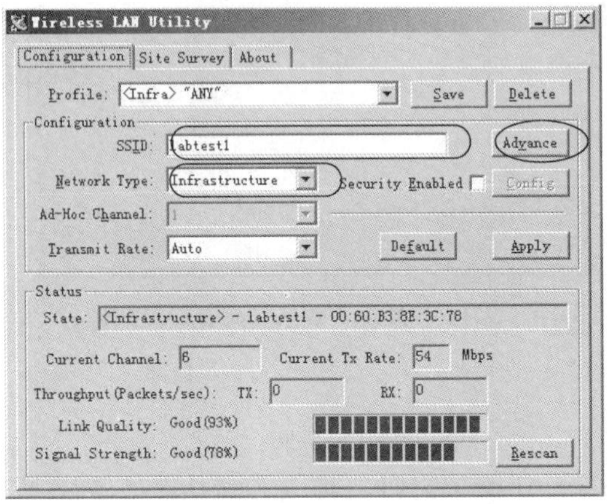

图 5-2-14 设置“Wireless LAN Utility”属性

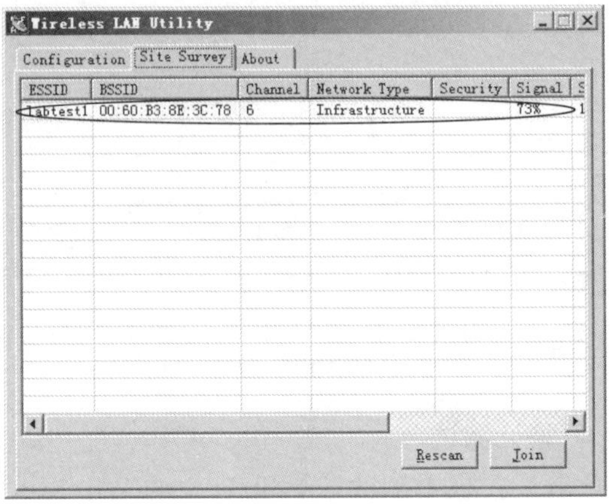

图 5-2-15 查看“Wireless LAN Utility”设置信息

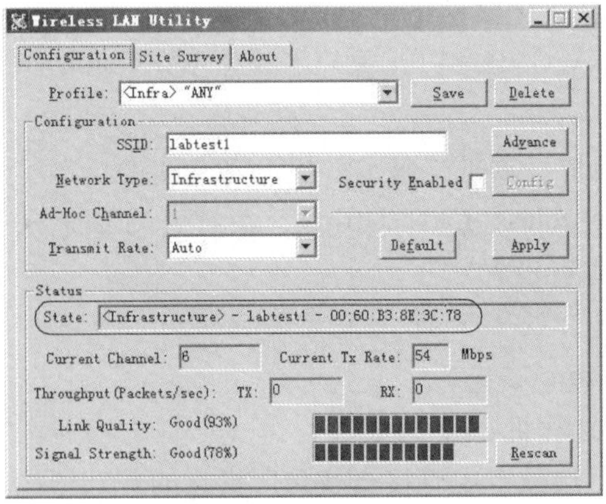

图 5-2-16 查看“Wireless LAN Utility”设置信息

验证测试

在测试计算机 PC3 的 Wireless LAN Utility 可以看到如下信息:

State: <Infrastructure> - [ESSID] – [无线接入点的 MAC 地址];

Current Channel: 基础结构模式无线网络工作信道，如图 5-2-16 所示。

相关知识

所谓基础结构模式是在一种整合有线与无线局域网架构的应用模式，与 Ad-Hoc 不同的是配备无线网卡的电脑必须通过 AP 来进行无线通信。设置后，无线网络设备就必须由 AP 来沟通。通过这种架构模式，即可实现网络资源的共享。

基础结构模式其实还可以分为“无线 AP—无线网卡”模式和“无线路由器—无线网卡“模式两种。

“无线 AP—无线网卡”模式中当网络中存在一个 AP 时，无线网卡的覆盖范围将变为原来的两倍，并且还可以增加无线局域网所容纳的网络设备。无线 AP 的加入，则丰富了组网的方式。但是无线 AP 的作用类似于有线网络中的集线器，只有单纯的无线覆盖功能。

“无线路由器—无线网卡”模式是现在很多家庭都在采用的无线组网模式。这种模式中的无线路由器拥有无线 AP 加路由的功能。这种无线网络可以做到一种“有线＋无线”的宽带混合网络。虽然无线网络很自由，但有时候还是会出现信号不好的情况，此时这种模式中的有线网络优势就突现出来了。

任务小结

本任务必须保证测试计算机 PC1、测试计算机 PC2、测试计算机 PC3 的 IP 地址均已配置；保证测试计算机 PC2、测试计算机 PC3 无线连接的 ESSID 设置与 AP 上设置相同。

任务三 搭建无线分布式（WDS）模式无线网络

任务描述

1. 应用背景

为实现每个办公室都能够通过无线的方式联网，除了在各个办公区域合理的范围内加装无线接入点外，还需在南北两个厂区之间的网络使用 AP 实现网络的桥接。

也就是说，在公司整个办公区域部署无线网络，各 AP 之间也是通过无线的方式连接，从而将整个公司网络连接在一起。

2. 网络拓扑

本任务网络拓扑如图 5-3-1 所示。

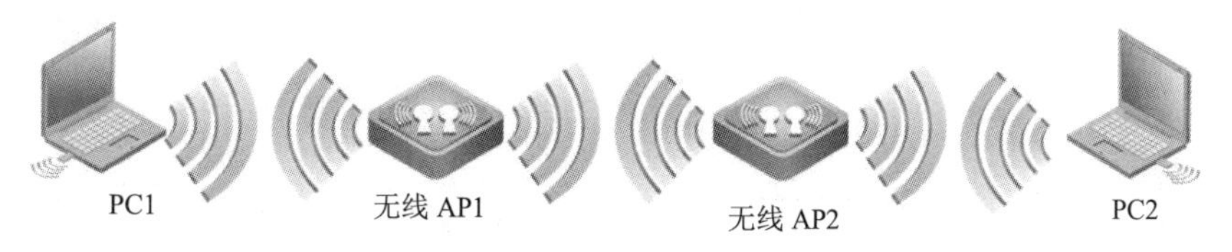

图 5-3-1 WDS 模式无线网络拓扑

3. 实验设备

无线接入设备 AP（2 台）、无线网卡（3 块）、测试计算机 PC（3 台）。

4. 技术原理

无线分布式系统（Wireless Distribution System，WDS）模式无线网络是一种为了扩展无线网络的范围，能够使无线接入点设备相互通信的技术。

无线分布式系统可区分为无线桥接与无线中继两种不同的应用。无线桥接的目的是为了连接两个不同的区域网络，桥接两端的 AP 通常只与对端 AP 通信，而不接受其他无线设备的连接，比如个人电脑；而无线中继的目的则是为了扩大同一区域无线网络的覆盖范围，中继用的 AP 在与对端 AP 通信的同时也接受其他无线设备的连接。

任务实施

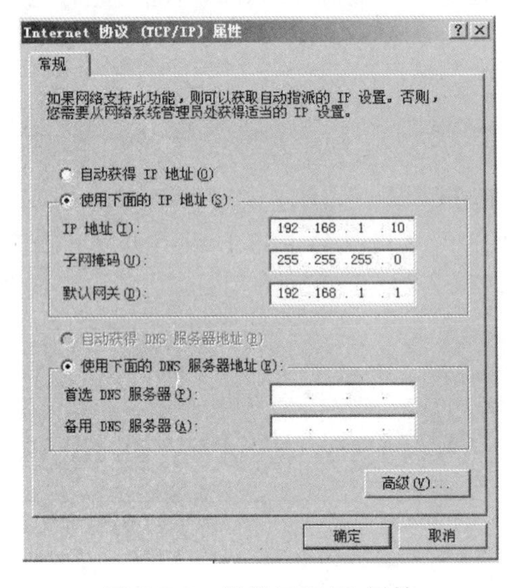

图 5-3-2 设置 TCP/IP 属性

01 配置测试计算机 PC1

1）用一根直通线将测试计算机 PC1 与 RG-WG54P.A 供电模块的 Network 口相连。

2）依照如图 5-3-2 所示的设置，配置 PC1 本地连接的 TCP/IP 属性。

验证测试

在测试计算机 PC1 命令行下输入“ipconfig”命令，查看本地连接 IP 设置，显示如下:

```
IP Address. . . . . . . . . . . . : 192.168.1.10
Subnet Mask . . . . . . . . . . . : 255.255.255.0
Default Gateway . . . . . . . . : 192.168.1.1
```

02 登录设备，配置管理地址，收集设备信息

1）测试计算机 PC1，登录无线接入设备 AP（RG-WG54P.A）管理页面(http://192.168.1.1，默认密码：default)，如图 5-3-3 所示。

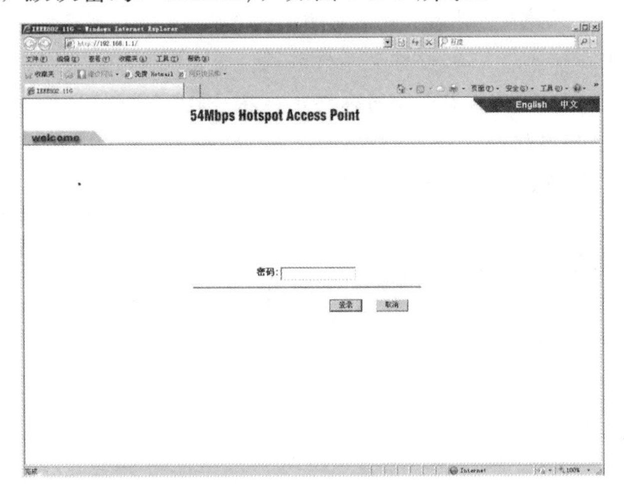

图 5-3-3 打开无线 AP 管理页面

2）查看版本信息常规，记录下无线接入设备 AP（RG-WG54P.A）的 MAC 地址，如图 5-3-4 所示。

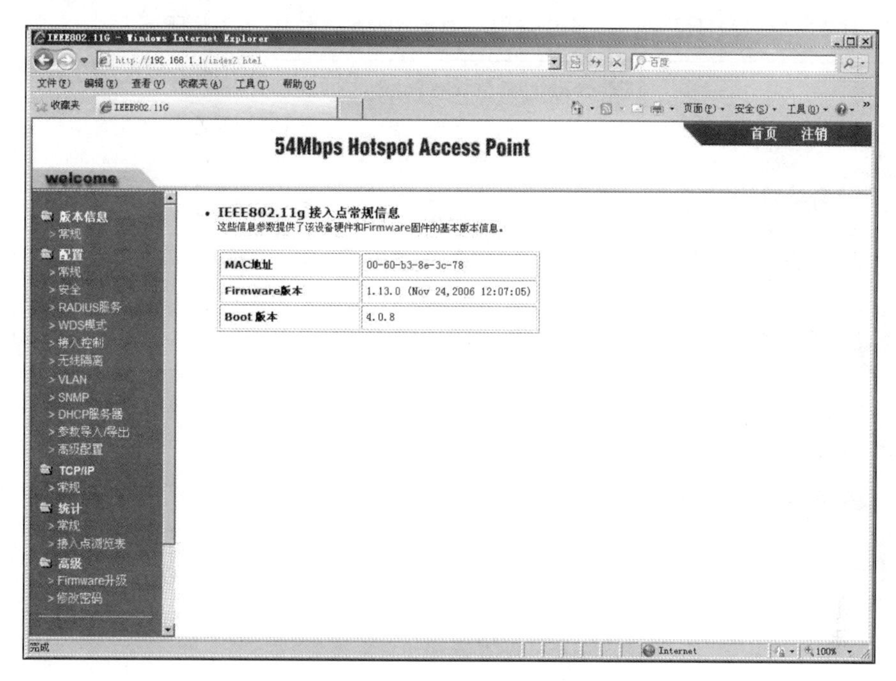

图 5-3-4　查看无线 AP 的 MAC 地址

3）测试计算机 PC1 登录无线接入设备 AP(RG-WG54P.B)管理页面(http://192.168.1.2，默认密码：default)。

4）查看版本信息常规，记录下无线接入设备 AP（RG-WG54P.B）的 MAC 地址。

5）打开 TCP/IP 常规选项，将无线接入设备 AP（RG-WG54P.B）的管理地址修改为 192.168.1.2，如图 5-3-5 所示。

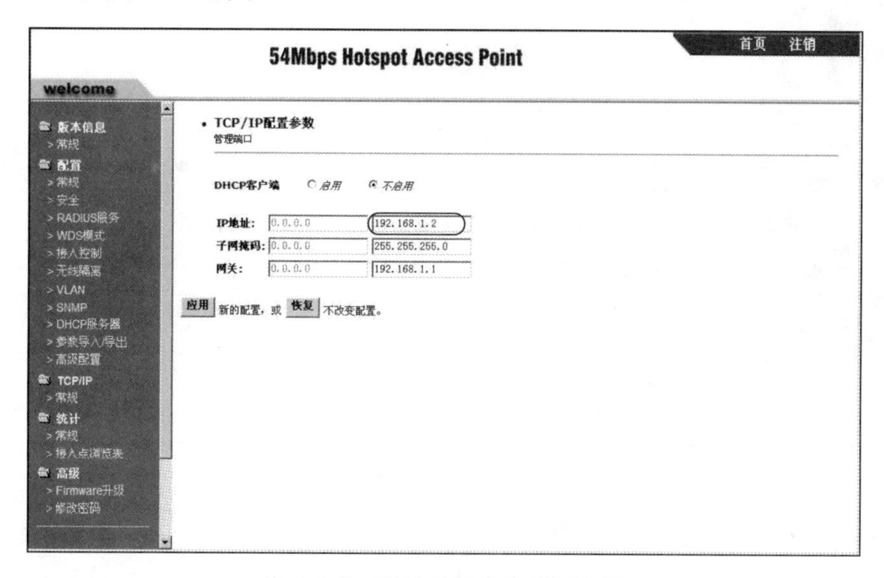

图 5-3-5　设置无线 AP 常规设置

03 配置无线接入设备 AP（RG-WG54P.A），搭建无线分布式系统模式无线网络

1）配置 IEEE 802.11 参数：无线网络名称 ESSID 为 wdstest1，选择无线网络工作信道（如“CH 6 / 2437MHz”），单击“应用”按钮确认，如图 5-3-6 所示。

图 5-3-6　设置无线 AP 常规参数

2）配置 WDS 模式，配置 WDS 模式相关参数；勾选“手动”方式；Remote MAC 地址 1：输入对端 AP，即无线接入设备 AP（RG-WG54P.B）的 MAC 地址，单击“应用”，如图 5-3-7 所示。

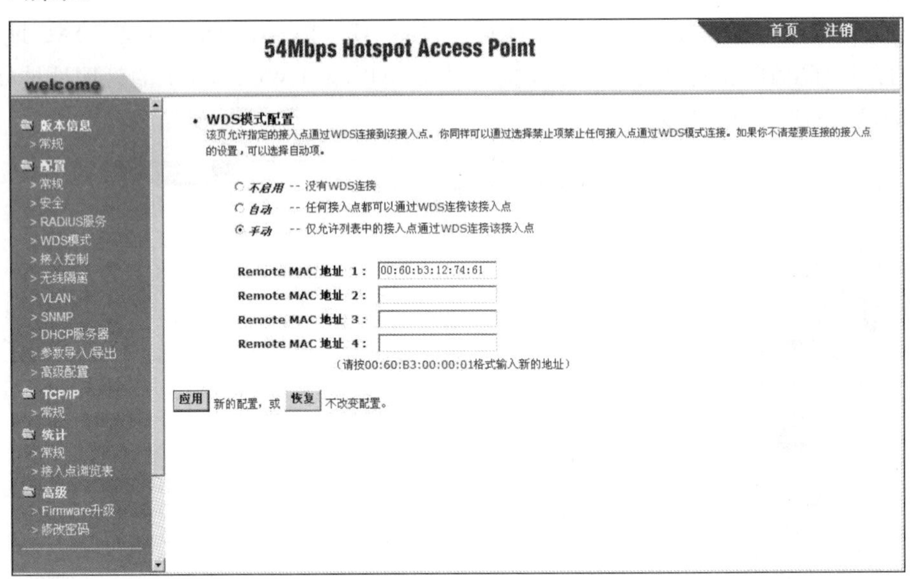

图 5-3-7　配置 AP 的 MAC 地址

04 配置无线接入设备 AP（RG-WG54P.B），搭建无线分布式系统模式无线网络

1）配置 TCP/IP 常规参数。配置 IEEE 802.11 参数；配置无线网络名称为 ESSID wdstest2

选择无线网络工作信道，此处配置需要与 RG-WG54P.A 保持一致为 CH 6 / 2437MHz；单击“应用”按钮确认，如图 5-3-8 所示。

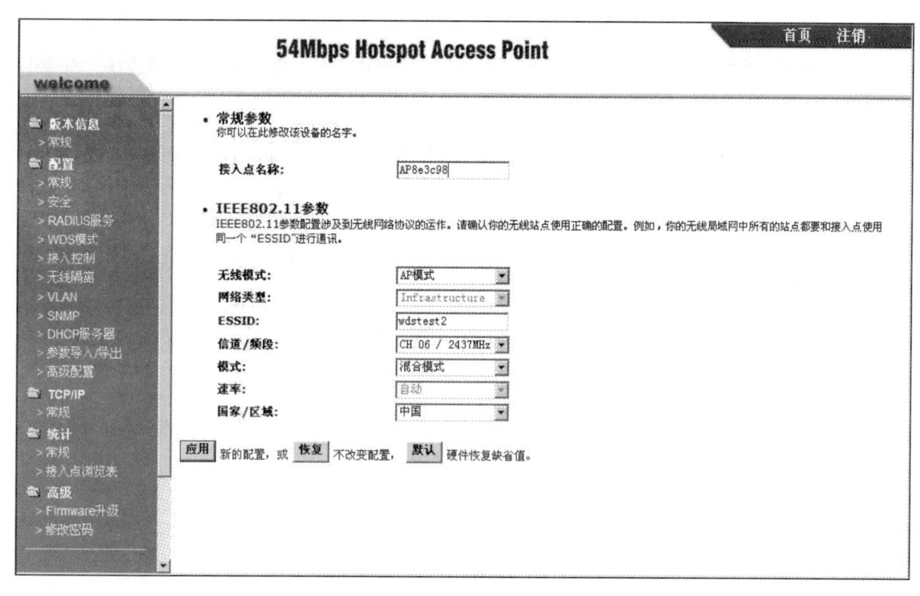

图 5-3-8　设置无线 AP 常规参数

2）配置 WDS 模式，配置 WDS 模式相关参数；勾选“手动”方式；Remote MAC 地址 1：输入对端 AP，即无线接入设备 AP（RG-WG54P.A）的 MAC 地址，单击“应用”按钮确认，如图 5-3-9 所示。

图 5-3-9　设置无线 AP 常规参数

3）至此无线分布式系统无线网络搭建完成，将测试计算机 PC1 通过有线链路与无线接入设备 AP（RG-WG54P.A）相连。

05 配置测试计算机 PC2，将其加入无线分布式系统模式无线网

1）在测试计算机 PC2 安装无线网卡（RG-WG54U）以及客户端软件 Wireless LAN Utility。

2）配置测试计算机 PC2 无线网卡的 IP 地址。IP 地址为 192.168.1.20，子网掩码：255.255.255.0，默认网关：192.168.1.1。

3）在 Wireless LAN Utility 管理对话框的“Site Survey”选项卡中查看到所搭建的无线分布式系统模式无线网络，单击“Join”按钮，将 PC2 加入无线接入设备 AP（RG-WG54P.A）提供的无线网络 wdstest1 中，如图 5-3-10 所示。

验证测试

1）在测试计算机 PC2 的 Wireless LAN Utility 管理对话框中可以看到如下信息：

State：<Infrastructure> - [ESSID] – [无线接入点的 MAC 地址]；

Current Channel：无线分布式系统（WDS）模式无线网络工作信道，如图 5-3-11 所示。

2）执行 Ping 命令，测试到 PC1 与 PC2 能够相互连通。

06 配置 PC3，将其加入无线分布式系统模式无线网络

1）在 PC3 安装无线网卡（RG-WG54U）以及客户端软件 IEEE 802.11g Wireless LAN Utility。

2）配置 PC3 无线网卡的 IP 地址为 192.168.1.30，子网掩码为 255.255.255.0，默认网关为 192.168.1.2。

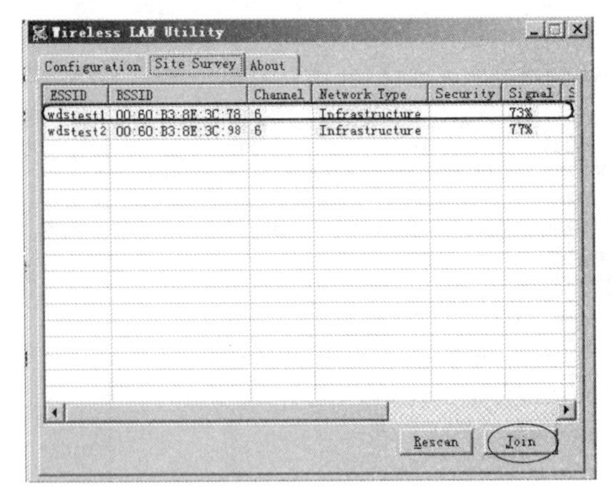

图 5-3-10 查看“IEEE 802.11g Wireless LAN Utility”设置信息

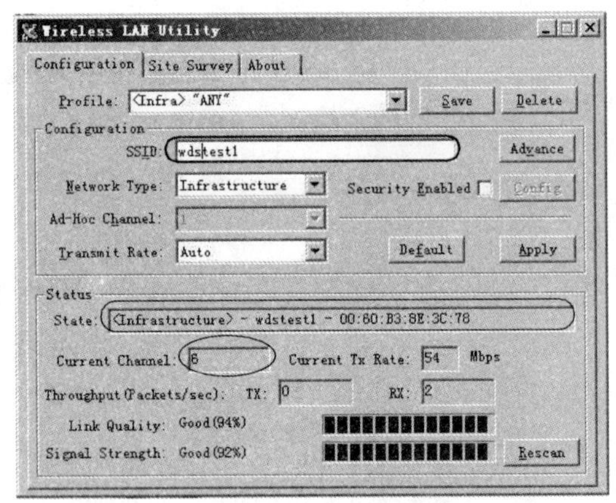

图 5-3-11 设置“IEEE 802.11g Wireless LAN Utility”属性

3）在如图 5-3-12 所示的“Site Survey”选项卡中可查看到所搭建的无线分布式系统模式无线网络，单击“Join”按钮，将 PC3 加入无线接入设备 AP（RG-WG54P.B）提供的无线网络 wdstest2。

验证测试

1）在 PC3 的 IEEE 802.11g Wireless LAN Utility 管理对话框中可以看到如下信息：

State: <Infrastructure> - [ESSID] – [无线接入点的 MAC 地址];

Current Channel: 无线分布式系统（WDS）模式无线网络工作信道，如图 5-3-13 所示。

2）执行 Ping 命令，测试 PC1、PC2 与 PC3 相互之间的连通性。

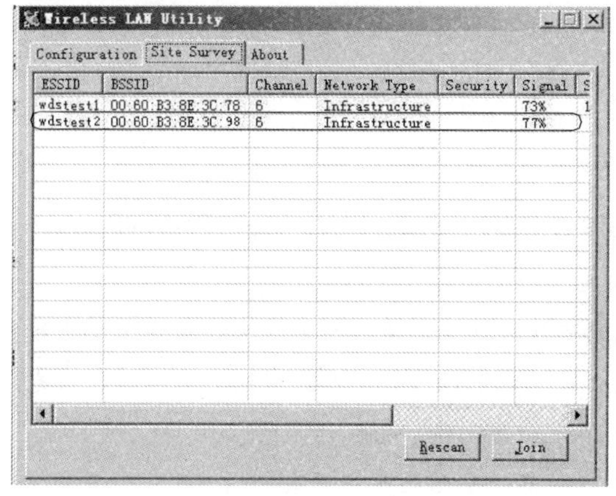

图 5-3-12 查看“IEEE 802.11g Wireless LAN Utility”设置信息

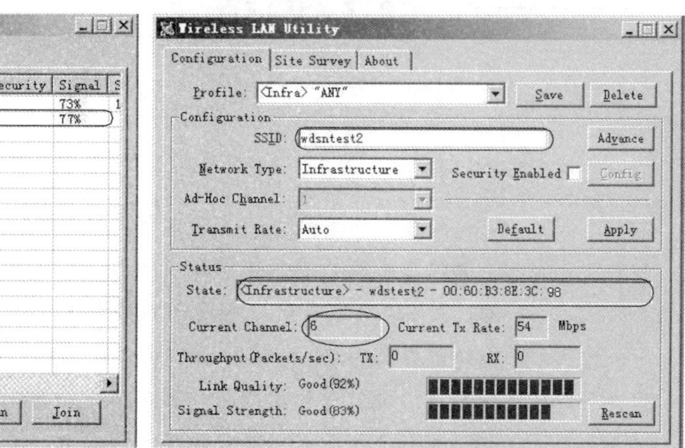

图 5-3-13 设置“IEEE 802.11g Wireless LAN Utility”属性

相关知识

WDS（Wireless Distribution System，无线分布式系统）可让基地台与基地台间得以沟通，比较不同的是有 WDS 的功能是可当无线网路的中继器，且可多台基地台对一台，目前有许多无线基台都有 WDS。

WDS 把有线网络的资料，透过无线网络当作中继架构来传送，借此可将网络资料传送到另外一个无线网络环境，或者是另外一个有线网络。WDS 最少要有两台同功能的 AP，最多数量则要由厂商设计的架构来决定。

简单地说，就是 WDS 可以让无线 AP 之间通过无线进行桥接（中继），同时不影响其无线 AP 覆盖的功能。

任务小结

本任务实施时必须保证 PC1、PC2 与 PC3 的 IP 地址均已配置；保证无线接入设备 AP（RG-WG54P.A）和 AP（RG-WG54P.B）工作信道相同；保证无线接入设备 AP（RG-WG54P.A）和 AP（RG-WG54P.B）正确指定了对端 MAC 地址。

任务四 搭建无线接入点客户端(Station)模式无线网络

任务描述

1. 应用背景

公司仓库中有一些货物会对无线电波造成干扰，所以仓管部门使用的计算机不能使用无线的方式接入公司网络。但由于仓库离公司最近的交换机超过了100米，于是你决定在仓库中没有电磁干扰的地方安装一个无线接入点作为客户端接入公司办公网络，仓管部门的几台计算机则通过使用双绞线的方式连接到该无线接入点，实现仓管部门的计算机接入公司网络。

在公司整个办公区域部署无线网络，令无线网络中某一AP充当一块无线网卡的角色，实现有线网络与无线网络的连接，从而将整个公司网络连接在一起。

2. 网络拓扑

网络拓扑图如图5-4-1所示。

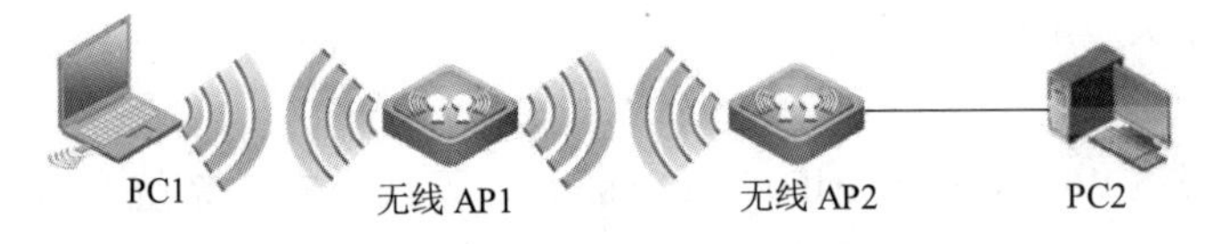

图5-4-1　无线网络拓扑图

3. 实验设备

RG-WG54U 1块、RG-WG54P 2台、PC 2台。

4. 技术原理

在一个无线网络覆盖的区域，如果有一台或者多台客户机没有无线网卡，此时可以使用无线接入点的客户端工作模式将客户机接入无线网络。

顾名思义，工作在客户端模式下的无线接入点设备就如同一块无线网卡。配置其接入无线网络之后，所有通过无线接入设备AP的有线端口与其相连的客户机都可以访问网络。

任务实施

01 配置PC1

1）用一根直通线将PC1与无线接入设备RG-WG54P.A供电模块的Network口相连。

2）依照图5-4-2所示PC1本地连接的TCP/IP属性，单击“确定”按钮完成设置。

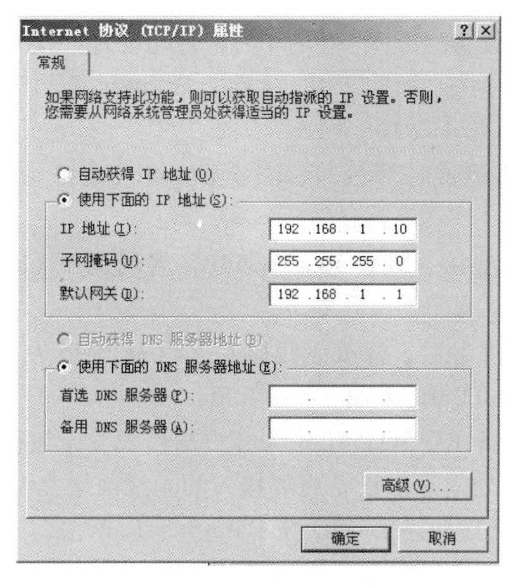

图 5-4-2　设置 PC1 的 TCP/IP 属性

验证测试

在 PC1 命令行下输入 ipconfig 命令，查看本地连接 IP 设置，显示如下:

```
IP Address. . . . . . . . . . . . : 192.168.1.10
Subnet Mask . . . . . . . . . . . : 255.255.255.0
Default Gateway . . . . . . . . . : 192.168.1.1
```

02 配置无线接入设备 AP（RG-WG54P.A），搭建基础结构模式无线网络

1）在 PC1 上登录无线接入设备 RG-WG54P.A 管理页面（http://192.168.1.1，默认密码: default）。

2）配置 IEEE 802.11 参数。

配置基础结构模式无线网络名称 ESSID 为“stationtest1”。

选择基础结构模式无线网络工作信道为 CH 11 / 2462MHz。

单击“应用”按钮，完成无线接入点设置，如图 5-4-3 所示。

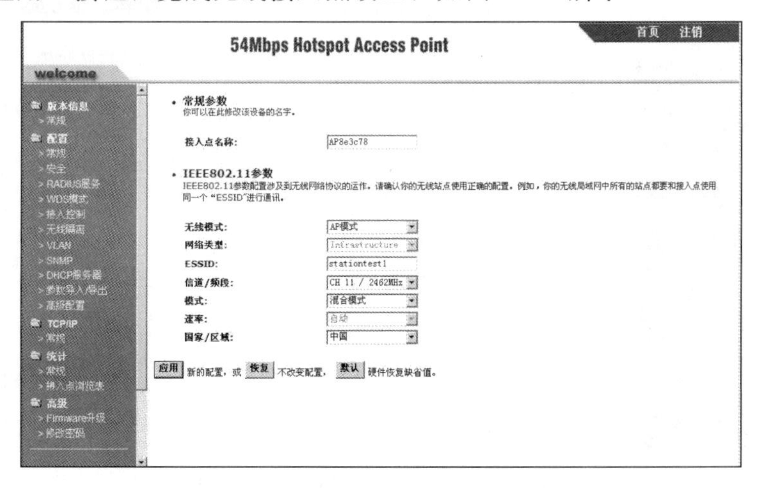

图 5-4-3　设置无线 AP1 常规属性

03 配置无线接入设备 RG-WG54P.B 为客户端模式，接入无线网络

1）配置 PC2 无线网卡的 TCP/IP 属性。IP 地址为 192.168.1.20，子网掩码为 255.255.255.0，默认网关为 192.168.1.1。

2）用一根直通线将测试计算机 PC2 与无线接入设备 RG-WG54P.B 供电模块的 Network 口相连。

3）在 PC2 上登录无线接入设备 RG-WG54P.B 管理页面（http://192.168.1.2，默认密码：default）。

4）设置 TCP/IP 常规参数，修改无线接入点的 IP 地址为 192.168.1.2，子网掩码为 255.255.255.0，网关为 0.0.0.0，如图 5-4-4 所示。

5）配置无线接入设备 RG-WG54P.B 为客户端模式，无线模式：Station 模式；网络类型：Infrastructure（此处需选择设备将要接入的无线网络类型）；输入在无线接入设备 RG-WG54P.A 所配置的无线网络 ESSID 为 stationtest1，单击“应用”按钮确定，如图 5-4-5 所示。

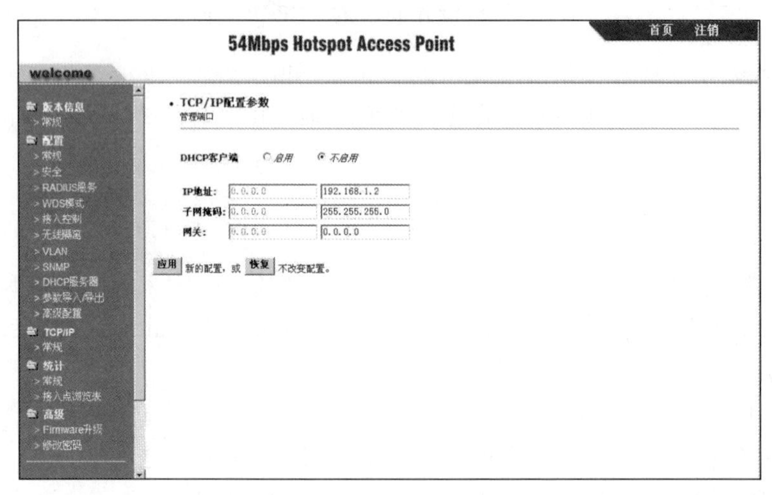

图 5-4-4 设置无线 AP2 常规属性

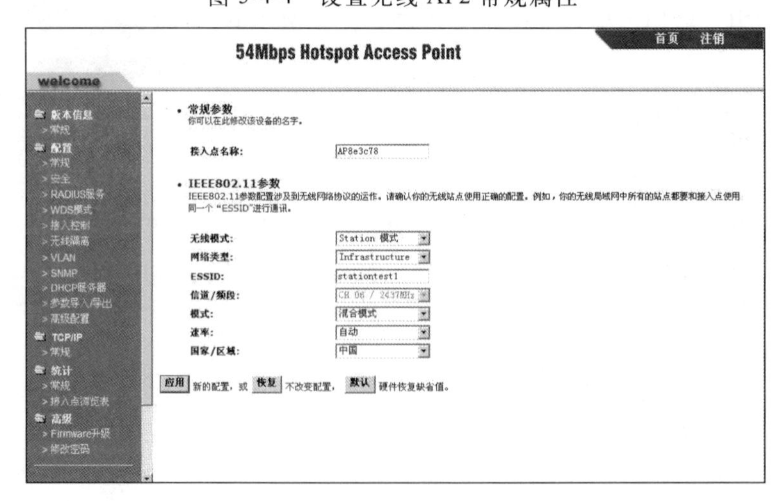

图 5-4-5 设置无线 AP2 常规属性

6）统计接入点浏览表，可以查看到无线接入设备 RG-WG54P.A 的无线网络，选择之后单击“连接”，如图 5-4-6 所示。

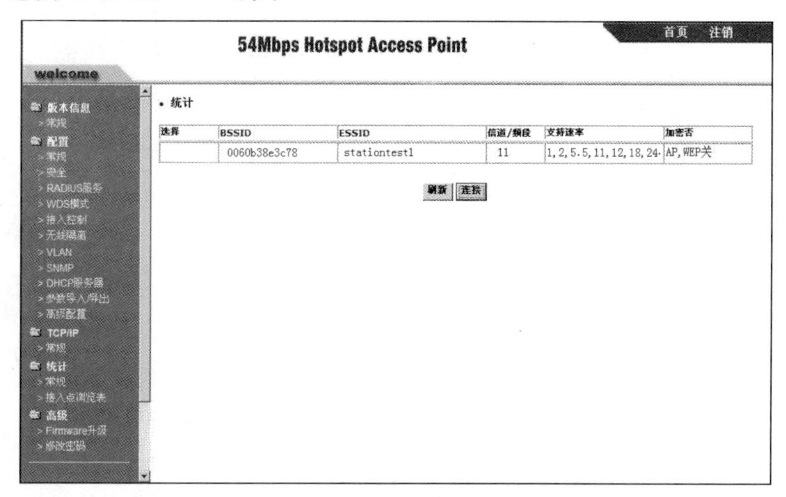

图 5-4-6　查看无线 AP1 的设置信息

验证测试

在 PC2 上执行 ping 命令，验证到 PC2 能够连通 PC1，可见无线接入设备 RG-WG54P.B 已经接入无线接入设备 RG-WG54P.A 的无线网络。

相关知识

无线客户端模式也称为主从模式。在此模式下工作的 AP 会被主 AP 看作是一台无线客户端，其地位就和无线网卡相同。

在此无线网络搭建模式中，两台无线设备起着不同的作用，担当着不同的角色。无线设备 A 向上连接宽带线路，向下通过所支持的局域网标准与终端用户实现有线或无线连接。此时无线设备 A 既可以是一个无线路由器，也可以是一个无线接入器。

无线 AP 作为一台无线客户端设备，向下连接交换机，再通过有线方式连接最终用户，不能直接通过无线模式与客户终端连接。对于无线设备 A 来说，无线 AP 就是一台终端用户设备。通过这种方案配置，提高了两台无线 AP 的使用率与用户数量，可满足多用户的无线互联与接入 Internet 的需求。

任务小结

本任务必须保证 PC1 与 PC2 的 IP 地址均已配置。

读书笔记

6 项目六 无线局域网的安全与配置

项目说明

时至今日，无线网络越来越普及，主流配置的笔记本、电脑、手机、PDA 等设备都具备了蓝牙和 Wi-Fi 无线功能。无线办公越来越贴近我们的生活，但作为普通用户来说，并不知道如何连接和设置无线网络，即便是连接好了，在无线网络中注注遇到一些病毒的攻击，所以无线网络的安全性也显淂尤为重要。本项目介绍了三种无线网络的安全设置方式，希望通过这几种基本方式的讲解能让读者了解和掌握无线网络安全的基本设置。

任务一　配置 SSID 隐藏

任务二　配置 MAC 地址过滤

任务三　配置无线网络中的 WEP 加密

技能目标

- 配置 SSID 隐藏。
- 配置 MAC 地址过滤。
- 无线网络中的 WEP 加密。

任务一 配置 SSID 隐藏

任务描述

1. 应用背景

自从公司网络实施无线网络方案以来，经常发现有些接入网络的计算机不属于公司，这给公司的网络安全和信息安全带来了很大的隐患。于是决定使用 SSID 隐藏技术将公司无线 AP 的 SSID 隐藏起来，这样就可以保护到公司的网络不被非公司的计算机接入，从而避免不必要的麻烦。

2. 网络拓扑

网络拓扑图如图 6-1-1 所示。

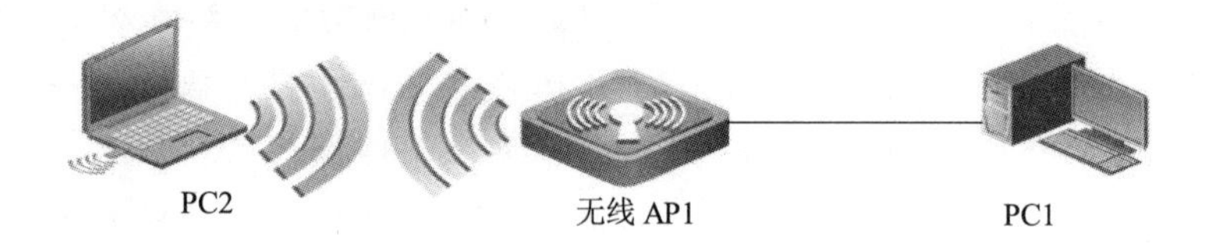

图 6-1-1　SSID 隐藏网络拓扑图

3. 实验设备

RG-WG54P 1 台、RG-WG54U 1 块、PC 2 台。

4. 技术原理

SSID（Service Set Identifier）也即 ESSID，用来区分不同的无线网络，名称中最多可以有 32 个字符，无线网卡设置了不同的 SSID 就可以进入不同的无线网络。

SSID 通常由 AP 广播出来，通过无线客户端查看当前区域可用的无线网络。但是在无线网络中，出于安全考虑可以不广播 SSID，此时无线客户端需要手工设置 SSID 才能进入相应的网络。

任务实施

01 配置 PC1 与 RG-WG54P 相连接

1）配置 PC1 本地连接的 TCP/IP 属性，IP 地址为 192.168.1.10，子网掩码为 255.255.255.0，默认网关为 192.168.1.1。单击“确定”按钮完成设置，如图 6-1-2 所示。

2）验证测试。

在 PC1 中的命令行下输入 ipconfig 命令，查看本地连接的 IP 属性，显示如下:

IP Address: 192.168.1.10

Subnet Mask: 255.255.255.0

Default Gateway: 192.168.1.1

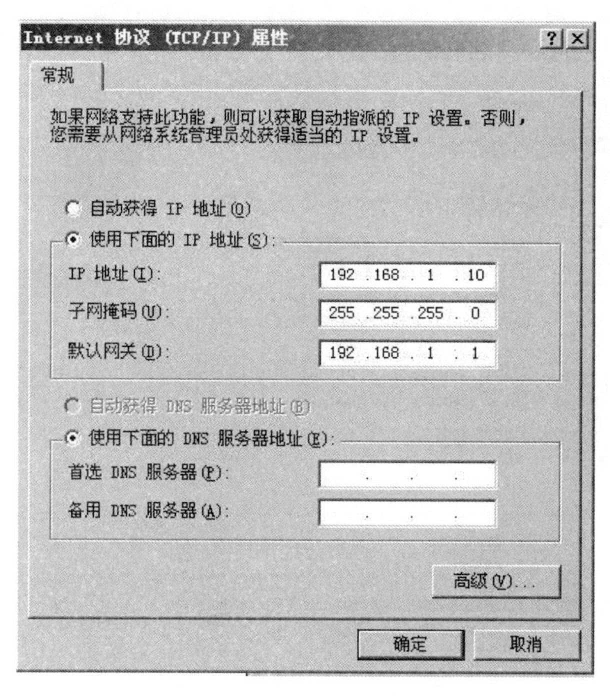

图 6-1-2 设置 PC1 TCP/IP 属性

02 配置 RG-WG54P，搭建基础结构（Infrastructure）模式无线网络

1）在 PC1 登录 RG-WG54P 管理页面（http://192.168.1.1,默认密码：default），如图 6-1-3 所示。

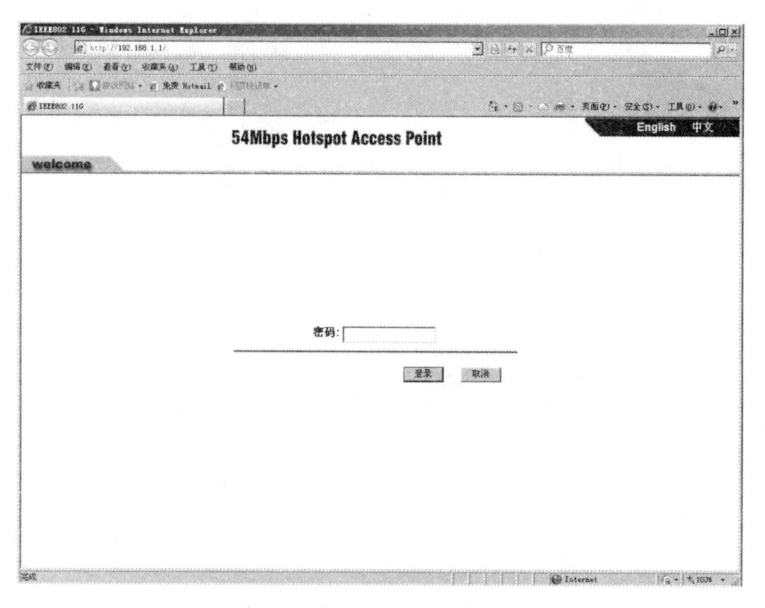

图 6-1-3 进入无线 AP 管理页面

2）选择“配置”→“常规”路径，配置 IEEE 802.11 参数。配置基础结构模式无线网络名称 ESSID 为“labtest1”；选择基础结构模式无线网络工作信道为“CH 06 / 2437MHz”；单击“应用”按钮，完成无线接入点设置，如图 6-1-4 所示。

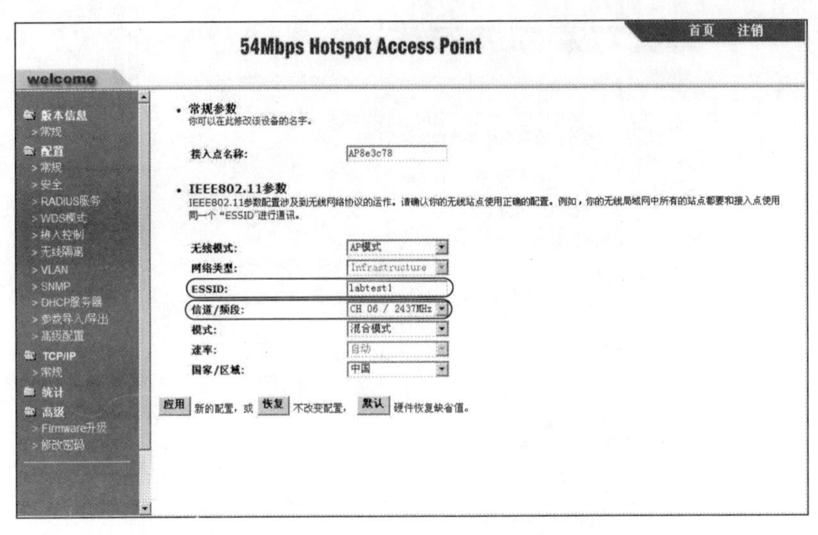

图 6-1-4 设置无线 AP 常规属性

03 配置 PC2，将其加入基础结构模式无线网络

1）在 PC2 上安装无线网卡 RG-WG54U 以及客户端软件 IEEE 802.11g Wireless LAN Utility。

2）依照图 6-1-5 所示配置 PC2 无线网卡的 TCP/IP 属性；单击“确定”按钮完成设置。

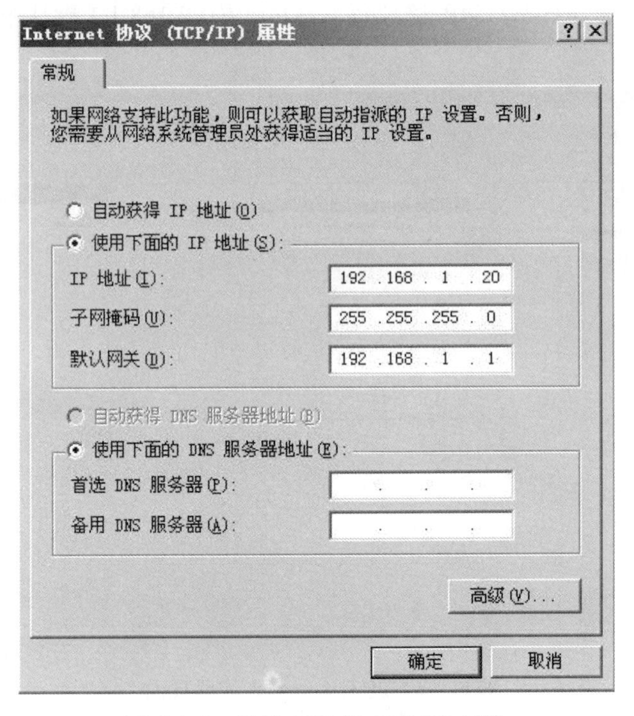

图 6-1-5 设置 PC2 的 TCP/IP 属性

3）双击桌面右下角的任务栏图标，运行 Wireless LAN Utility，如图 6-1-6 所示。

图 6-1-6 启动 Wireless LAN Utility

4）在弹出的如图 6-1-7 所示对话框中，选择“Configuration”选项卡，将 PC2 加入基础结构模式无线网络。或在“Site Survey”选项卡可查看到所搭建的基础结构模式无线网络，单击“Join”按钮即可加入流网络，如图 6-1-8 所示。

04 验证测试

1）在 PC2 的 Wireless LAN Utility 可以查看到如图 6-1-8 所示信息。

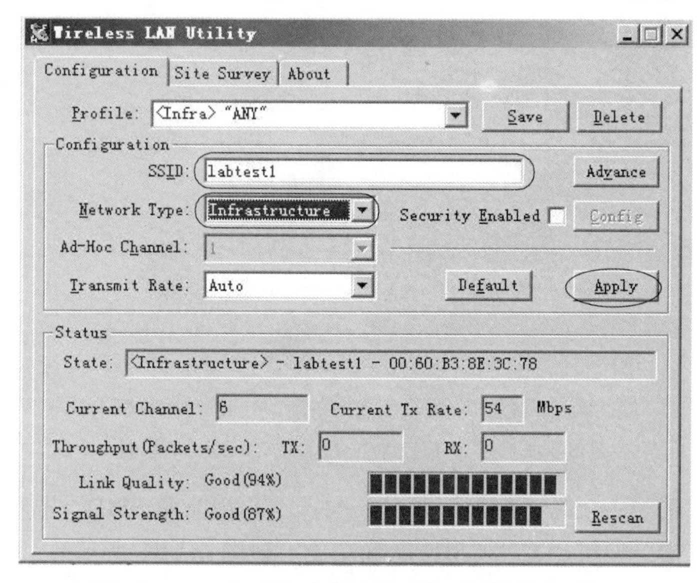

图 6-1-7 设置“Wireless LAN Utility”属性

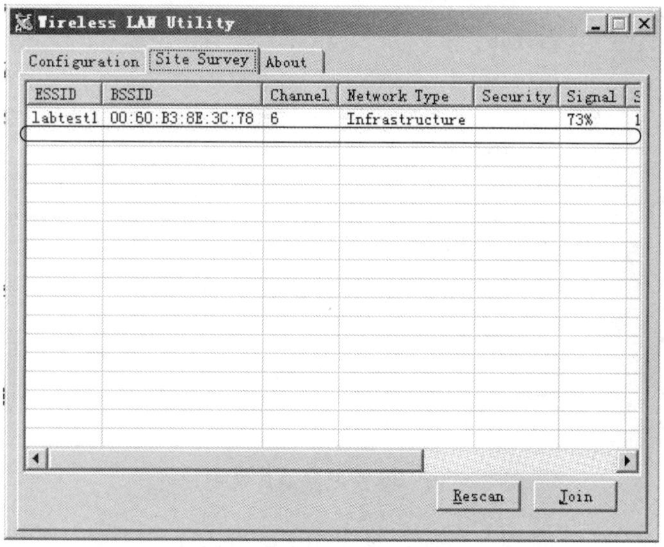

图 6-1-8 查看“Wireless LAN Utility”设置

2）执行 ping 命令，验证 PC1、PC2 能够相互连通。

05 配置 RG-WG54P，启用 SSID 隐藏功能

1）在 PC1 上登录 RG-WG54P 管理页面（http://192.168.1.1，默认密码：default），如图 6-1-9 所示。

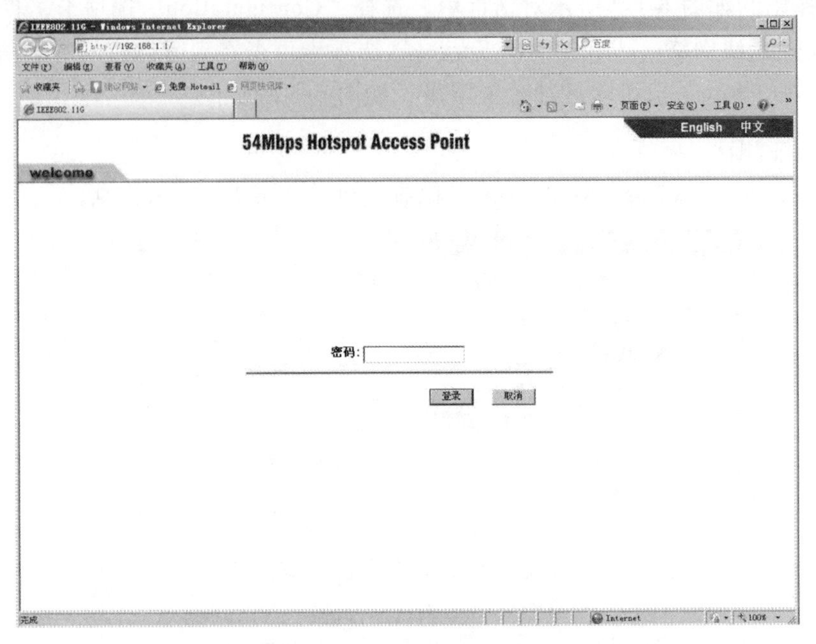

图 6-1-9 显示 PC2 Wireless LAN Utility 属性

2）选择“配置”→“高级配置”路径，勾选“启用隐藏 SSID”选项。

3）单击“应用”按钮，启用 SSID 隐藏功能，如图 6-1-10 所示。

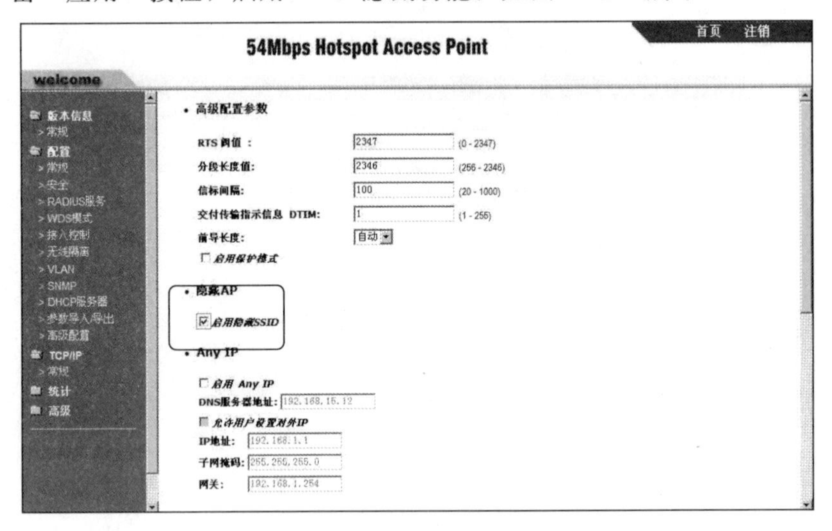

图 6-1-10 设置无线 AP 常规属性

4）选择“配置”→“常规”路径，修改 IEEE 802.11 参数，修改基础结构模式无线网络名称 ESSID 为 labtest2；单击“应用”按钮，完成无线接入点设置，如图 6-1-11 所示。

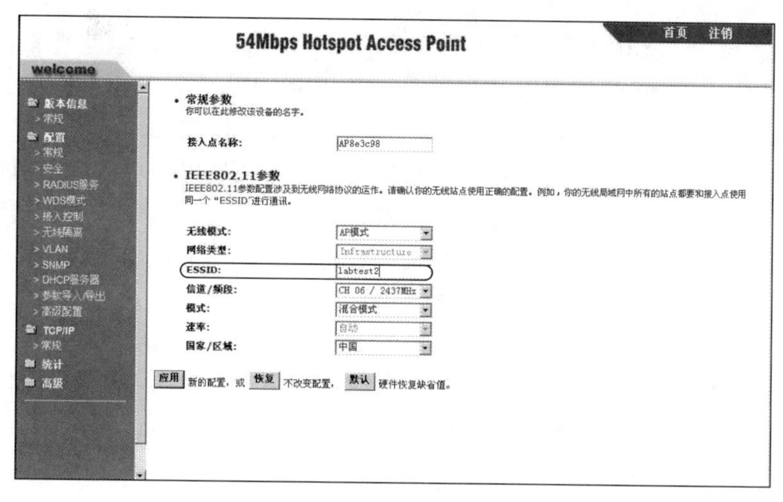

图 6-1-11　设置无线 AP 常规属性

06 验证测试

1）PC2 在客户端软件的“Site Survey”选项卡中已不能看到 ESSID 为“labtest2”的无线网络，证明 SSID 隐藏功能生效如图 6-1-12 所示。

2）在“Configuration”选项卡的 SSID 文本框中输入“labtest2”，单击“Apply”按钮，接入无线网络，如图 6-1-13 所示。

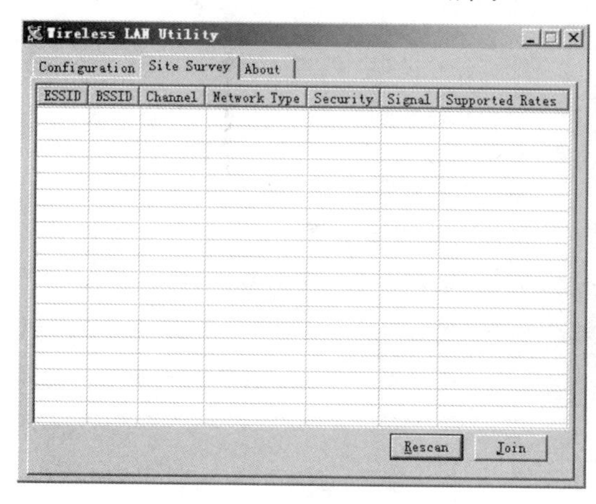

图 6-1-12　查看“Wireless LAN Utility”设置

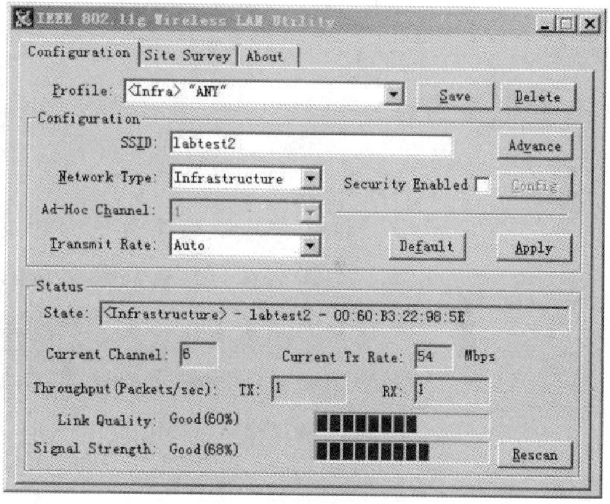

图 6-1-13　填写 SSID 名称

测试结果：由于没有进行 SSID 广播，该无线网络被无线网卡忽略了，尤其是在使用 Windows XP 治理无线网络时，达到了“掩人耳目”的目的。

相关知识

SSID，即 Service Set Identifier 的简称，也可称为 ESSID，功能是让无线客户端识别不同无线网络的识别，类似我们的手机识别不同的移动运营商的机制。参数在设备缺省设定中是被 AP 无线接入点广播出去的，客户端只有收到这个参数或者手动设定与 AP

相同的SSID才能连接到无线网络。而我们如果把这个广播禁止，一般的漫游用户在无法找到SSID的情况下是无法连接到网络的。

需要注意的是，同一生产商推出的无线路由器或AP都使用了相同的SSID，一旦那些企图非法连接的攻击者利用通用的初始化字符串来连接无线网络，就极易建立起一条非法的连接，从而给我们的无线网络带来威胁。因此，最好能够将SSID命名为一些较有个性的名字。

无线路由器一般都会提供“答应SSID广播”功能。假如你不想让自己的无线网络被别人通过SSID名称搜索到，那么最好“禁止SSID广播”。你的无线网络仍然可以使用，只是不会出现在其他人所搜索到的可用网络列表中。

提示

通过禁止SSID广播设置后，无线网络的效率会受到一定的影响，但以此换取安全性的提高还是值得的。

任务小结

确认“启用隐藏SSID”功能已勾选，启用之后需修改无线网络的ESSID。

任务二 配置MAC地址过滤

任务描述

1. 应用背景

公司有几个领导最近向你反映上网的时候网络有点慢，你经过检查之后发现，领导们接入网络的那个AP上面接入的客户端比较多，而且有些客户端由于工作的需要流量比较大，于是决定在这个AP上实现MAC地址过滤，在这个AP上除了公司高层领导的计算机的MAC地址能接入网络外，其他员工的都只能通过其他AP接入网络。

2. 网络拓扑

网络拓扑如图6-2-1所示。

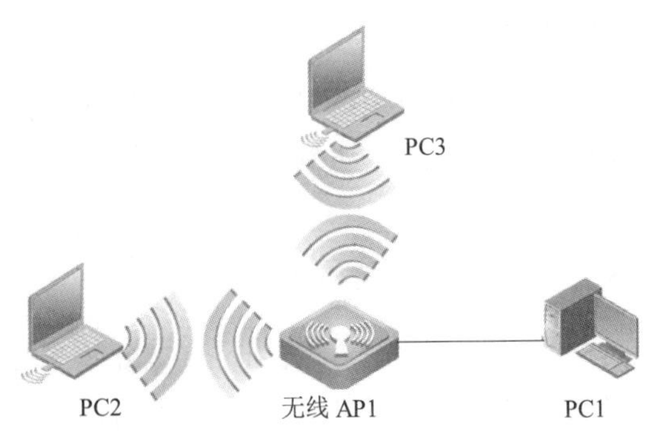

图6-2-1 “MAC地址过滤”实验拓扑

3. 实验设备

RG-WG54P（1 台）；RG-WG54U（2 块）；PC（3 台）。

4. 技术原理

MAC 地址，即网卡的物理地址，也称硬件地址或链路地址，这是网卡自身的唯一标识。通过配置 MAC 地址过滤功能可以定义某些特定 MAC 地址的主机接入此无线网络，其他主机被拒绝接入。从而达到访问控制的目的，避免非相关人员随意接入网络，窃取资源。

任务实施

01 配置 PC1 与 RG-WG54P 相连接

1）将 PC1 和 RG-WG54P 的供电模块的 Network 口通过直通线连接。

2）配置 PC1 本地连接的 TCP/IP 设置。IP 地址为 192.168.1.10，子网掩码为 255.255.255.0，默认网关为 192.168.1.1，如图 6-2-2 所示。

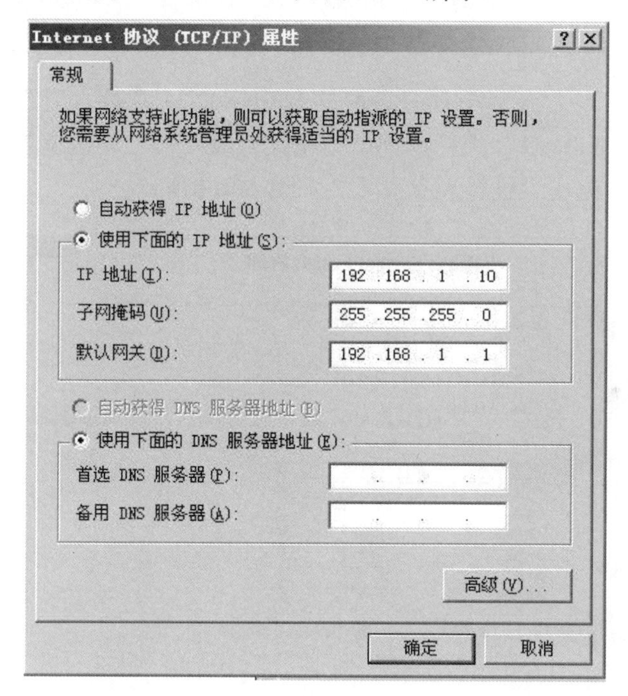

图 6-2-2 设置 PC1“TCP/IP”属性

3）验证测试。在 PC1 命令行下输入“ipconfig”命令，查看本地连接的 IP 设置。显示如下：

IP Address: 192.168.1.10, Subnet Mask: 255.255.255.0, Default Gateway: 192.168.1.1。

02 配置 RG-WG54P，搭建基础结构模式无线网络

1）在 PC1 登录 RG-WG54P 管理页面（http://192.168.1.1，默认密码：default），如图 6-2-3 所示。

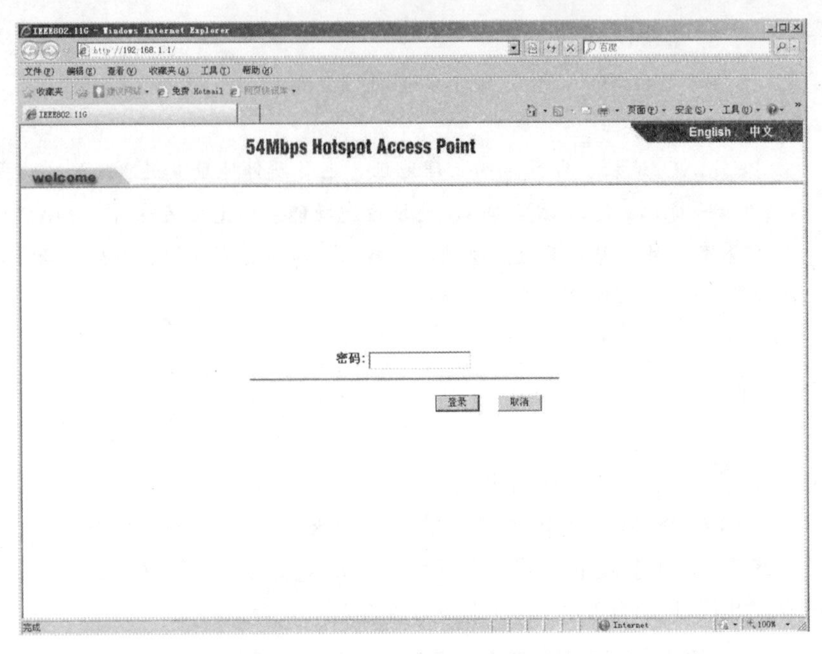

图 6-2-3 进入无线 AP 管理页面

2）选择“配置”→“常规”路径，配置 IEEE 802.11 参数。配置基础结构模式无线网络名称 ESSID 为“labtest1”；选择基础结构模式无线网络工作信道为 CH06 / 2437MHz；单击“应用”按钮，完成无线接入点设置，如图 6-2-4 所示。

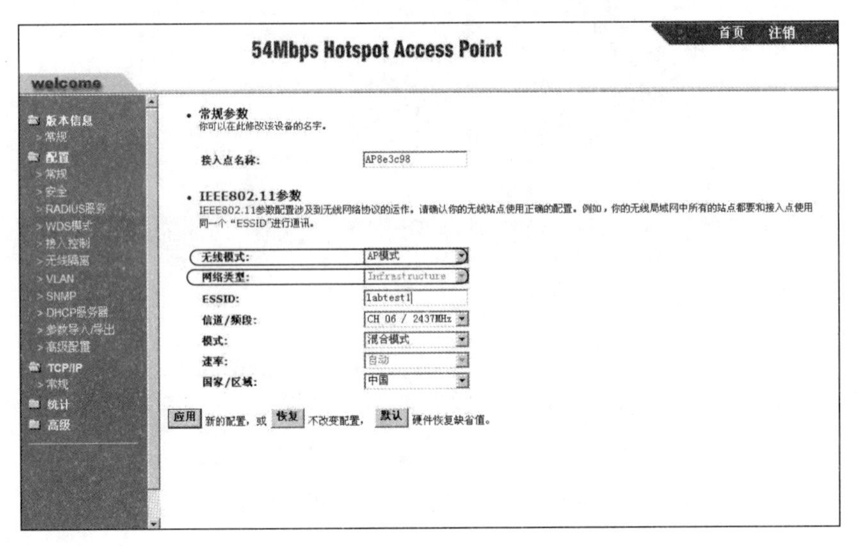

图 6-2-4 设置无线 AP 常规属性

03 配置 PC2，加入基础结构模式无线网络

1）在 PC2 上安装无线网卡 RG-WG54U 以及客户端软件 Wireless LAN Utility。

2）配置 PC2 无线网卡的 TCP/IP 属性；IP 地址为 192.168.1.20，子网掩码为 255.255.255.0，默认网关为 192.168.1.1，如图 6-2-5 所示。

3）双击桌面右下角的任务栏图标，运行 Wireless LAN Utility，如图 6-2-6 所示。

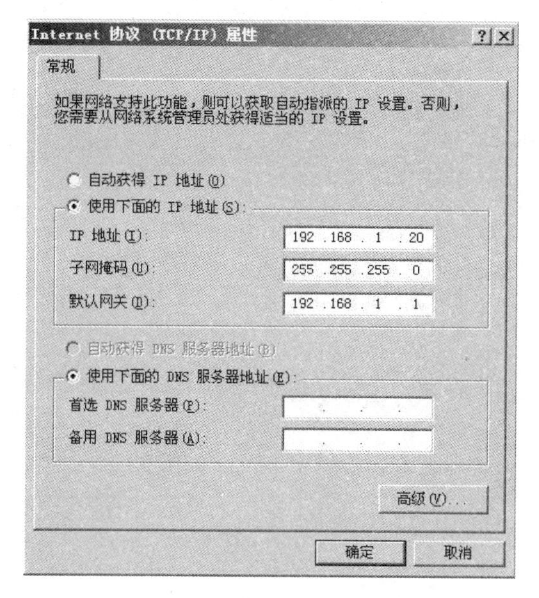

图 6-2-5 设置 PC2“TCP/IP”属性

图 6-2-6 单击“Wireless LAN Utility”图标

4）在弹出的对话框的“Configuration”选项卡中，将 PC2 加入基础结构模式无线网络，如图 6-2-7 所示。或在“Site Survey”选项卡中可查看到所搭建的基础结构模式无线网络，单击“Join”按钮即可加入网络，如图 6-2-8 所示。

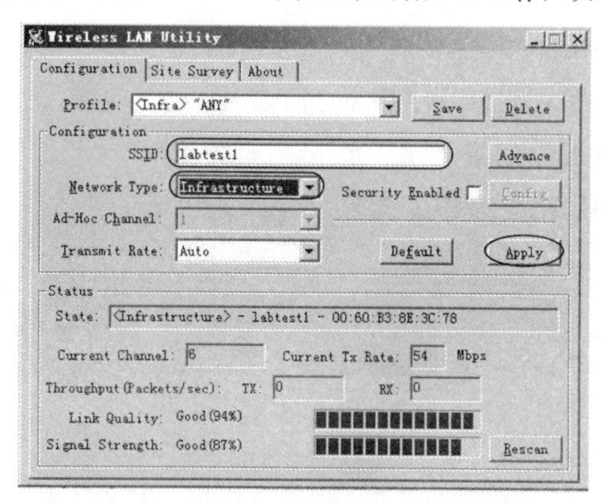

图 6-2-7 设置 PC2 的“Wireless LAN Utility”属性

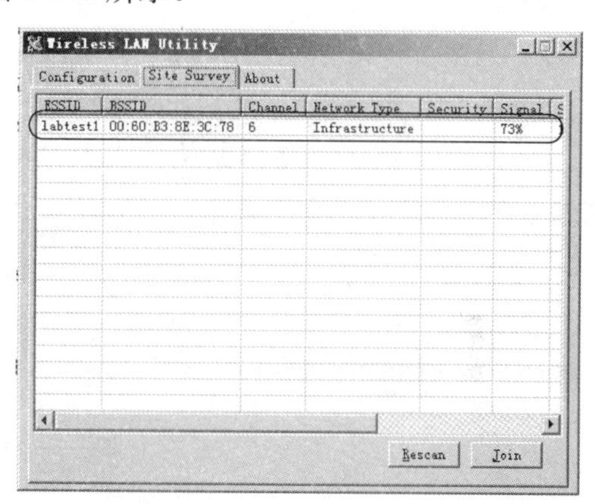

图 6-2-8 查看“Wireless LAN Utility”设置

04 验证测试

1）如图 6-2-9 所示，在 PC2 的“Wireless LAN Utility”对话框中可以看到如下信息：

State: <Infrastructure> - [ESSID] – [无线接入点的 MAC 地址];

Current Channel: 基础结构模式无线网络工作信道。

2）执行 ping 命令，验证 PC1 和 PC2 能够相互连通。

05 配置 PC3，加入基础结构模式无线网络

1）在 PC3 上安装无线网卡 RG-WG54U 以及客户端软件 Wireless LAN Utility。

2）配置 PC3 无线网卡的 TCP/IP 属性。IP 地址为 192.168.1.30，子网掩码为 255.255.255.0，默认网关为 192.168.1.1，如图 6-2-10 所示。

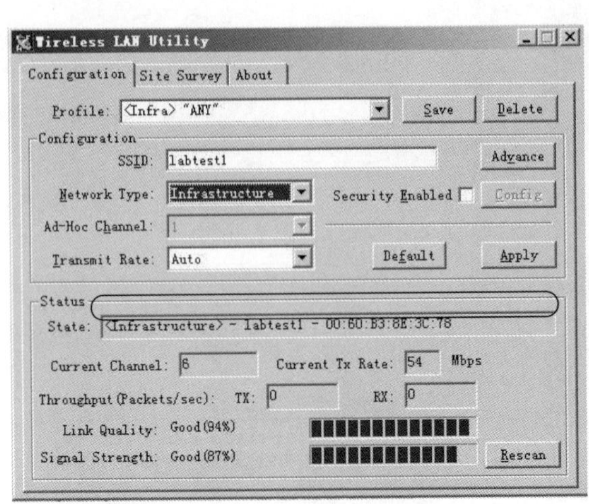

图 6-2-9　查看“Wireless LAN Utility”设置

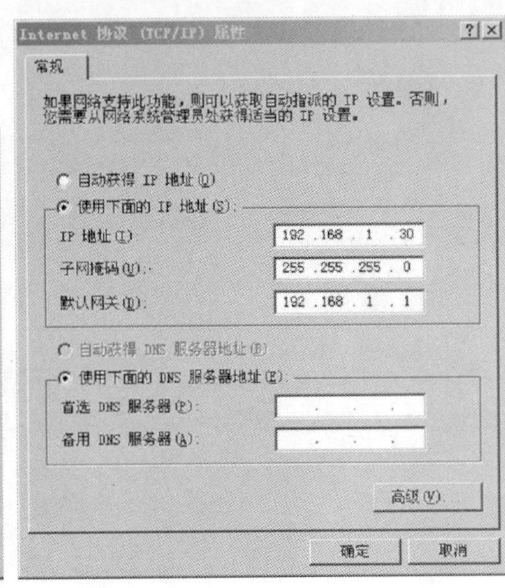

图 6-2-10　设置 PC3“TCP/IP”属性

3）双击桌面右下角的任务栏图标，运行 Wireless LAN Utility。

4）将 PC3 加入基础结构模式无线网络，如图 6-2-11 所示。

06 验证测试

1）如图 6-2-12 所示，在 PC3 的 Wireless LAN Utility 可以看到如下信息：

State: <Infrastructure> - [ESSID] – [无线接入点的 MAC 地址]；

Current Channel: 基础结构模式无线网络工作信道。

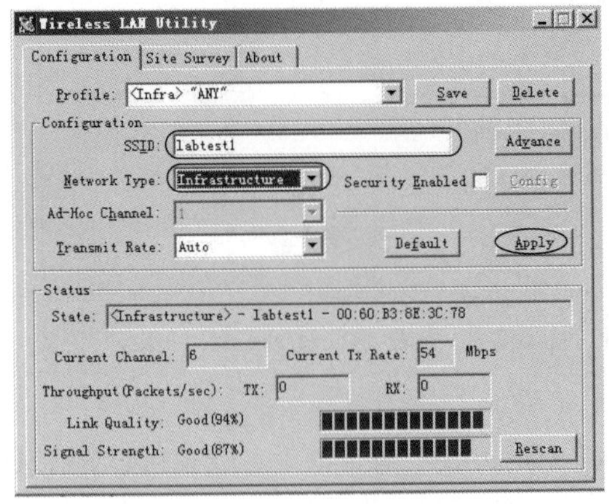

图 6-2-11　设置 PC3 的“Wireless LAN Utility”属性

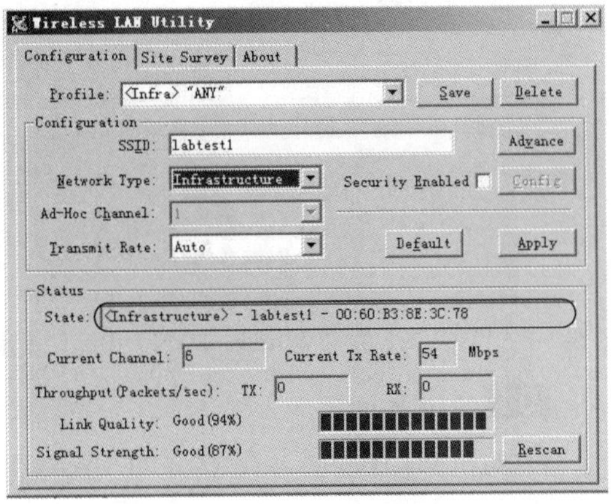

图 6-2-12　查看“Wireless LAN Utility”信息

2）执行 ping 命令，验证 PC1、PC2 与 PC3 之间能够相互连通。

07 配置 RG-WG54P，实现 MAC 地址允许模式过滤功能

1）查看 PC2 的 MAC 地址，方法如下。

2）执行“开始”→“运行”命令输入“cmd”，单击“确定”按钮；在打开的窗口

中输入“ipconfig/all”命令，无线网络连接的“Physical Address”即是无线客户端 MAC 地址，如图 6-2-13 所示。

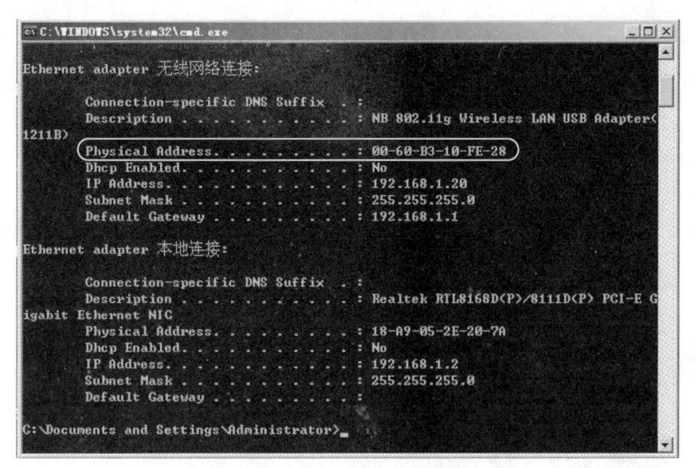

图 6-2-13　查看 MAC 地址

3）在 PC1 上登录 RG-WG54P 管理页面（http://192.168.1.1，默认密码：default）。

4）选择“配置”→“接入控制”路径，如图 6-2-14 所示，可以看到 MAC 地址过滤有两种模式：允许模式和拒绝模式。允许模式下，只有 MAC 地址包含在地址列表中的无线客户端可以接入网络；拒绝模式下，除了 MAC 地址包含在地址列表中的无线客户端之外，其他无线客户端均可以接入网络。

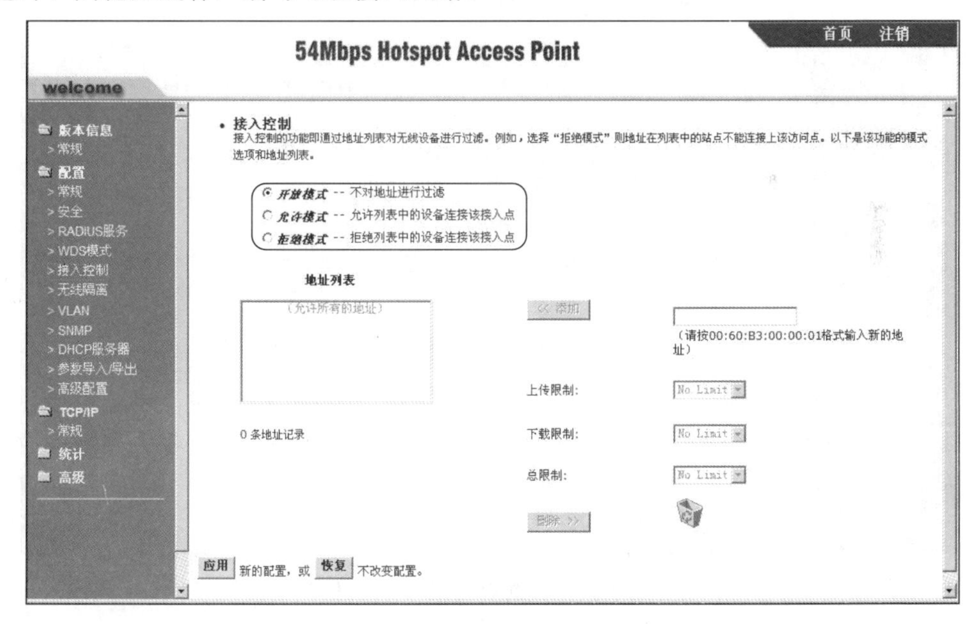

图 6-2-14　查看无线 AP 常规属性

5）这里勾选“允许模式”。在“地址列表”文本中输入 PC2 MAC 地址，单击“添加”按钮，将 PC2 设置为可接入网络的客户端，如图 6-2-15 所示。

单击“应用”，完成 MAC 地址过滤功能允许模式的配置。

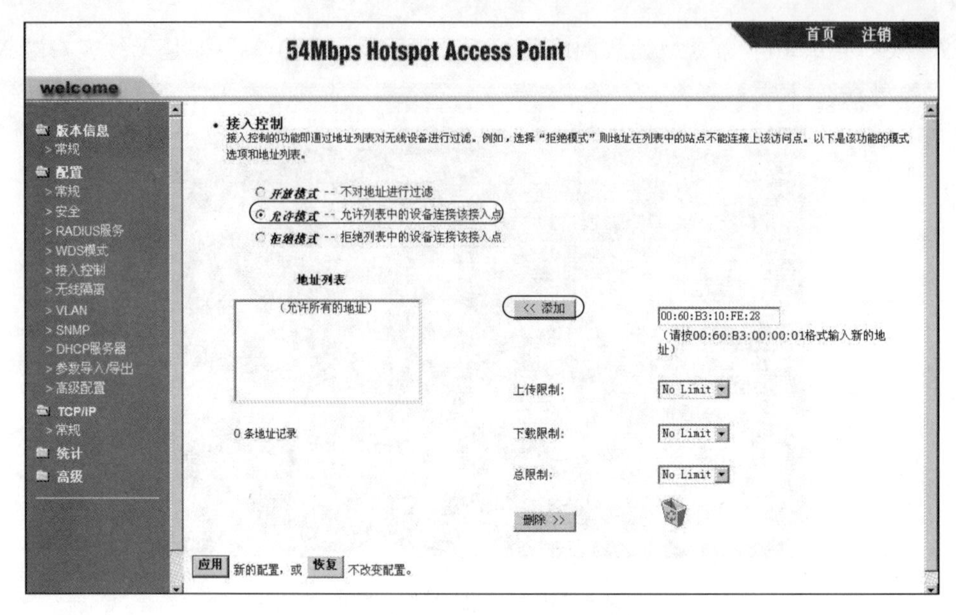

图 6-2-15　设置无线 AP 常规属性

08 验证测试

1）查看 RG-WG54P 配置，确认在“配置”→“接入控制”页面，“允许模式”已勾选，PC2 的 MAC 地址存在于地址列表中，如图 6-2-16 所示。

图 6-2-16　查看无线 AP 信息

2）PC2 可以接入无线网络，可以连通 PC1。而 PC3 可以发现无线网络，但是无法接入。至此，MAC 地址过滤功能的允许模式设置完成。

09 配置 RG-WG54P，实现 MAC 地址拒绝模式过滤功能

1）在 PC1 登录 RG-WG54P 管理页面（http://192.168.1.1，默认密码：default）。

2）选择“配置”→“接入控制”路径，如图 6-2-17 所示，勾选“拒绝模式”；输入 PC2 的 MAC 地址，单击“添加”按钮；再单击“应用”按钮，完成 MAC 地址过滤功能拒绝模式的配置，如图 6-2-18 所示。

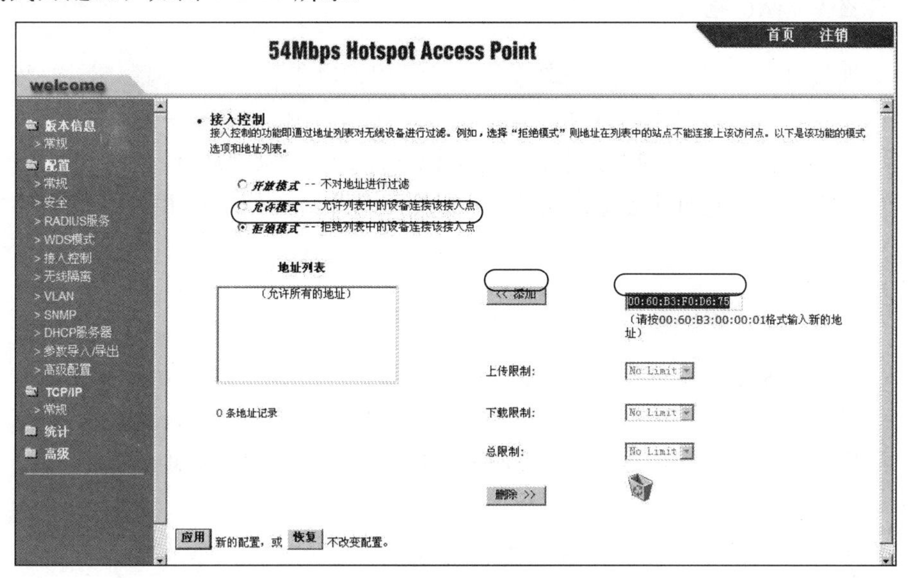

图 6-2-17　设置无线 AP 常规属性

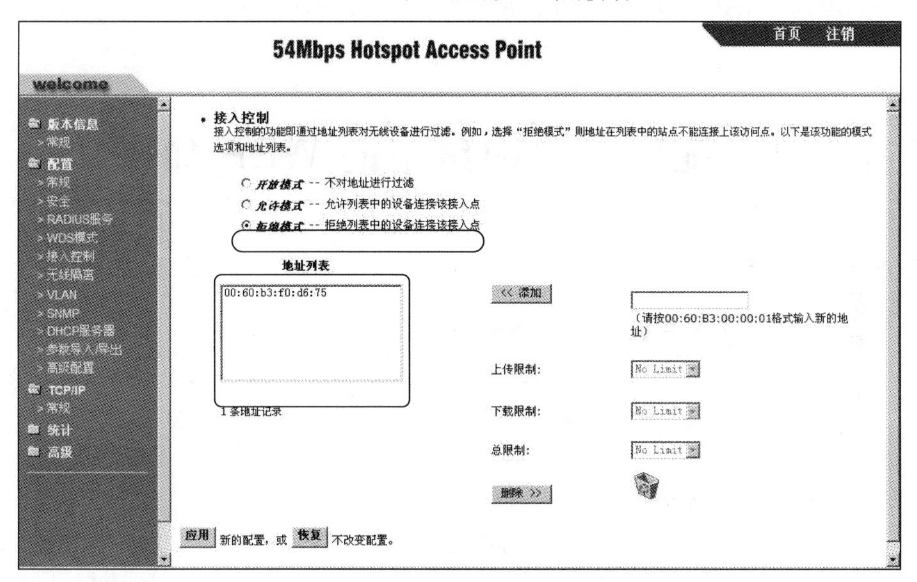

图 6-2-18　查看无线 AP 常规属性

10 验证测试

1）查看 RG-WG54P 配置，确认在“配置→接入控制”页面，“拒绝模式”已勾选，PC2 的 MAC 地址存在于地址列表中。

2）PC2 可以发现无线网络，但是无法接入。

3）PC3 可以接入无线网络，可以连通 PC1。至此，MAC 地址过滤功能的拒绝模式设置完成。

相关知识

1. 什么是 MAC 地址

MAC 地址又称为硬件地址，被烧录在网卡 EPROM 芯片（一种闪存芯片，可通过程序擦写）中，为 48 比特 16 进制的数字组成，0～23 位叫做组织唯一标志符，24～47 位是由厂家自己分配，其中第 40 位是组播地址标志位。它是识别局域网节点的标识，理论上具有全球唯一性，同时也是传输数据时真正标识发出数据主机和接收数据的主机的地址。

2. 获取本机的 MAC 地址

进入 Windows 系统，依次执行“开始”→“运行”→“cmd”命令，在命令行提示符下输入“ipconfig /all”命令，在屏幕输出中找到“Physical Address. . . . . : 00-16-6F-B7-5A-E2”一行，这里的 00-16-6F-B7-5A-E2 即为 MAC 地址。

任务小结

AP 中填入的 MAC 地址必须为测试主机的真实 MAC 地址。

任务三 配置无线网络中的 WEP 加密

任务描述

1. 应用背景

自从隐藏公司 SSID 后公司网络正常运行了一段时间，但最近又发现了一些不属于公司的计算机接入到公司网络，于是你决定在各 AP 上实现 WEP 加密来防止非法用户窃听或侵入公司网络。

2. 网络拓扑

网络拓扑结构如图 6-3-1 所示。

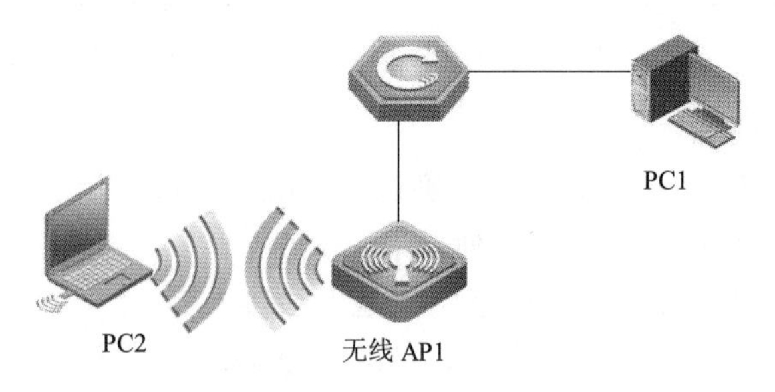

图 6-3-1 配置“WEP”加密实验拓扑

3. 实验设备

MXR-2（1 台）、MP-71（1 台）、RG-WG54U（1 块）、PC（2 台）。

4. 技术原理

WEP 即有线等效保密协议，WEP 安全技术源自于名为 RC4 的 RSA 数据加密技术，以满足用户更高层次的网络安全需求。它采用对两台设备间无线传输的数据进行加密的方式防止非法用户窃听或侵入无线网络。

WEP 加密方式是采用共享密钥形式的接入、加密方式，即在 AP 上设置了相应的 WEP 密钥，在客户端也需要输入和 AP 端一样的密钥才可以正常接入，并且 AP 与无线客户端的通信也经过了 WEP 加密，即使有人抓取到无线数据包，也看不到里面相应的内容。

尽管如此，WEP 加密方式也存在漏洞，现在有些软件可以对此密钥进行破解，所以不是最安全的加密方式。但是由于大部分的客户端都支持 WEP，所以 WEP 的部署还是比较广泛的。

任务实施

01 配置无线交换机的基本参数

1）无线交换机的默认 IP 地址是 192.168.100.1/24，因此将 PC1 的 IP 地址配置为 192.168.100.2/24，并打开浏览器登录到 https://192.168.100.1，弹出如图 6-3-2 所示“安全警报”对话框，这里选择“是”。

2）在弹出的“连接到 192.168.100.1”对话框中，输入用户名和密码。系统的默认管理用户名是 admin，密码为空，如图 6-3-3 所示。

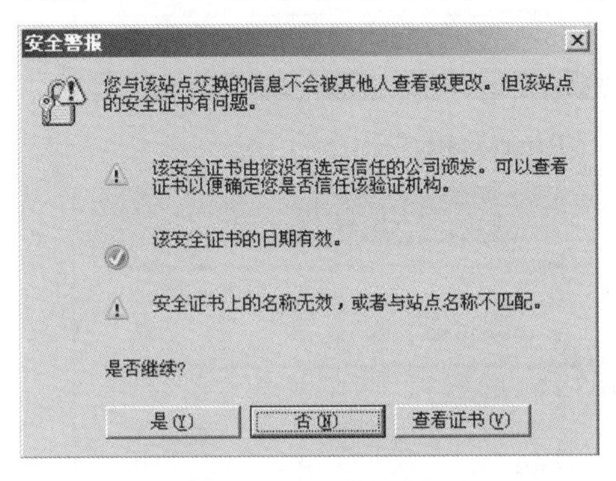

图 6-3-2 安全警报提示

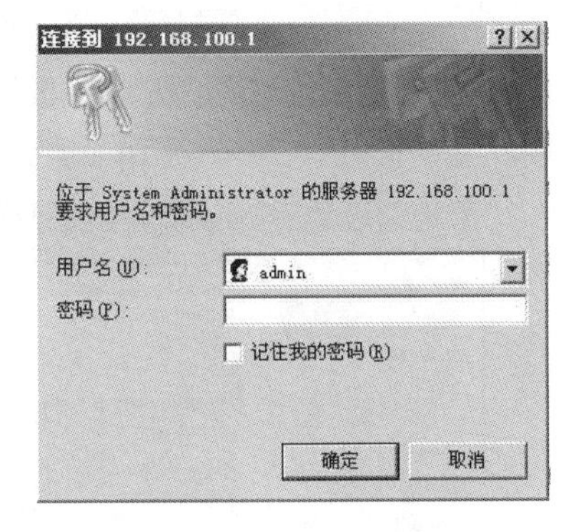

图 6-3-3 登录界面

3）单击“确定”按钮后即进入无线交换机的网络配置页面，单击“Start”按钮，进入快速配置指南，如图 6-3-4 所示。

4）选择管理无线交换机工具——“RingMaster”，如图 6-3-5 所示。

5）单击“Next”按钮，配置无线交换机的 IP 地址、子网掩码以及默认网关，如图 6-3-6 所示。

6）单击“Next”按钮，设置系统的管理密码，如图 6-3-7 所示。

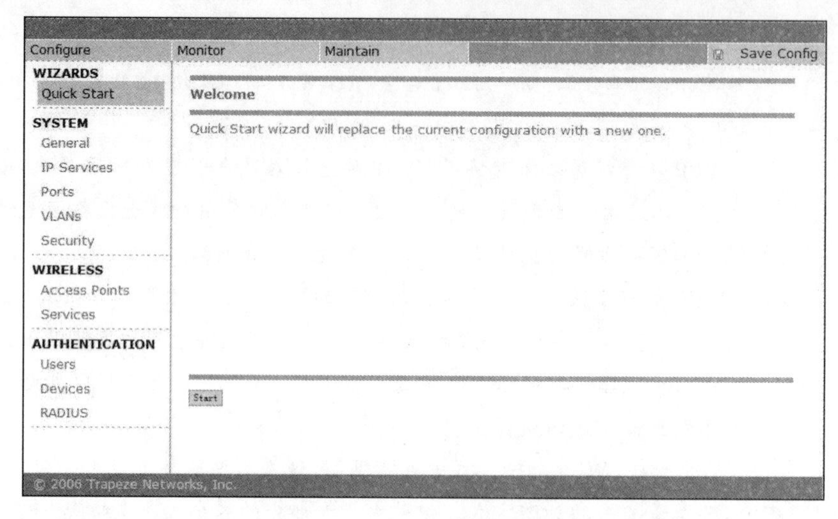

图 6-3-4 进入快速配置界面

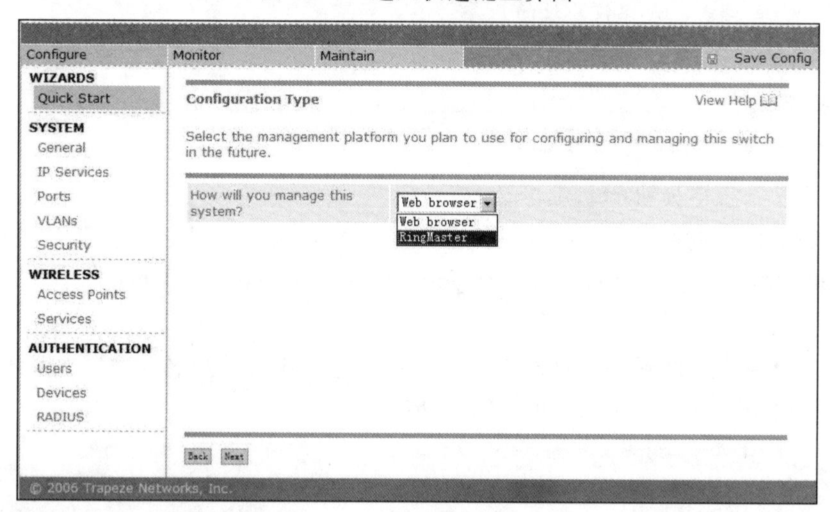

图 6-3-5 选择“RingMaster”

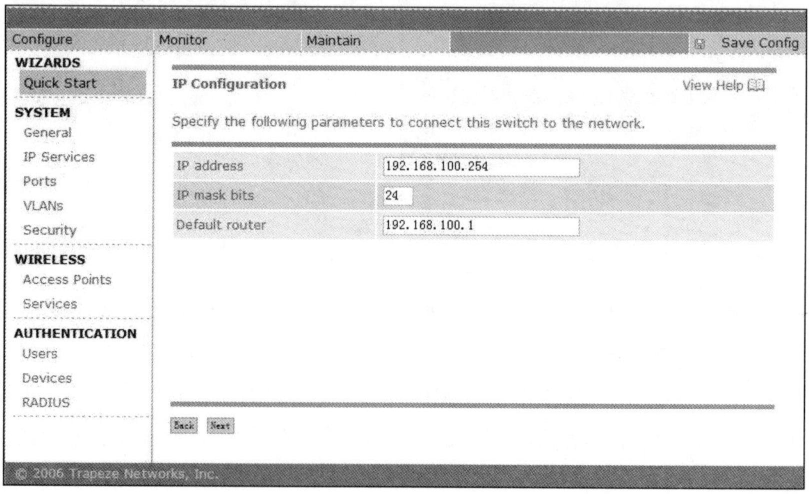

图 6-3-6 设置 IP 属性

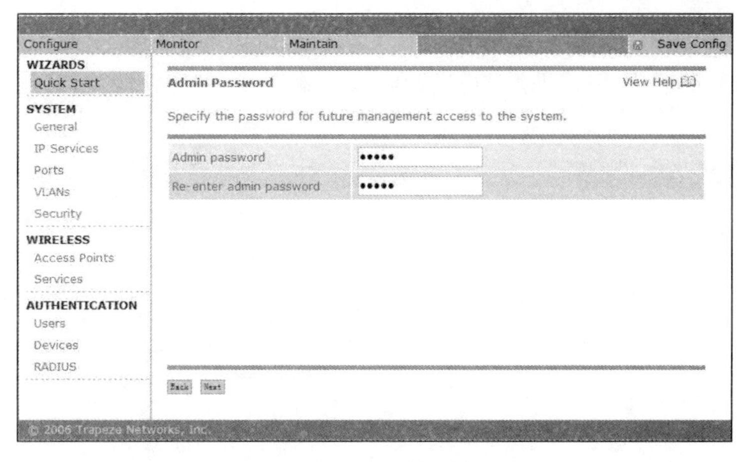

图 6-3-7 设置管理密码

7）单击“Next”按钮，设置系统的时间以及时区，如图 6-3-8 所示。

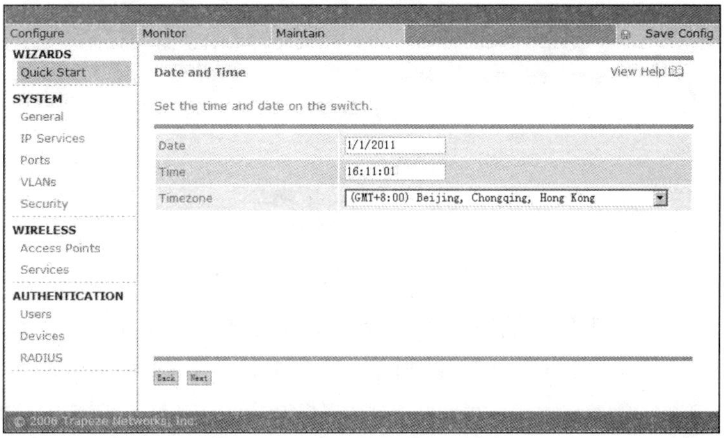

Configure Monitor Maintain Save Config
WIZARDS Quick Start
SYSTEM General IP Services Ports VLANs Security
WIRELESS Access Points Services
AUTHENTICATION Users Devices RADIUS
Date and Time View Help
Set the time and date on the switch.
Date 1/1/2011
Time 16:11:01
Timezone (GMT+8:00) Beijing, Chongqing, Hong Kong
Back Next
© 2006 Trapeze Networks, Inc.

图 6-3-8 设置时间时区

8）单击“Next”按钮，确认无线交换机的基本配置，如图 6-3-9 所示。单击“Finish”按钮，完成无线交换机的基本配置。

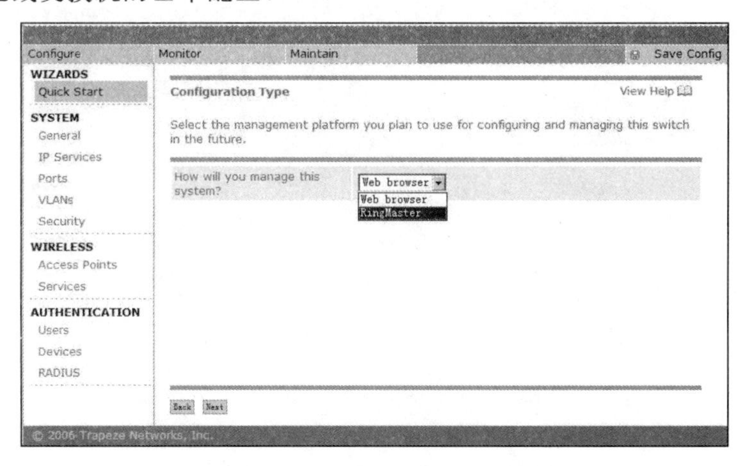

图 6-3-9 确认基本设置

02 通过 RingMaster 网管软件来进行无线交换机的高级配置

运行 RingMaster 软件，地址为 127.0.0.1，端口 443，用户名和密码默认为空，如图 6-3-10 所示。

图 6-3-10 启动 RingMaster 软件

1）单击“Next”按钮后，选择“Configuration”图标，进入配置页面，单击右下方的“Upload MX”选项，准备添加被管理的无线交换机，如图 6-3-11 所示。

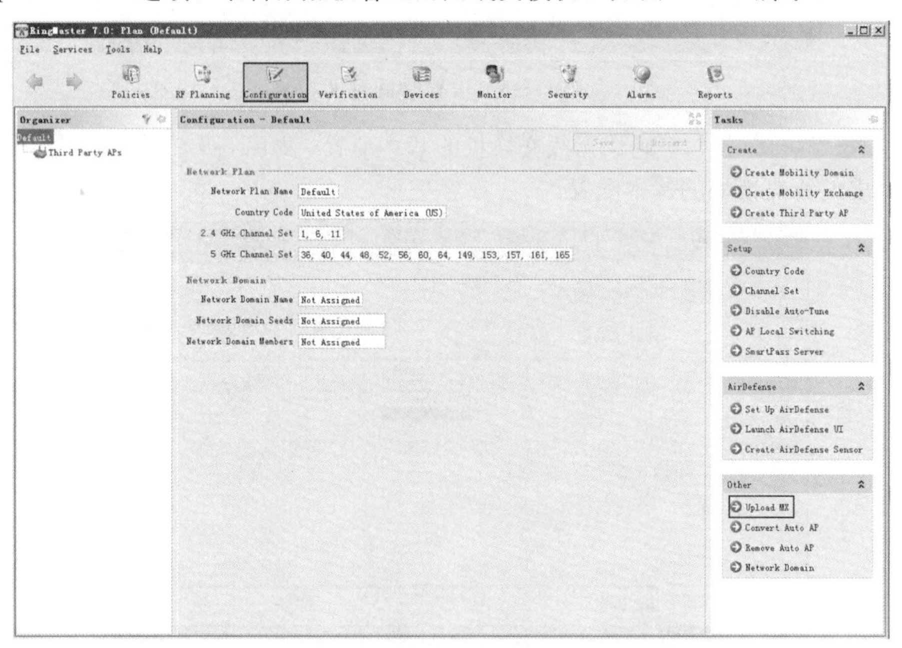

图 6-3-11 添加被管理无线交换机

2）在打开的“Upload MX”对话框中，输入被管理的无线交换机的 IP 地址和 Enable 密码，如图 6-3-12 所示。连续两次单击“Next”按钮，如图 6-3-13 和图 6-3-14 所示。

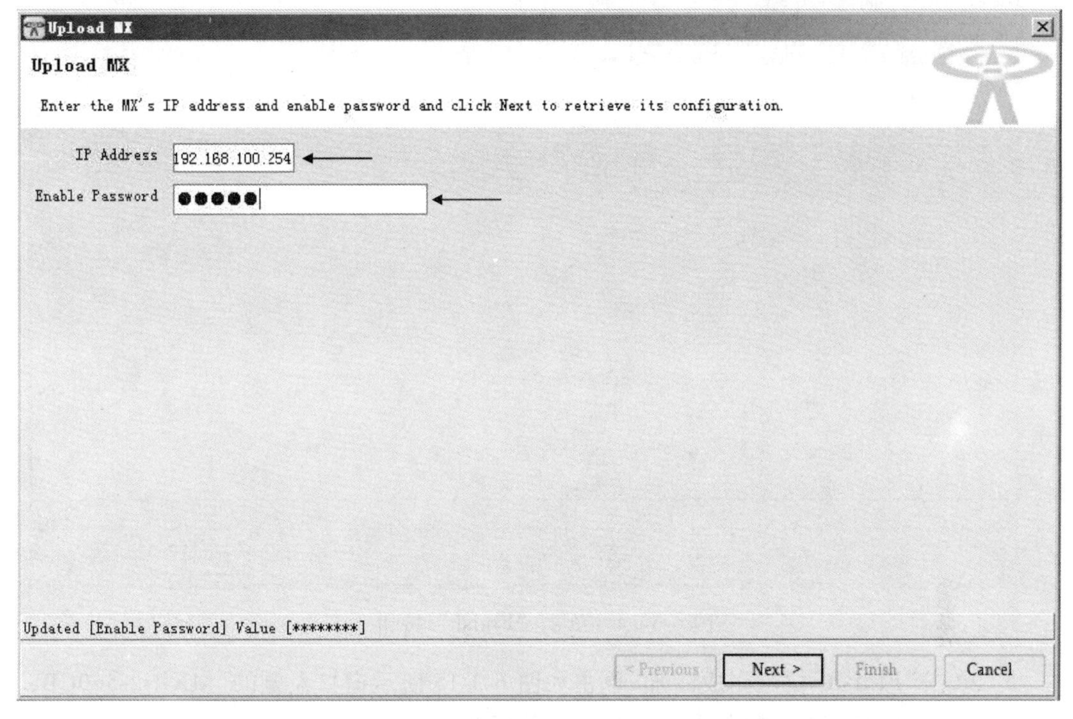

图 6-3-12 输入无线交换机 IP 地址与 Enable 密码

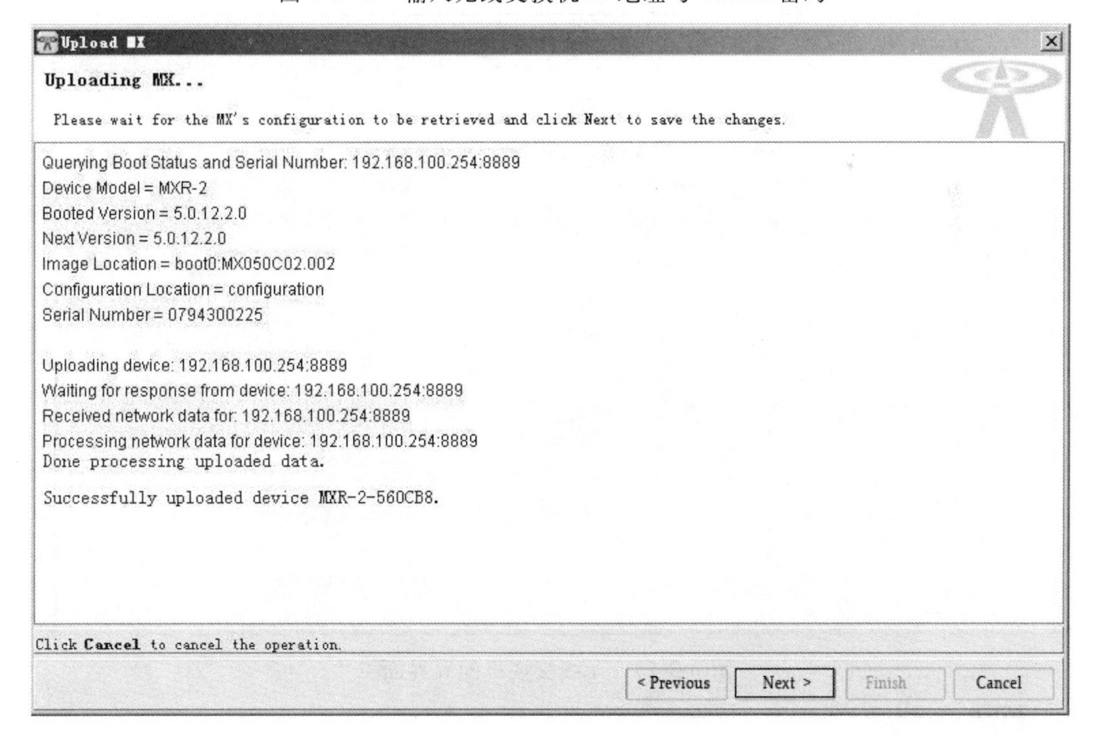

图 6-3-13 单击“Next”按钮

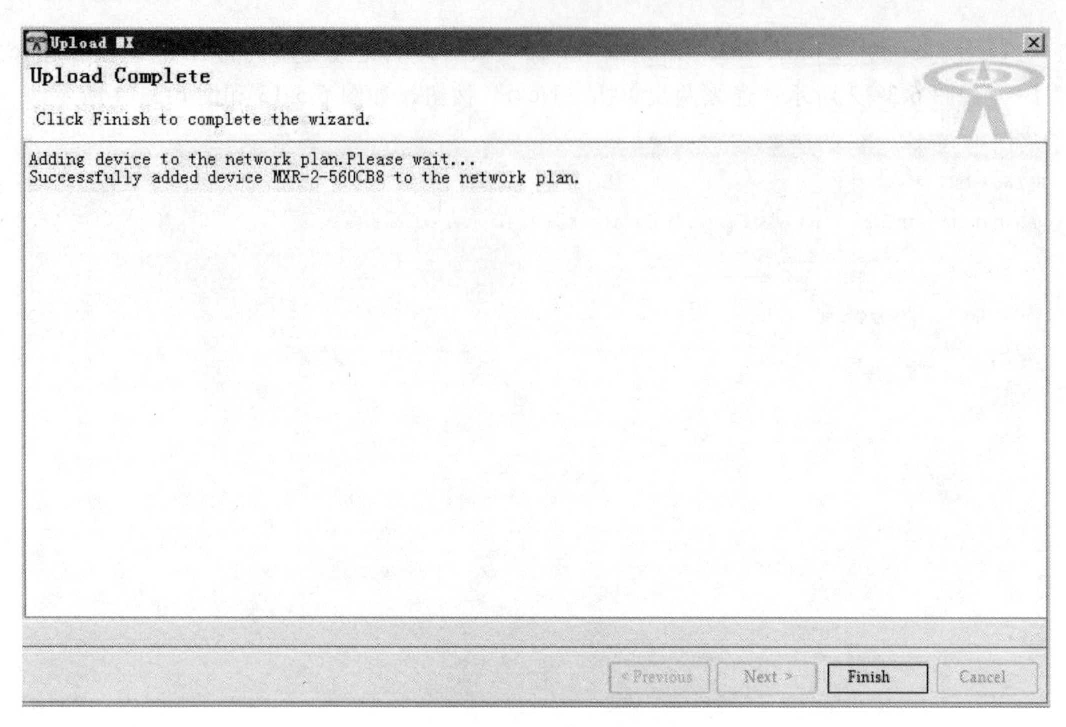

图 6-3-14　单击“Finish”按钮

3）单击“Finish”按钮完成添加，单击如图 6-3-15 所示窗口左侧的“MXR-2-560CB8”图标，进入无线交换机的配置界面，如图 6-3-15 所示。

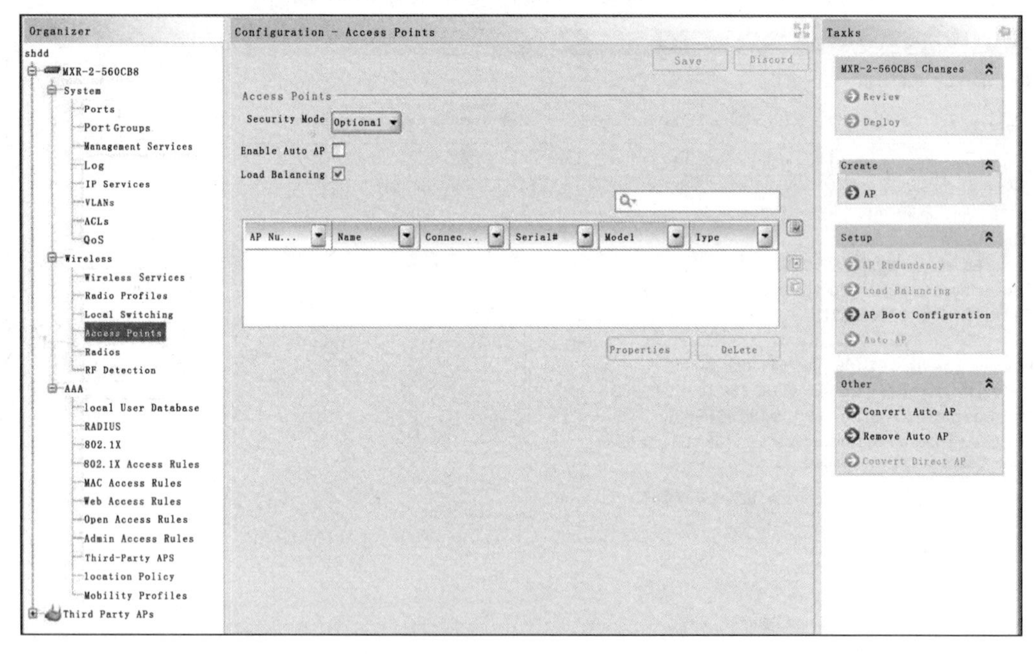

图 6-3-15　无线交换机配置界面

03 配置无线 AP

1）进入“wireless”→“Access Points”选项，添加 AP，如图 6-3-16 所示。

RingMaster 7.0: Plan (shdd)
File Services Tools Help
Policies
RF Planning
Configuration
Verification
Devices
Monitor
Security
Alarms
Reports
Organizer
shdd
MXR-2-560CB8
System
Ports
Port Groups
Management Services
Log
IP Services
VLANs
ACLs
QoS
Wireless
Wireless Services
Radio Profiles
Local Switching
Access Points
Radios
RF Detection
AAA
Local User Database
RADIUS
802.1X
802.1X Access Rules
MAC Access Rules
Web Access Rules
Open Access Rules
Admin Access Rules
Third-Party APs
Location Policy
Mobility Profiles
Third Party APs
Configuration - Access Points
Save
Discard
Access Points
Security Mode
Optional
Enable Auto AP
Load Balancing
AP Nu...
Name
Connec...
Serial#
Model
Type
Properties
Delete
Tasks
MXR-2-560CB8 Changes
Review
Deploy
Create
AP
Setup
AP Redundancy
Load Balancing
AP Boot Configuration
Auto AP
Other
Convert Auto AP
Remove Auto AP
Convert Direct AP
Config: 1 Error; 2 Warnings
Local Changes: none
Network Changes: none
Alarms

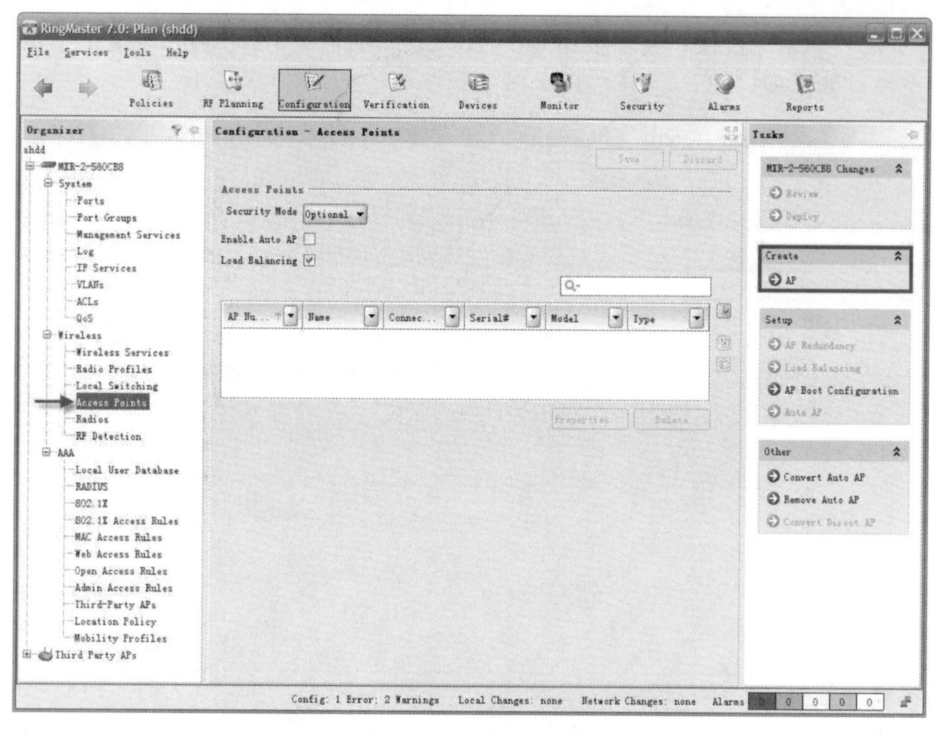

图 6-3-16　添加 AP

2）为添加的 AP 进行命名，并选择连接方式，默认使用“Distributed”模式，如图 6-3-17 所示。

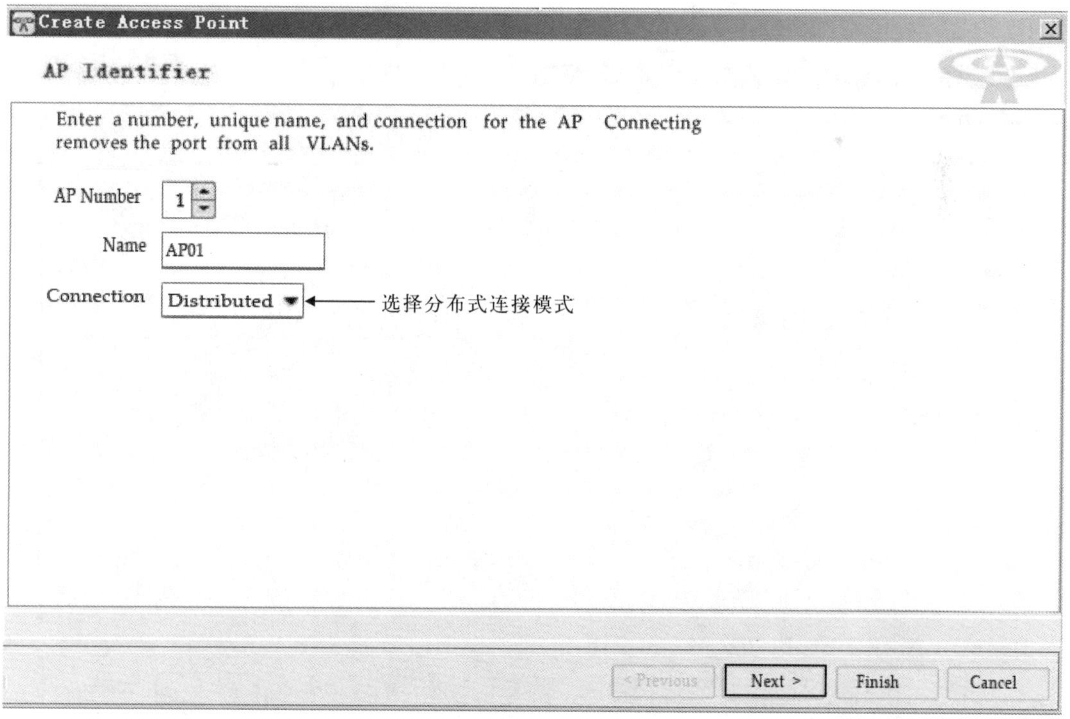

Create Access Point
AP Identifier
Enter a number, unique name, and connection for the AP Connecting removes the port from all VLANs.
AP Number
1
Name
AP01
Connection
Distributed
选择分布式连接模式
< Previous
Next >
Finish
Cancel

图 6-3-17　选择连接方式

3）单击“Next”按钮，将需要添加的 AP 机身后面的 SN 号输入对话框，用于 AP 与无线交换机的注册过程，如图 6-3-18 所示。

Create Access Point
AP Serial Number
Enable the serial number of the AP.
Serial Number
0712800280
AP 机身后面的 SN 号（必填）
Enable the serial number of the AP.
FingerPrint
AP 机身后面的 RSA 号（可选）
Enable the fingerprint. A fingerprint is required if a secure connection is used between the MX and the AP.
Updated [Serial Number] Value [072800280
< Previous
Next >
Finish
Cancel

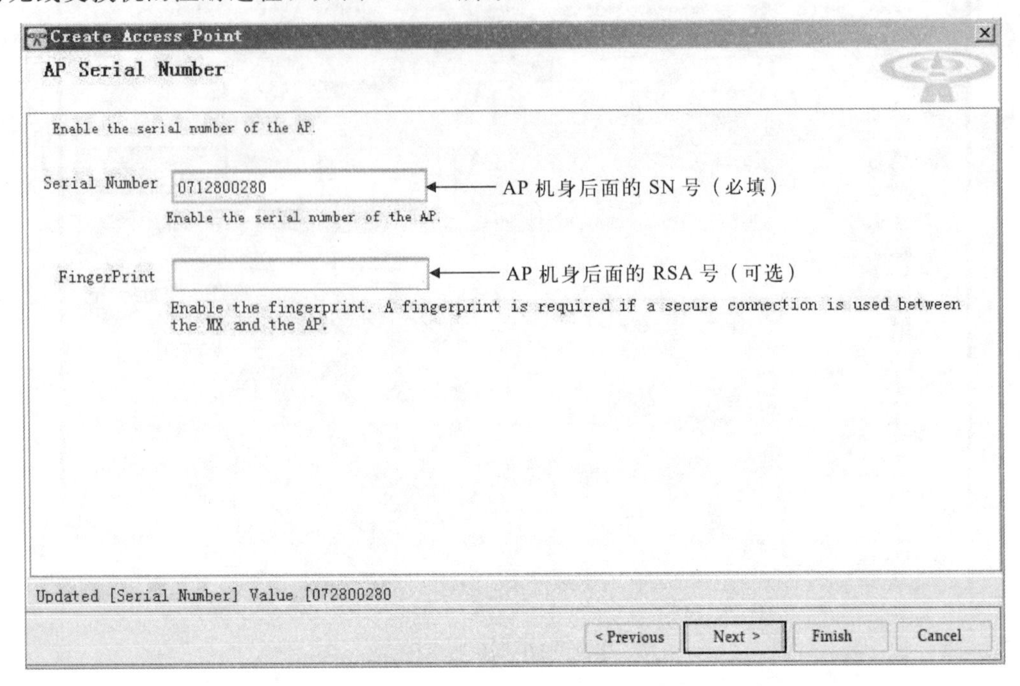

图 6-3-18 输入 AP 序列号

4）单击“Next”按钮，选择添加 AP 的具体型号和传输协议，完成 AP 添加，如图 6-3-19 所示。

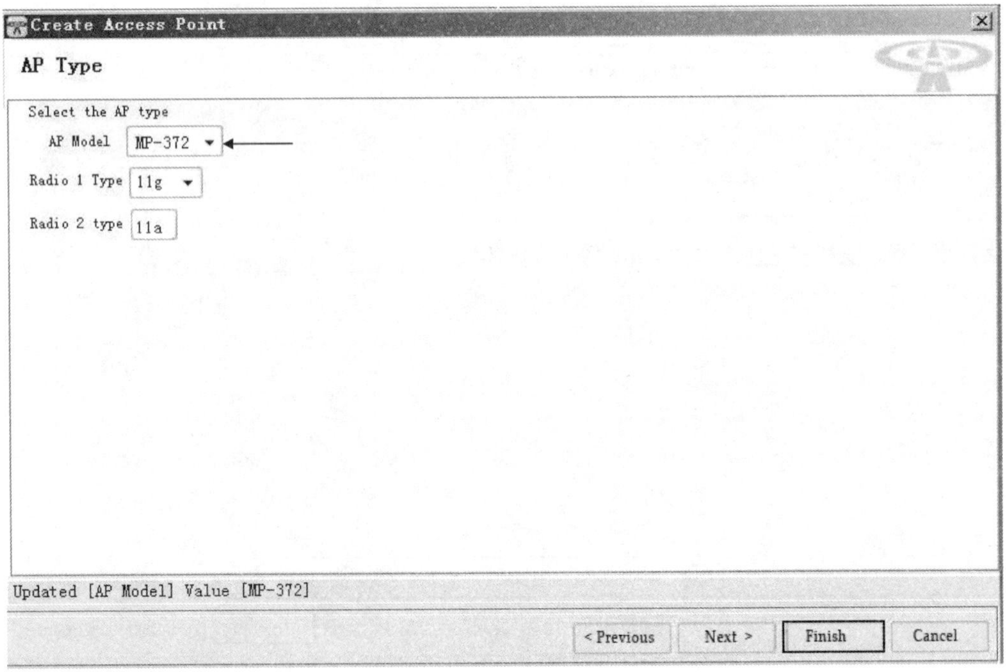

Create Access Point
AP Type
Select the AP type
AP Model
MP-372
Radio 1 Type
11g
Radio 2 type
11a
Updated [AP Model] Value [MP-372]
< Previous
Next >
Finish
Cancel

图 6-3-19 选择 AP 型号与协议

04 配置无线交换机 DHCP 服务器

1）进入“System”→“VLANs”选项，选择“default”Vlan，单击“Properties”按钮进入属性配置，如图 6-3-20 所示。

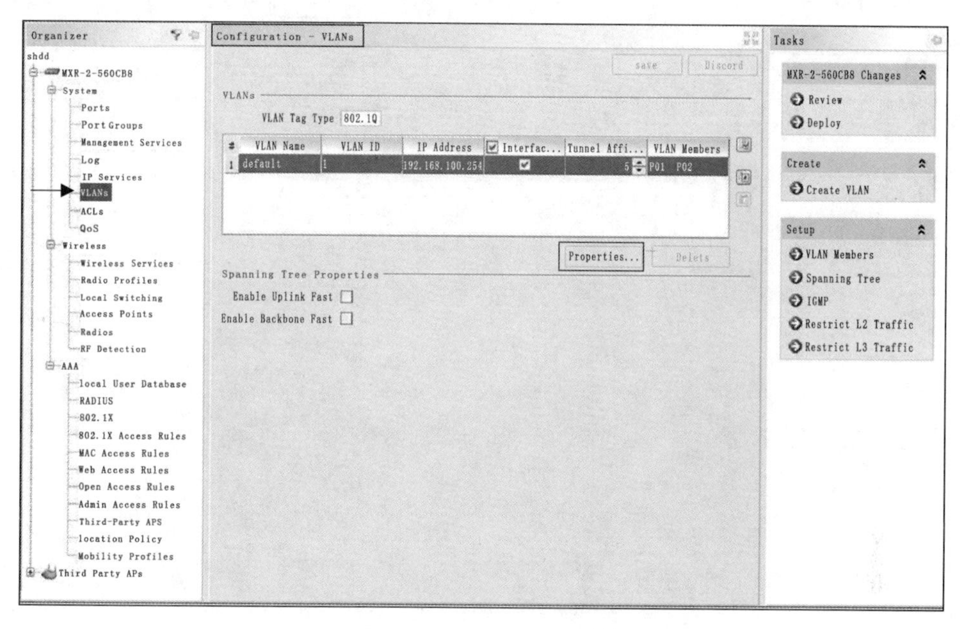

图 6-3-20　进入 VLAN 属性

2）在弹出的“VLAN Properties”对话框中，勾选“DHCP Server”选项，激活 DHCP 服务器，设置地址池和 DNS，保存，如图 6-3-21 所示。

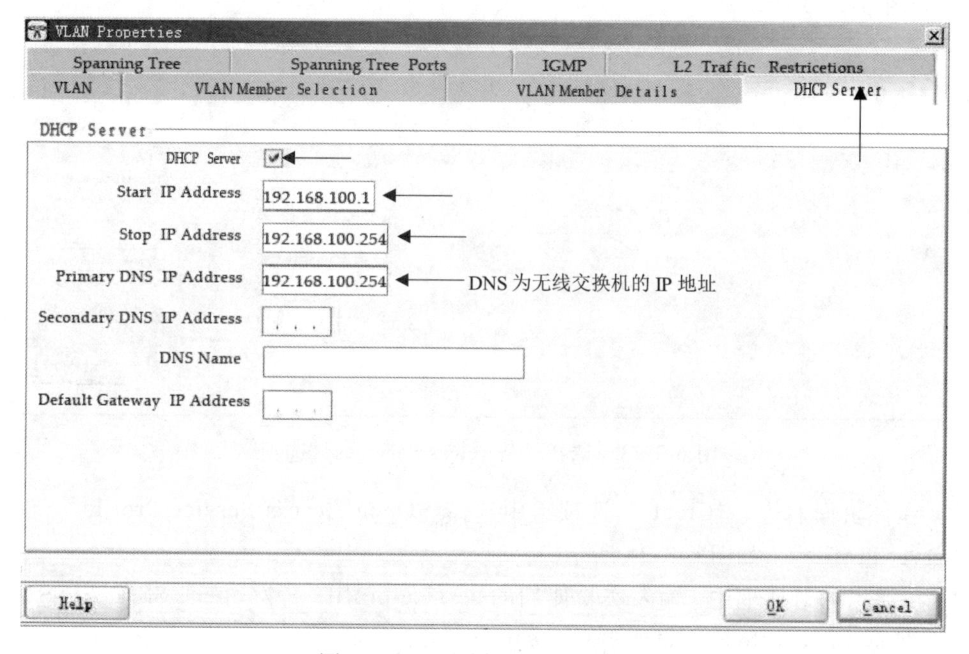

图 6-3-21　配置 DHCP 服务器

3）进入“System”→“Ports”选项，将无线交换机的端口 POE 打开，并保存，如图 6-3-22 所示。

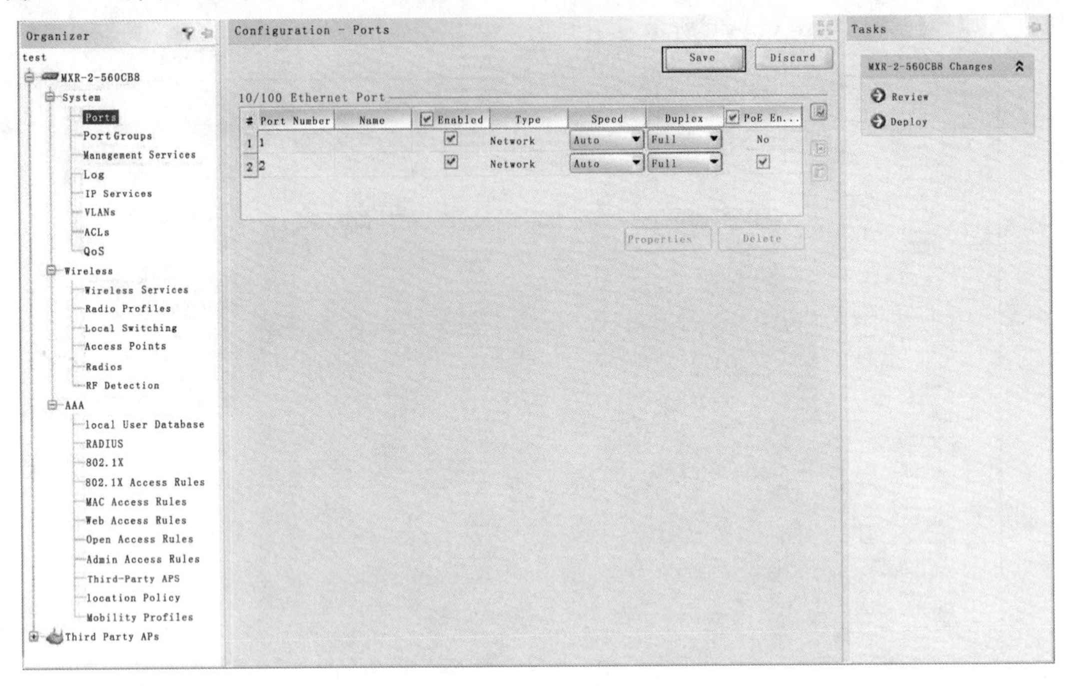

图 6-3-22 打开无线交换机 POE 端口

05 配置 Wireless Services

1）依然在“Configuration”配置页面中，单击“Wireless”→“Wireless Services”选项，如图 6-3-23 所示。

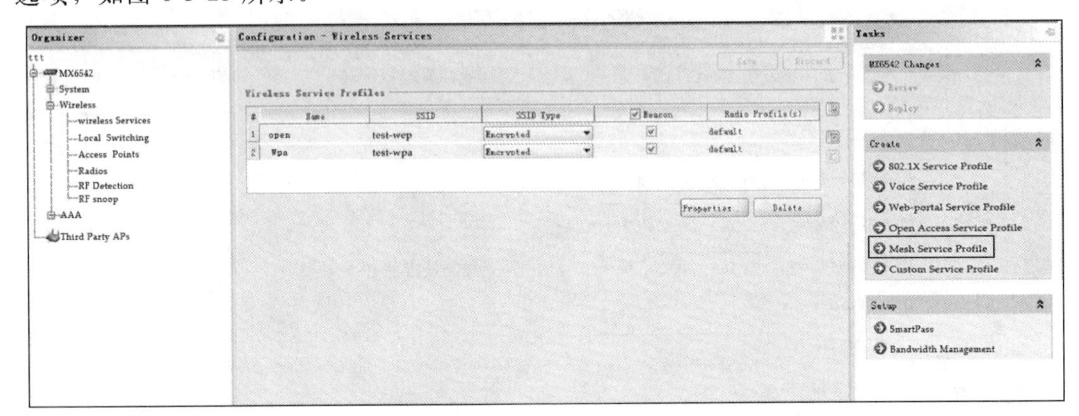

图 6-3-23 选择“Wireless Services”选项

2）在该页面右边，“Create”选项组中选择“Open Access Service Profile”，创建一个“Server Profile”，如图 6-3-24 所示。

3）在弹出的对话框中，输入实验使用的 service-profile 名为 open，SSID 为 test-wep，SSID 类型为“Encrypted”，即加密的，如图 6-3-25 所示。

4）在弹出的对话框中，选择使用静态的 WEP 加密方式，如图 6-3-26 所示。

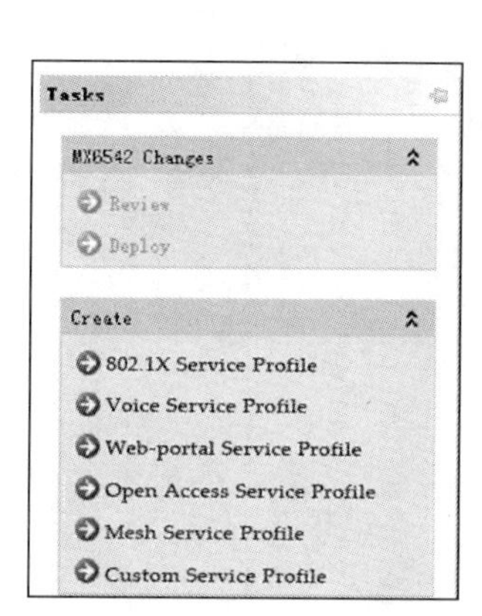

图 6-3-24 打开“Open Access Service Profile”

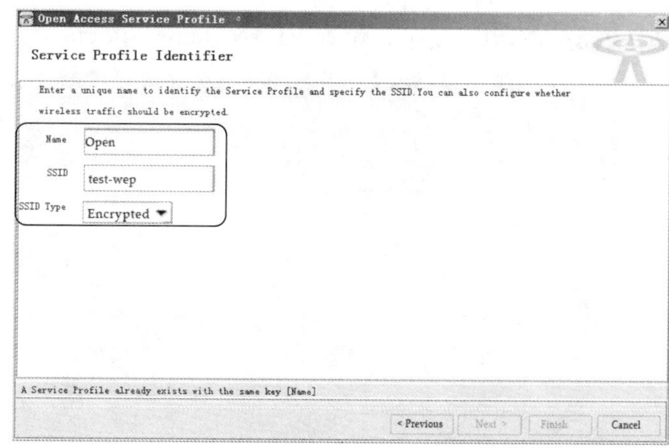

图 6-3-25 设置 NAME 和 SSID

5）单击“Next”按钮，按钮在如图 6-3-27 所示“WEP Key1”文本框中输入密钥“1234567890”，之后接入的无线客户端都需要输入正确的密钥才能接入网络。

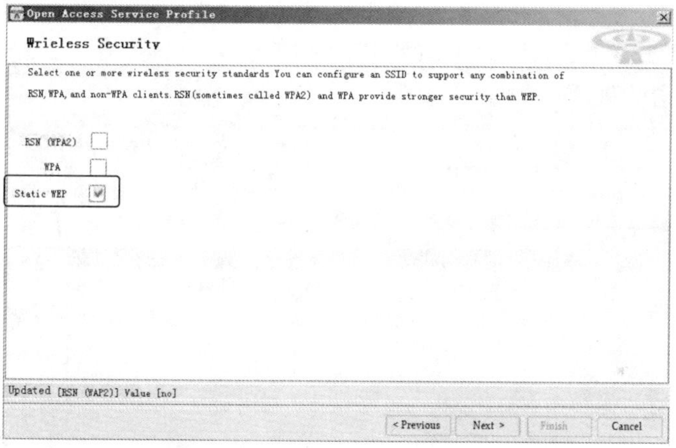

图 6-3-26 选择静态加密方式

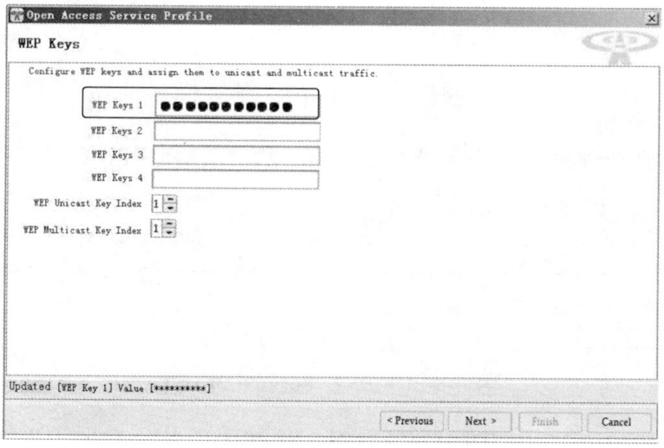

图 6-3-27 输入密钥

6）单击“Next”按钮，设置 VLAN Name 为 default，如图 6-3-28 所示。

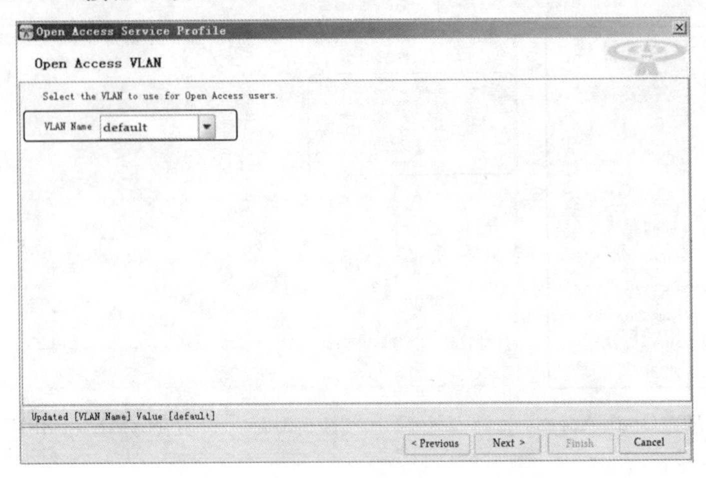

图 6-3-28 设置 VLAN 名为“default”

7）单击“Next”，设置 Radio Profiles 使用“default”，最后单击“Finish”按钮，如图 6-3-29 所示。

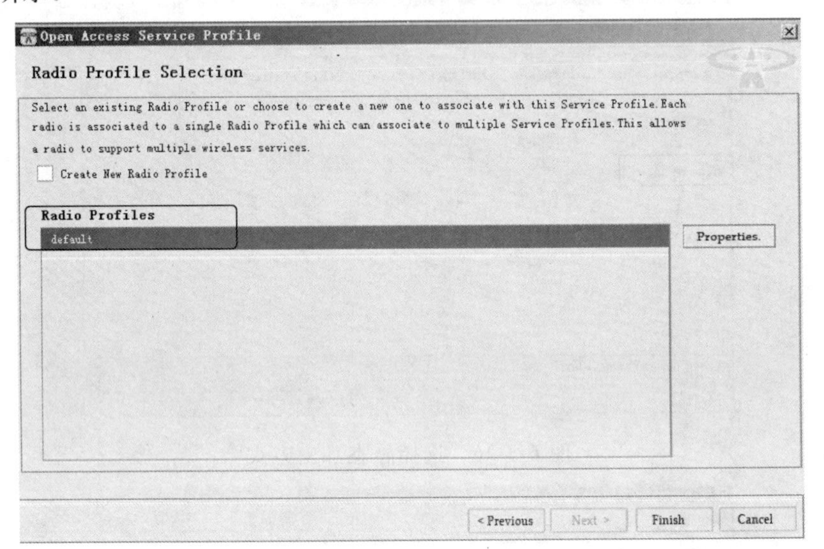

图 6-3-29 Radio Profiles 使用 Default

8）至此，已成功创建完一个名字叫做 open 的“Service Profile”，如图 6-3-30 所示。

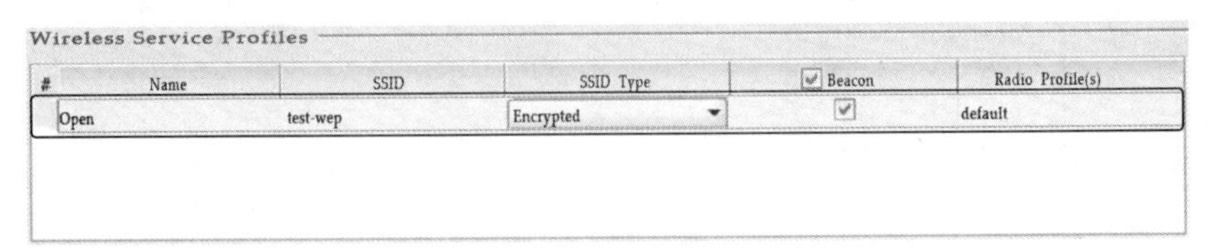

图 6-3-30 查看 Service Profile

9）然后单击窗口右边的“Deploy”按钮，将刚才所做的配置下发到无线交换机，如图 6-3-31 所示。

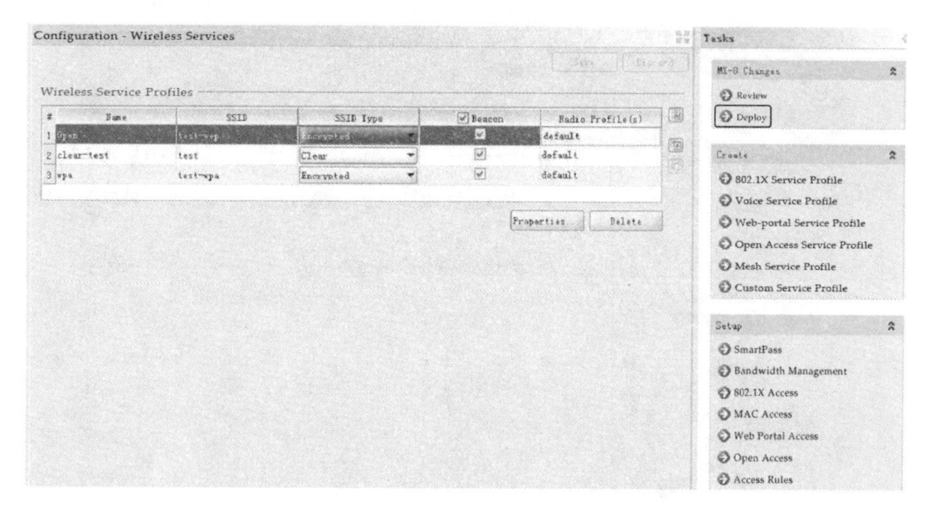

图 6-3-31　单击“Deploy”按钮

10）弹出的窗口出现如图 6-3-32 所示“Deploy completed”时，配置下发完成。此时配置完成，无线网络便会广播出采用 WEP 加密方式的 SSID——“test-wep”。

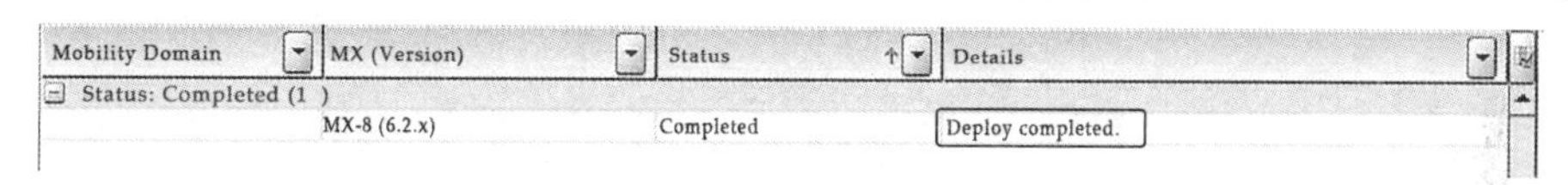

图 6-3-32　弹出窗口信息

06 测试无线客户端连接情况

1）打开无线网络连接窗口，搜寻无线网络，发现名为“test-wep”的 SSID，并连入该 SSID，如图 6-3-33 所示。

2）选中该 SSID，单击“连接”，此时会提示输入 WEP 密钥，如图 6-3-34 所示。输入密钥“1234567890”。

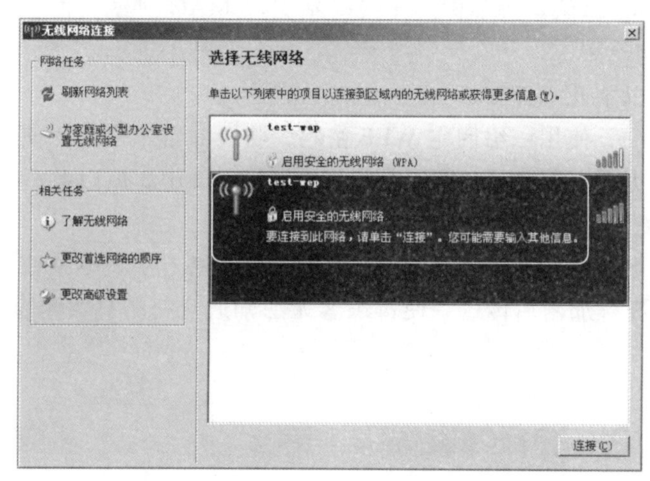

图 6-3-33　查看无线网络连接信息

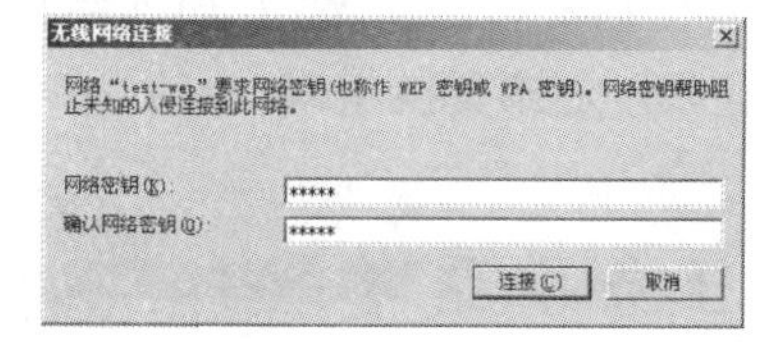

图 6-3-34　输入密钥窗口

3）单击“连接”之后，无线客户端便可以正确连接到无线网络了，如图 6-3-35 所示。无线客户端可以 Ping 通无线交换机地址和 PC1 的地址。

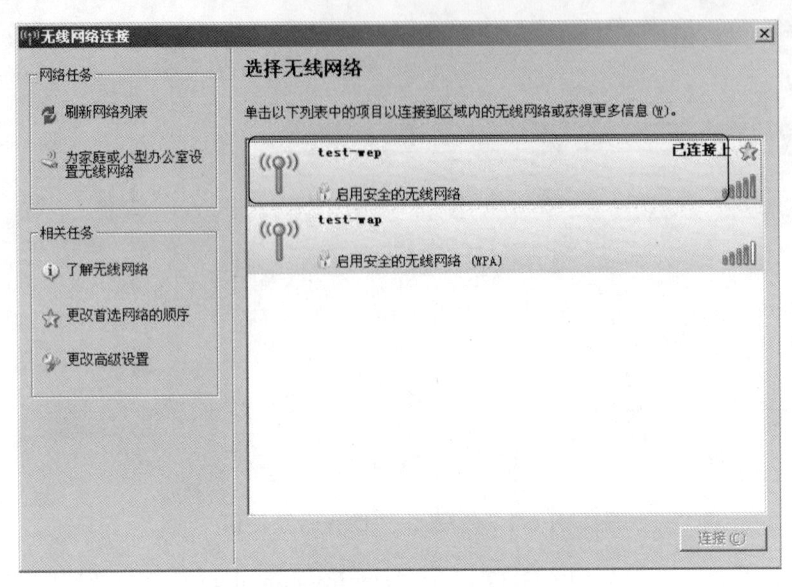

图 6-3-35 连接成功

相关知识

WEP 是 Wired Equivalent Privacy 的简称，是 802.11b 标准里定义的一个用于无线局域网（WLAN）的安全性协议。WEP 被用来提供和有线局域网 LAN 同级的安全性。LAN 天生比 WLAN 安全，因为 LAN 的物理结构对其有所保护，部分或全部网络埋在建筑物里面也可以防止未授权的访问。

经由无线电波的 WLAN 没有同样的物理结构，因此较易受到攻击和干扰。WEP 就是通过对无线电波里的数据加密提供安全性，如同端—端发送一样。WEP 特性里使用了 rsa 数据安全性公司开发的 rc4 prng 算法。假如你的无线基站支持 MAC 过滤，推荐将 MAC 地址过滤连同 WEP 加密一起使用。

为了让 WEP 更安全，这里有以下几点建议。

1）使用多组 WEP 密码（KEY），使用一组固定 WEP 密码，将会非常不安全，使用多组 WEP 密码会提高安全性，但是请注重 WEP 密码是保存在 FLASH 中，所以某些黑客进入您的网络上的任何一个设备，就可以进入您的网络。

2）使用最高级的加密方式，当前的加密技术提供 64 和 128 位加密方法，尽量使用 128 位加密，这样 WEP 加密会将资料加密后传送，使得黑客无法知道资料的真实内容；

3）定期更换密码。

任务小结

密钥的选择必须符合要求。

7

项目七　网络故障的分析与排除

项目说明

在网络出现故障之后能够迅速、准确地定位故障点，并排除故障，这要求网络管理员对网络协议和技术有着深入的理解，更重要的是需要建立一个系统的故障排除思想，并将其合理应用于实践中。将一个复杂的问题隔离、分解或缩减排错范围，从而及时修复网络故障，这对网络维护人员和网络管理人员来说是个挑战。因此本项目针对常见的网络故障，给出了分析和解决的办法。通过本项目掌握网络故障及其分类、网络故障检测方法、简单网络故障的排除。

任务一　认识网络故障检测工具

任务二　网络故障的排除实例

技能目标

- 认识网络故障的分类。
- 懂得使用常用的网路故障检测工具。
- 掌握常见的网络故障解决办法。

任务一 认识网络故障检测工具

任务描述

在网络运行过程中，难免会出现各种各样的故障，在排除故障时，除了靠人的经验之外，合理利用一些工具，可有助于快速准确地判断故障原因。常用的故障检测工具有软件工具和硬件工具两类。

硬件工具又分为两大类：一类硬件工具用作测试传输介质（网线）的；另一类用作测试网络协议、数据流量。故障检测的软件工具也分成两类：一类是Windows自带的网络测试工具，另一类是第三方商品化的测试软件。

任务实施

01 网络测试的硬件工具

（1）简易网络测线器

最常见的网络测线器如图7-1-1所示，是用来测试双绞线的连通性和线序的。其使用方法是将双绞线的两个接头插入测线器的两个RJ-45接口中，打开测线器的开关，此时应看到一个红灯在闪烁，表示其已经开始工作。观察其面板上表示线对连接的绿灯，通常为8个，每个灯对应一条线。如绿灯顺序亮起，则表示该线缆制作正确；如果某个绿灯始终不亮，则表示其对应的线没接好，不导通，此时需要重做RJ-45接头。测试时，最重要的是不仅保证每个对应的绿灯都亮，还要保证绿灯亮的顺序与自己所预期的接线顺序相同。

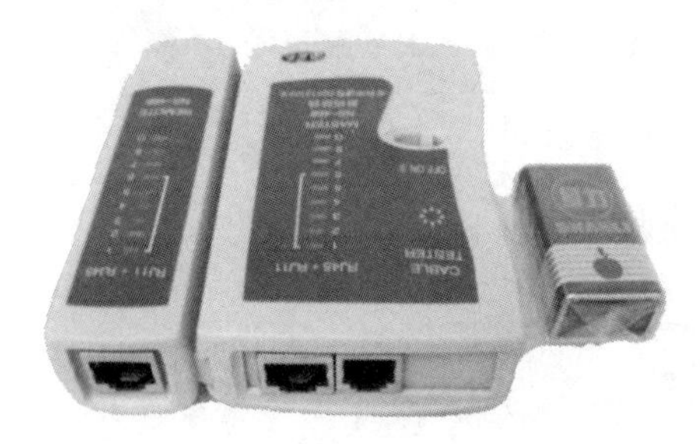

图7-1-1 最常见的网络测线器

（2）专业测试仪

简易测线器只能简单地测试线缆是否导通，而传输质量的好坏则取决于一系列的因素，如线缆本身的衰减值、串扰的影响等。在这些复杂的电气特性因素影响下，有时会出现线缆工作不稳定，甚至完全不能工作的情况。这时往往需要更复杂、高级的测试设备才能准确地判断故障原因。这种专业的测试仪包括有Fluke公司的DTX-1800测试仪，如图7-1-2所示，能同时测试双绞线、光缆、同轴电缆等不同传输介质的电气特性，如它们的接线图状态（图7-1-3）、线的长度（图7-1-4）、串扰值（图7-1-5），换耗情况（图7-1-6）等方便我们查找故障的起因。

02 网络测试的软件工具

（1）Windows自带的测试工具

Windows操作系统各个不同的版本中都集成有一些网络测试命令，通过这些命令可

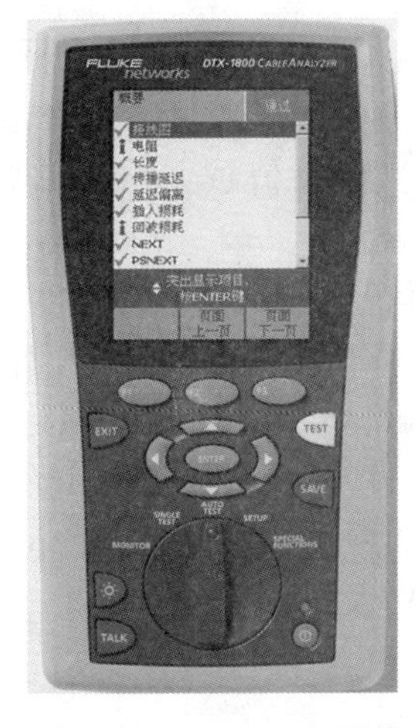

图 7-1-2 Fluke 公司的 DTX-1800 测试仪

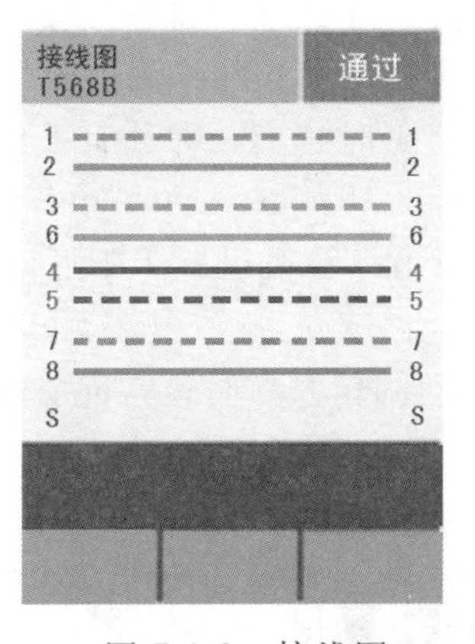

图 7-1-3 接线图

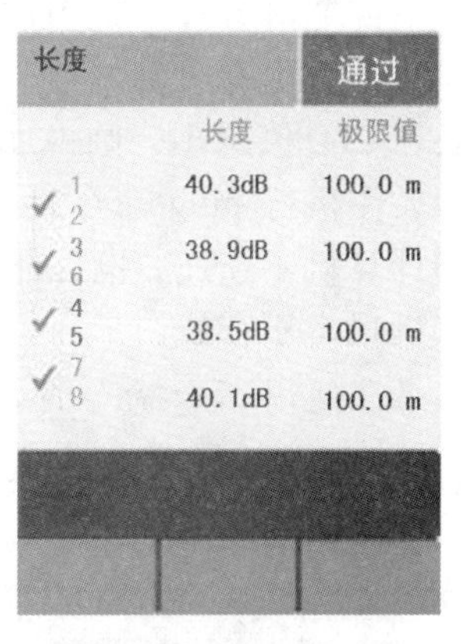

图 7-1-4 测线的长度

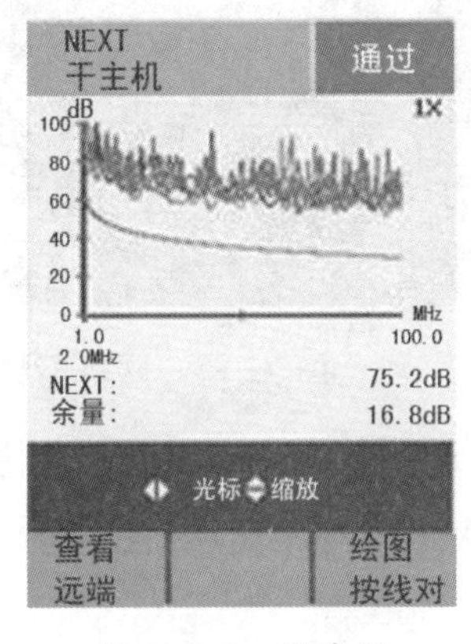

图 7-1-5 测串扰

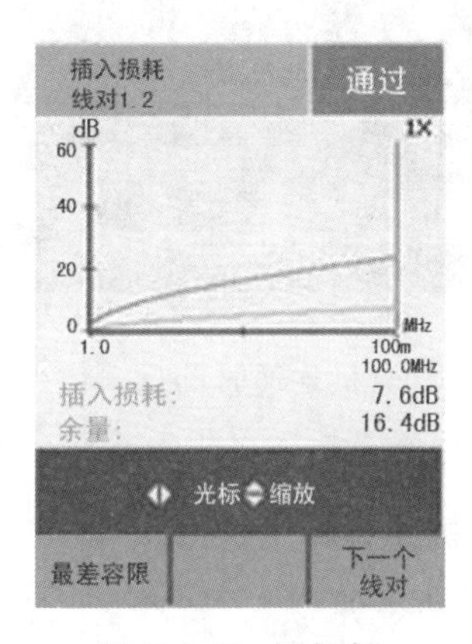

图 7-1-6 测损耗

以测试网络的连通性、配置参数和协议等。这些命令有两种执行方式：即通过“开始”菜单打开“运行”窗口直接执行；另一种是在“命令提示符”下执行。常用的命令有 ping、config、tracert、arp、pathping 等几种，如果要查看它们的帮助信息，可以在命令提示符下直接输入“命令符”或“命令符/? ”，如“ping/?”。

1）ping——测试 IP 网络连通性。ping 命令是使用频率最高的测试连通性的命令，一旦网络不通或传输不稳定时，首先应使用 ping 命令测试。Ping 命令内置于 Windows 系统的 TCP/IP 协议中，无需安装，使用简单但功能强大。ping 命令使用 ICMP 协议来简单地发送一个数据包并请求应答，接收请求目的的主机再次使用 ICMP 发回同所接收的数据一样的数据，于是 ping 命令便可对每个包的发送和接收报告往返时间，并报告无响应包的百分比，这对确定网络是否正确接连以及网络接连的状况（包丢失率）是十分有用的。通常情况下可以通过如下三种命令格式测试到对方的连通性。

ping IP 地址：如 ping 192.168.1.20

ping 计算机名：如 ping lhx

ping 域名：如 ping www.163.com

ping 命令开始工作时，会向目标主机连续发送四个测试包，如果返回值是如图 7-1-7 所示，则说明对方计算机当前在线，并且可以与该计算机连通，同时通过 time（使用时间）和 TTL（生存时间）值，还可以了解到网络的大致性能。time 值越大，说明使用时间越长，TTL 值越小，则说明网络延时越大，并且有丢包现象。

如果在执行 ping 命令时，返回“Request time out”的信息，则说明有可能与该 IP 地址的计算机不连通，也可能是对方计算机设置了不返回 ICMP 包（安装了防火墙），或该计算机根本不在线。

如果在使用 ping 命令时，返回的信息有时正常而有时却显示为“Request time out”，如图 7-1-8 所示，说明自己或对方的网络不稳定，出现丢包的现象，此时可用“ping-t”命令检查网络连续通信是否出现了故障。

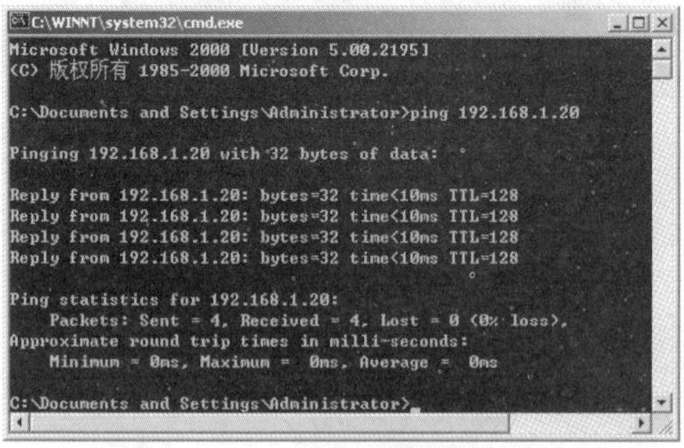

图 7-1-7　两台计算机连通时的反馈信息

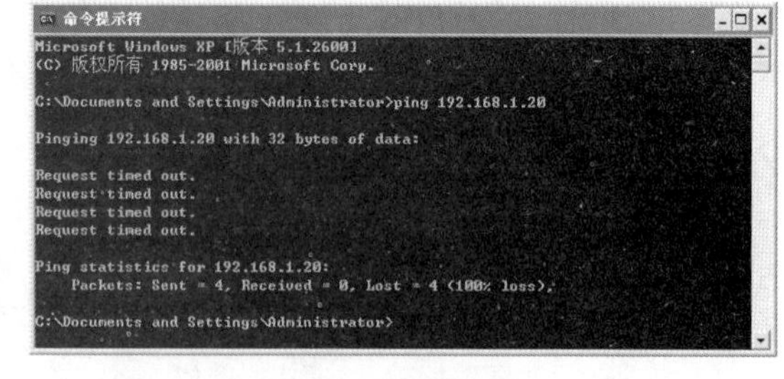

图 7-1-8　网络不稳定

如果在执行 ping 命令后，返回“Destination host unreachable”的信息，如图 7-1-9 所示，则说明本机和目标主机的 IP 地址有可能不在同一个网段，此时应检查子网掩码和网关地址是否设置正确。

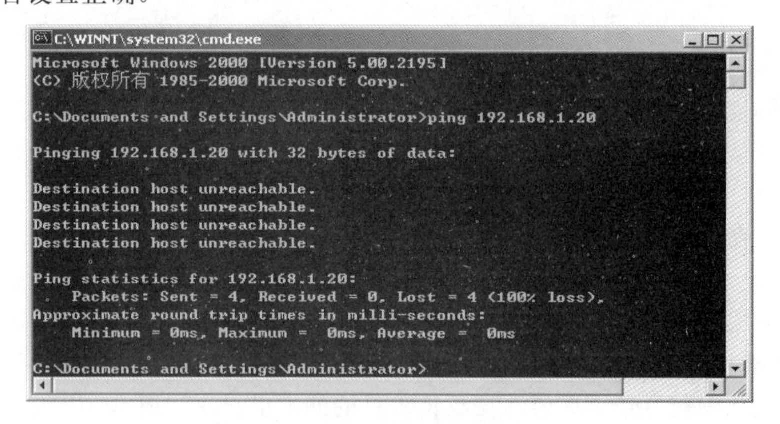

图 7-1-9　有可能不在一个网段

如何检测网卡驱动程序安装是否正常或是否安装了必需的通信协议呢？可使用“ping 本地 IP 地址”或者“ping 127.0.0.1”命令进行测试。

执行 ping127.0.0.1，只要 TCP/IP 协议安装正确，即使网卡没有运行同样可以 ping 通，所以如果 ping 不成功并且网卡驱动程序安装正常，则应从“控制面板”中打开“网络”属性，查看是否安装了 TCP/IP 协议。

而 ping 本机 IP 地址的话，如果网卡运行是 ping 不通的，通过“控制面板”打开“设备管理器”，在“网络适配器”列表中查看网卡是否有一个黄色的“!”。如果有，就需重新安装网卡驱动程序。

如何判断 DNS 服务器设置是否正常？

如果使用 ping 命令可以 ping 通 Internet 上的 IP 地址，但打不开网页，则可能是 DNS 服务器设置有问题。这时，需 ping 本地 DNS 服务器是否能正常接连，并在本地网络连接属性中检查 DNS 服务器设置是否正确。

ping 命令的功能非常强大，除上述功能外，若配合相应的参数使用，还可实现更多的功能。在此不做详细介绍了，大家可以通过“帮助”了解更多信息。

总而言之，ping 命令的主要功能是借助逐段的 IP 通信测试判断网络是否畅通，以及可能发生故障的位置与设备。

2）ipconfig——查看 IP 配置信息。

ipconfig 命令主要功能是显示当前所有的 TCP/IP 网络配置值、刷新动态主机配置协议（DHCP）和域名系统（DNS）设置。

ipconfig /all 参数显示所有的适配器的完整 TCP/IP 配置信息，如图 7-1-10 所示。

```
C:\WINDOWS\system32\cmd.exe
Microsoft Windows XP [版本 5.1.2600]
(C) 版权所有 1985-2001 Microsoft Corp.

C:\Documents and Settings\Administrator>ipconfig /all

Windows IP Configuration

        Host Name . . . . . . . . . . . . : MICROSOF-E2E2FE
        Primary Dns Suffix  . . . . . . . :
        Node Type . . . . . . . . . . . . : Unknown
        IP Routing Enabled. . . . . . . . : No
        WINS Proxy Enabled. . . . . . . . : No

Ethernet adapter 本地连接 3:

        Connection-specific DNS Suffix  . :
        Description . . . . . . . . . . . : D-Link DFE-530TX PCI Fast Ethernet A
dapter (rev.C) #2
        Physical Address. . . . . . . . . : 00-40-05-14-52-C0
        Dhcp Enabled. . . . . . . . . . . : Yes
        Autoconfiguration Enabled . . . . : Yes
        IP Address. . . . . . . . . . . . : 192.168.3.113
        Subnet Mask . . . . . . . . . . . : 255.255.255.0
        Default Gateway . . . . . . . . . : 192.168.3.1
        DHCP Server . . . . . . . . . . . : 192.168.3.1
        DNS Servers . . . . . . . . . . . : 202.96.128.86
                                            202.96.128.166
        Lease Obtained. . . . . . . . . . : 2010年9月7日 14:57:24
        Lease Expires . . . . . . . . . . : 2010年9月8日 14:57:24

C:\Documents and Settings\Administrator>
```

图 7-1-10 “cmd.exe”窗口

如果想刷新或重新获取 DHCP 服务器分配地址，则应先释放旧的配置，再重新获取：

ipconfig /release 释放旧配置，如图 7-1-11 所示。

ipconfig /renew 刷新重新获取配置，如图 7-1-11 所示。

3）tracert——测试路由路径。

tracert 命令也是 Windows 操作系统自带的命令，它通过递增“生存时间（TTL）”字段的值将 Internet 控制消息协议（ICMP）回应数据包或 ICMPv6 消息发送给目标，可以确定到达目标主机的路径。路径将以列表形式显示，其中包含源主机与目标主机路径中路由器的近侧路由器接口。近侧接口是距

注 意

如果获取的 IP 地址显示是 169.254.X.X 开头的话，则表示获取不成功，请检查线路和设置。

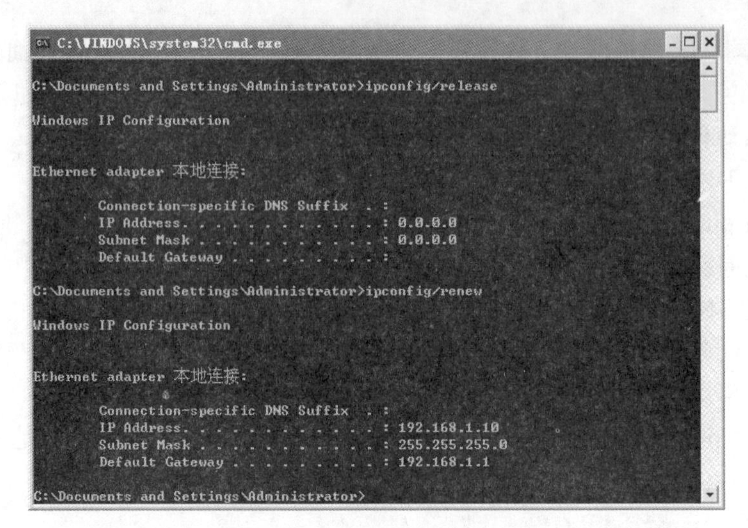

图 7-1-11　释放和刷新配置

离路径中的发送主机最近的路由器接口。

tracert 命令通过跟踪目标主机的方式，确定到达目标主机所需的路径。当网络出现故障时，使用 tracert 命令可以确定出现故障的具体位置，找出在经过哪个路由时出现了问题，从而使网络管理员缩小排查范围。因此 tracert 命令也是网络故障排除过程中常用的一款小工具。

tracert 命令的使用很简单，在命令提示符下运行如下命令，即可看到所经过的路由及使用时间:

```
tracert 主机名或 IP 地址
```

默认状态下，tracert 可以显示 30 条记录。例如，跟踪网站 www.163.com 的路由，如图 7-1-12 所示。

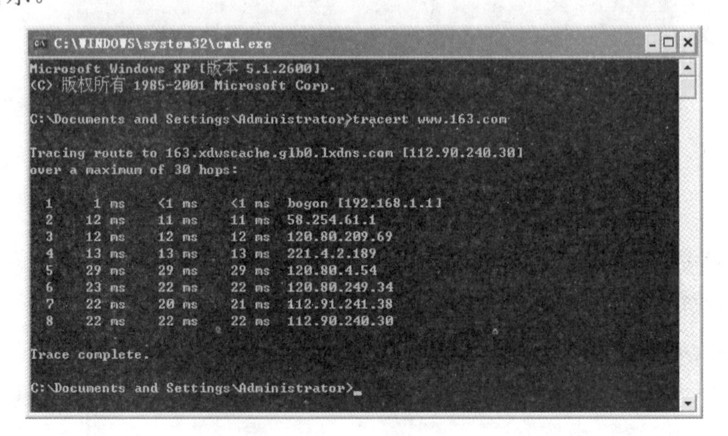

图 7-1-12　跟踪路由

还有一个 pathping 命令与 tracert 命令相似，读者可以自己试一试，在此不再细述。

4）MAC 地址解析工具——arp。

ARP（地址转换协议）是 TCP/IP 协议簇中的一个重要协议，通常用来确定对应 IP

地址的网卡物理地址、查看本地计算机或另一台计算机的 ARP 高速缓存中的当前内容，以及用来将 IP 地址和网卡 MAC 地址进行绑定等。

在系统的 ARP 高速缓存中，记录了 IP 与 MAC 地址的对应数据，如已绑定的 IP 与 MAC 地址等，可通过 arp-a 命令来获得这些信息，如图 7-1-13 所示，列出了 IP 地址与 M A C 地址的对应信息。“Type”一栏若显示“static”表示该数据是静态的，显示“dynamic”则表示为动态数据，动态数据在下次启动时会消失。

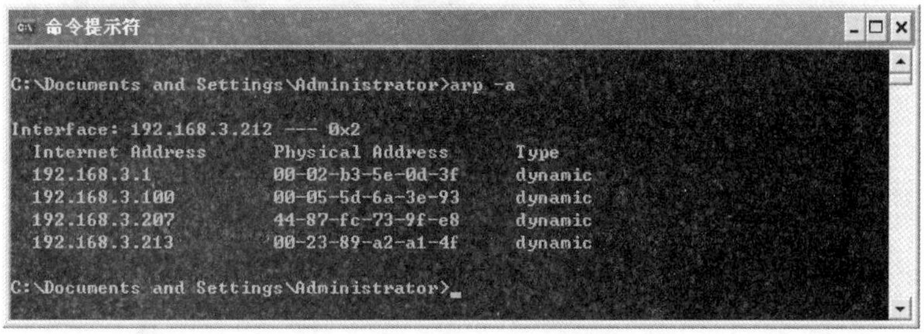

```
命令提示符

C:\Documents and Settings\Administrator>arp -a

Interface: 192.168.3.212 --- 0x2
  Internet Address      Physical Address      Type
  192.168.3.1           00-02-b3-5e-0d-3f     dynamic
  192.168.3.100         00-05-5d-6a-3e-93     dynamic
  192.168.3.207         44-87-fc-73-9f-e8     dynamic
  192.168.3.213         00-23-89-a2-a1-4f     dynamic

C:\Documents and Settings\Administrator>_
```

图 7-1-13　获得 IP 与 MAC 对应信息

在管理网络时，管理员经常会遇到 IP 地址冲突的问题，这是因为有些用户乱设 IP 地址。如果与服务器的 IP 地址相冲突，还会造成网络故障，其他用户将不能与服务器正确连接；若网络中有机器中了 ARP 欺骗病毒，在 ARP 表中，把正确的 IP 地址指向一个错误的 MAC 地址，将造成网络无法正确连接甚至全部瘫痪。为了防止 IP 地址冲突以及 ARP 表被恶意修改，可以把 IP 地址与 MAC 地址进行绑定。

命令如图 7-1-14 所示。绑定后可以看到绑定地址栏状态为“static”，是静态的。

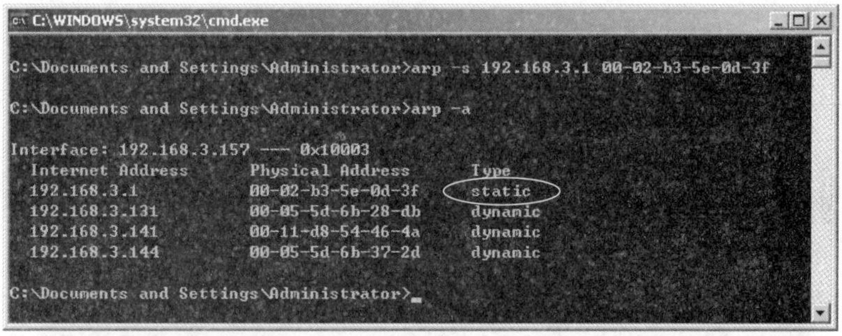

```
C:\WINDOWS\system32\cmd.exe

C:\Documents and Settings\Administrator>arp -s 192.168.3.1 00-02-b3-5e-0d-3f

C:\Documents and Settings\Administrator>arp -a

Interface: 192.168.3.157 --- 0x10003
  Internet Address      Physical Address      Type
  192.168.3.1           00-02-b3-5e-0d-3f     static
  192.168.3.131         00-05-5d-6b-28-db     dynamic
  192.168.3.141         00-11-d8-54-46-4a     dynamic
  192.168.3.144         00-05-5d-6b-37-2d     dynamic

C:\Documents and Settings\Administrator>_
```

图 7-1-14　IP 与 MAC 地址绑定

5）netstat——TCP 和 UDP 连接测试。

所有网络攻击都必须借助相应的 TCP/IP 端口才能实现，因此，扫描并关闭网络中的那些危险端口，作为一种积极防御的手段，被网络管理员广泛应用。

netstat 命令作为 Windows 内置的一个拥有强大功能的工具，它可以查看本地 TCP、ICMP、UDP、IP 协议的使用，查看各个端口的开放情况，显示活动的 TCP 连接、计算机侦听的端口、以太网统计信息、IP 路由表、IPv4 或 IPv6 统计信息。

netstat 命令可带不同的参数，实现不同的功能。下面只举几个例子说明，其余的参数不再细述。

查看本地计算机当前开放的活动端口的连接情况：netstat –a。

当怀疑有可疑的程序在计算机中运行时，可以用 netstat 命令查看与本地计算机端口所建立的连接，如图 7-1-15 所示，这样一来，黑客与木马程序在本地计算机中所开放的与外界通信所使用的端口将显露无疑，为管理员进一步查杀木马打下基础。

```
C:\WINDOWS\system32\cmd.exe
C:\Documents and Settings\Administrator>netstat -a

Active Connections

  Proto  Local Address          Foreign Address        State
  TCP    8568617DF2BA4D6:epmap  8568617DF2BA4D6:0      LISTENING
  TCP    8568617DF2BA4D6:microsoft-ds  8568617DF2BA4D6:0      LISTENING
  TCP    8568617DF2BA4D6:1030   8568617DF2BA4D6:0      LISTENING
  TCP    8568617DF2BA4D6:netbios-ssn  8568617DF2BA4D6:0      LISTENING
  TCP    8568617DF2BA4D6:1261   202.105.13.157:7709    ESTABLISHED
  TCP    8568617DF2BA4D6:1360   192.168.3.141:netbios-ssn  TIME_WAIT
  UDP    8568617DF2BA4D6:microsoft-ds  *:*
  UDP    8568617DF2BA4D6:1043   *:*
  UDP    8568617DF2BA4D6:1278   *:*
  UDP    8568617DF2BA4D6:3600   *:*
  UDP    8568617DF2BA4D6:ntp    *:*
  UDP    8568617DF2BA4D6:1025   *:*
  UDP    8568617DF2BA4D6:1035   *:*
  UDP    8568617DF2BA4D6:1279   *:*
  UDP    8568617DF2BA4D6:1900   *:*
```

图 7-1-15 查看开放的活动端口

图 7-1-15 中“Proto”表示协议名称（TCP/IP），“Local Address”表示本地计算机的 IP 地址正在使用的端口号。如果不加“-n”参数，就显示与 IP 地址和端口名称对应的本地计算机名称。如果端口尚未建立，端口以星号（*）显示。“Foreign Address”表示连接远程计算机的 IP 地址和端口。“State”表示 TCP 连接的状态，可能的状态有：CLOSE_WAIT、CLOSED、ESTABLISHED、FIN_WAIT_1、FIN_WAIT_1、LAST_ACK、LISTENING 和 TIME-WAIT 等。

显示活动进程的 ID:

netstat –a –n。

netstat 命令与“-o”参数使用可以显示每个连接相关的所属进程 ID，如图 7-1-16 所示。这样就可以在 Windows 任务管理器中的“进程”选项卡上找到基于 PID 的应用程序，如图 7-1-17 所示，我们可很方便地及时找到木马程序所在，尽快结束木马程序驻留在本地计算机中的进程。

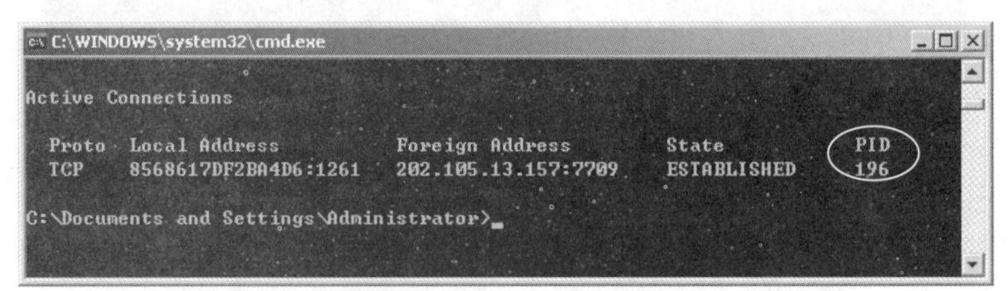

图 7-1-16 查看连接进程 ID

nettat 命令还有如下其他用法:

显示以太网统计信息：netstat –e;

显示路由表信息：netstat –r;

显示 protocol 所指定的协议的连接：netstat –p tcp/udp;

按协议显示统计信息：netstat –s。

（2）商品化的专用测试软件

除了利用操作系统自带的工具软件之外，还可以从专门从事网络管理的提供商那里购买网络分析软件，一个典型的软件就是 Sniffer Protable，如图 7-1-18 所示。Sniffer 软件是 NAI 公司推出的功能强大的协议分析软件，利用 Sniffer Protable 网络分析器强大的功能，可以提供一套合理的网络故障解决方法。

图 7-1-17　对应的连接进程属性

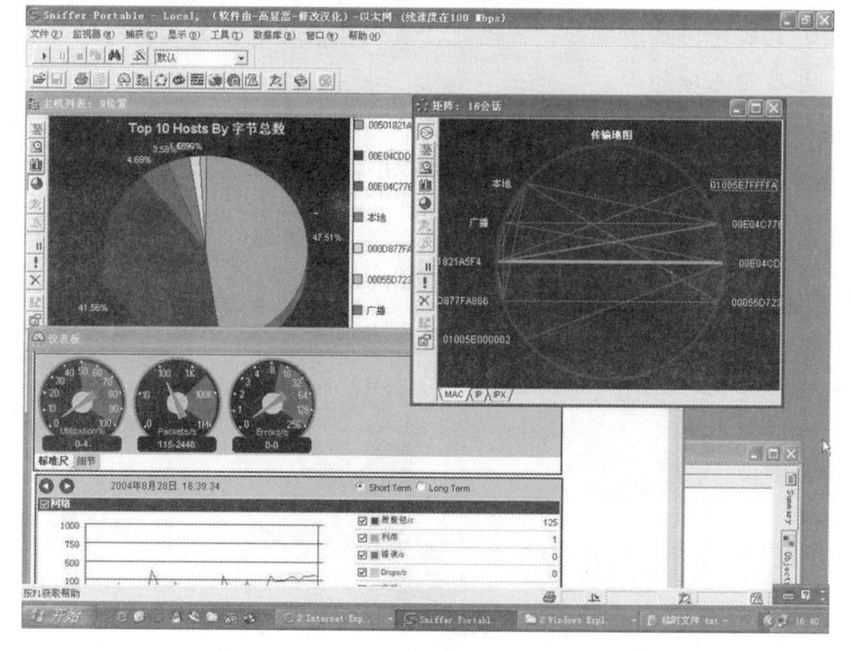

图 7-1-18　Sniffer Protable 网络分析器

Sniffer 软件的主要功能有：捕获网络流量进行详细分析；利用专家分析系统诊断问

题；实时监控网络活动；收集网络利用率和错误等；更详细的使用方法，大家可以查看相关资料。

相关知识

通过对技术决策人开展调查发现，网络故障中断产生的原因大致有下列三个方面：一是设备硬件原因，约占到5%～10%；二是软件系统原因，约占到25%左右；三是人为因素，约占到50%～80%。由此可见网络故障中人为的因素占到很大的比例。而对待网络故障，近半的公司采取被动的方法处理。其实，采用主动的防范方式不但能减少网络运行开支，还能提高网络运行的效率，提高公司形象和员工的工作绩效，可谓一举多得。因此采用主动防范、减少人为因素就成了减少网络故障的两条重要原则。

任务小结

测线仪是一个普通常见的设备，可快速检测双绞线的连通性，因此比较常用在做线过程中的测试；而专业的测试仪因价格昂贵，专业性强，一般用在规模较大、专业性很强的工程建设中。

Windows自带的命令是随手可得的工具软件包，应用广泛，这也是我们必须了解和掌握的基本技能。至于一些第三方的网络公司的网络分析软件，也是我们分析网络协议、排除故障的有力帮手，也要求我们至少掌握一款这方面的软件的使用方法。

要想在这些测试工具中快速判断出网络性能的好坏，查找出网络故障的原因，要求我们必须有扎实的网络基础知识，因此，我们在依赖这些工具的同时，还要老老实实地学习一些理论基础知识。

练习测评

在局域网共享上网时，主机192.168.1.5不能连接到Internet，如图7-1-19所示。按从近到远的原则使用ping命令查找故障，并输入每一步的命令。

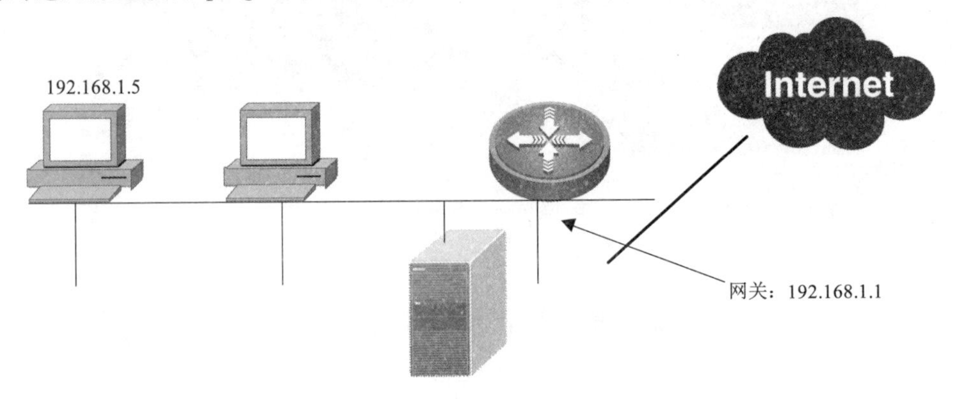

图7-1-19 网络拓扑图

测试步骤如下：

ping 回环地址以验证 TCP/IP 已经安装且正确装入。

命令：____。

ping 其他工作站的地址以验证工作站是否正确加入，并检查 IP 地址是否冲突。

命令：____。

ping 默认网关的 IP 地址，以验证默认网关打开并且在运行，验证是否可以与本地网络通信。

命令：____。

ping 远程网络上主机的 IP 地址以验证能通过路由器访问到 Internet（以 www.sina.com.cn/202.205.3.142 为例）。

命令：____。

如果这时候在浏览器中输入 IP 地址可以访问，而输入远程主机的域名却访问不了，则原因可能出现在什么地方？

任务二　网络故障的排除实例

任务描述

在网络组建完成后的日常运行过程中，经常出现网络运行速度慢，或者断网现象，给我们的使用者和维护者带来很多烦恼。如何根据这些现象来判断网络中存在的问题，并解决这些问题？通过什么样的手段来获取诊断信息，确定故障点，查找问题的根源？如何快速恢复故障，保证网络的正常运行，使网络发挥最大的作用？这就是我们这一任务所要学习的内容。

任务实施

由于引起网络故障的原因非常多，我们不可能都罗列出来分析讲解，在此仅列出一些常见的网络故障现象，希望通过这些现象的分析，能给读者一些解决网络故障的经验和启示。

01 常见病毒的故障与排除

故障 1

故障现象　操作系统为 Windows XP，上网时打开 3～5 个 IE 窗口，CPU 占用率就上升到 100%并经常出错。

原因及解决方法　导致 CPU 占用率过高的原因，很可能是计算机中感染病毒，特别是各种蠕虫病毒。建议安装病毒查杀软件，并启用病毒防火墙，彻底查杀系统中所有的病毒。除此以外，还应当及时在线升级病毒库和 Windows 安全补丁。系统中的 IE 文件遭到破坏，也会导致该现象。可以使用 SFC 命令来检查是否有系统文件损坏。计算机本身开启的服务太多，消耗了太多系统资源也是原因之一，应关掉不需要的系统服务。

故障 2

故障现象 用户开机后能上网，但没多久就断了，如果把网卡禁用后再启用，网络就正常了，但过 10 分钟又无法 ping 通，周而复始。

原因及解决方法 我们知道，网卡禁用再启用的过程，就是一个 ARP 的学习过程，在此期间，它会发出一个 ARP 的请求，询问谁是这个网段的网关，然后得到这个网关的 MAC 地址，当它需要去访问不同网段机器的时候，就会把数据包发给那个网关。那么，是不是用户的某台机器中了病毒，导致它可以模仿真实网关的地址，使得在局域网内的客户端在上网时都把数据包发给了这个模仿真实网关的机器，从而产生故障。在一台机器上用 arp-a 命令去查看这台机器默认网关的 MAC 地址，发现当网络正常时显示的默认网关的 MAC 地址是正确的，当故障出现时默认网关的 MAC 地址突然改变了。解决方法就是记下并找出出现故障时显示的那个网关的 MAC 地址，拔掉该机器的网线将其隔离，网络即恢复正常；或者在交换机中和客户机中同时绑定网关 MAC 地址。

故障 3

故障现象 “网上邻居”中找不到服务器。单位网络一直使用正常，但某天早上开机，大部分的计算机都上不了网（计算机提示通信失败），从“网络邻居”里找不到服务器。查毒没有查到任何病毒。以为是交换机的部分端口坏了，于是将不能上网的计算机的端口换到可以上网的计算机交换端口上，仍然不行。

原因及解决方法 从以上情况来看，估计网络上有“冲击波”等病毒，建议在查病毒时，关闭交换机，查网络中的每一台计算机。另外，在关闭交换机之前，请查看交换机上的状态指示灯，如果指示灯一直在快速闪动，说明网络负载比较重，是“冲击波”病毒的典型表现。请用最新的杀毒软件检查网络中的每一台计算机，并安装 Windows2003/XP 系统的冲击波补丁。

02 常见主机故障与排除

故障 1

故障现象 在“网上邻居”中可以看到自己，却看不到其他连网计算机，无法访问共享资源。

原因及解决方法 这可能是“网上邻居”最常见的故障之一，是有关“网上邻居”互访的问题，这涉及许多因素，有常见的软件配置因素，也可能有硬件故障因素。所有的计算机都设置，可按下列步骤设置。

1）设置“简单文件共享”（这是无需用户和密码验证共享的必要条件）。

先打开“我的电脑”，在窗口中单击菜单栏的“工具→文件夹选项→查看”，勾选“使用简单文件共享（推荐）”，然后单击“确定”。

2）设置共享网络（这是“网上邻居”中显示对方共享文件夹的必要条件）。

右击“网上邻居→属性→设置家庭或小型办公网络”，然后按提示操作，工作组名要相同，最后重启系统。

3）如果打开“网上邻居”后看不到对方的共享文件夹，但可以通过单击“查看工作组计算机”看到对方计算机名称，然而双击它时提示“无法访问，你可能没有权限使用网络资源”。原因是“不允许SAM帐户和共享的匿名枚举”策略被启用(系统默认是“停用”)。

解决方法：执行“开始→设置→控制面板→管理工具→本地安全策略本地策略→安全选项”，在右栏找到“网络访问：不允许SAM帐户和共享的匿名枚举”并双击，然后在弹出的对话框中选“已禁用”，最后“确定”即可。

4）如果在设置共享文件夹时出错，提示“试图共享xxxx时出现错误。没有启动服务器服务”，说明你的系统是经过“极端优化”的，server服务被禁用了，开启该服务即可，方法是：运行services.msc，在弹出的窗口中找到server这个服务并双击，再在弹出窗口的“启动类型”栏选“自动”，然后再点“启动”，最后“确定”退出设置。

5）如果软件配置没有问题，则需要进一步确认硬件部分有无问题。对于这类硬件造成的故障，要借助于网络软件工具进行测试，以进一步确定是否真的由硬件引起。

故障2

故障现象 局域网内用户访问外网不畅。办公室内有20台计算机和5台笔记本电脑上网，网络已经配置完毕。服务器运行Windows 2003操作系统，启用DHCP、DNS、IIS、SQL Server 2000服务，运行Web服务器，安装双网卡。因公司暂时没采用静态IP地址，而使用ADSL+ Windows 2003的ICS共享Internet连接。局域网访问互联网的速度非常慢，有时需要刷新好几次才能打开网页。ping局域网均正常，局域网ping网站有时正常地返回time和TTL值，但是网页打不开。

原因及解决方法

1）如果将DHCP等网络服务及SQL数据库服务全部集中在代理服务器一台机器上，将造成系统负担过大，而使Internet连接共享服务的效率大打折扣，从而导致Internet连接速率大幅下降。建议关闭不必要的服务，或者将对系统资源要求高的服务配置到其他机器上。另外也应检查机器是否感染了蠕虫病毒。

2）Windows 2003系统自带的Internet连接共享效率并不是很高，只适应于小范围的场合，如果机器数量比较多，推荐使用Windows 2003中带有的NAT或者ISA Server作代理服务器，使用Wingate、Sygate等代理软件效果也不错。这是使用Windows 2003的Internet连接共享的常见问题。

3）试着从代理服务器上测试Internet连接速度。如果代理服务器上连接速度也非常慢，应当与ISP联络，更换ADSL链路或Modem。

4）检查局域网的集线设备工作是否正常，并重新启动交换机。

03 常见网线网卡故障与排除

故障1

故障现象 网络中的计算机之间都比较远，但彼此距离都在100米之内，通信都比较正常，但有一台计算机传输非常不稳定，时通时不通。

原因及解决办法 考虑到计算机之间距离都比较远，网线出错的机会比较大，应检查网线是否为标准的接法，双绞线是由4对线严格合理地紧密绞和在一起，减少串扰和背景噪音的影响。同时，在T568A标准和T568B标准中仅使用了双绞线的1、2和3、6四条线。其中，1、2用于发送，3、6用于接收，而且1、2必须来自一个绕对，3、6必须来自另一个绕对。只有这样，才能最大限度地避免串扰，保证数据传输。

故障 2

故障现象 启动 Windows，通过“网上邻居”查看网络连接情况，有时未见到“本地连接”的图标，有时发现“本地连接”图标右下方有红色的交叉号或黄色的叹号。

原因及解决方法 如果确定独立的网卡已经插到 PCI 槽，集成网卡已经在 BIOS 中启用，但在“网上邻居”查看网络连接未发现“本地连接”图标，则可能是网卡松动没插好，另一种可能是驱动程序没安装正确，到“设备管理器”中进一步确认；如果发现“本地连接”图标右下方有红色的交叉号，则说明网线没插好，检查网线的连通性，同时检查对方的交换机接口是否接好或完好，如果都没问题则说明网卡本身有问题，可用替换法进一步确认；如果发现“本地连接”图标右下方有黄色的叹号，则说明网卡的 IP 地址配置不正常，可手工填写一个正确的地址。

04 常见交换机故障与排除

故障 1

故障现象 将某工作站连接到交换机上的几个端口后，无法 ping 通局域网内其他计算机，但桌面上“本地连接”图标仍然显示网络连通。

原因及解决方法 先检查这些被 ping 的计算机是否安装有防火墙。三层交换机可以设置 VLAN，不同 VLAN 内的工作站在没有设置路由的情况下无法 ping 通，因此要修改 VLAN 的设置，使它们在一个 VLAN 中，或设置路由使 VLAN 之间可以通信。

故障 2

故障现象 交换机的指示灯有节奏同步快速闪动，说明网络中已产生广播风暴，网络通信会变得非常慢或不通。

原因及解决方法 如果是有网管功能的交换机，建议检查是否开通广播风暴限制阈值；检查是否有网线的两个接头同时接到同一台交换机的接口中，这样会形成一个环路，也会产生广播风暴。走线杂乱，线路未作标签，业务走向不明是造成环路故障的主要原因；如果两个相连的交换机没有正确配置端口聚合，也会在两个交换机之间形成环路，产生广播风暴。

故障 3

故障现象 有网管功能的交换机的某个端口变得非常缓慢，最后导致整台交换机或整个堆叠交换机都慢下来。通过控制台检查交换机的状态，发现交换机的缓冲池增长得非常快，达到 90%或更多。

原因及解决方法 首先应该使用其他计算机更换这个端口上原来的连接，看是否由这个端口连接的那台计算机的网络故障导致，也可以重新设置出错的端口并重新启动交换机。个别情况可能是这个端口已损坏。

05 常见路由器故障与排除

故障 1

故障现象 无法登录至宽带路由器设置页面。

原因及解决方法 首先确认路由器与计算机是否正确连接。检查网卡端口和路由器 LAN 端口对应的指示灯是否正常。如果指示灯不正常，重新插好网线或者替换双绞线。

然后在计算机中检查网络连接，先将计算机的 IP 地址设置成自动获取 IP 地址。

查看网卡的连接是否正确获得 IP 地址和网关信息，如果没有请手动设置。

比较新的路由器（尤其是家用的）多采用 IE 登录路由器的方式进行维护，因此可以在 IE 的连接设置中选择“从不进行拨号连接”，再单击“局域网设置”，清空所有选项。然后在浏览器地址栏中输入宽带路由器的 IP 地址，按 Enter 键即可进入设置页面。如还不能登录，请尝试将网关设置为路由器的 IP 地址，本机 IP 地址设为路由器同网段的 IP 地址再进行连接。如果用上面的方法还不能解决所遇到的问题，检查网卡是否与系统的其他硬件有冲突。

注意

计算机和宽带路由器的 IP 地址要求在同一个网段内，如果这些信息已经正确获得，注意是否开启防火墙服务，如开启请将它禁

故障 2

故障现象 路由器无法获取广域网地址。

原因及解决方法 首先检查路由器的 WAN 口指示灯是否已经亮起，如果没亮则网线或者网线接头有问题。然后检查路由器是否已经正确配置并保存重启，否则不能生效。

相关知识

由于网络故障的多样性和复杂性，对网络故障进行分类有助于快速判断故障性质，找出原因并迅速解决问题，使网络恢复正常运行。

根据网络故障的性质把故障分为连通性故障、协议故障与配置故障。

1. 连通性故障

连通性故障是网络中最常见的故障之一，表现为计算机与网络上的其他计算机不能连通，即所谓的“ping 不通”。

导致连通性故障的原因很多，比如网卡硬件故障、网卡驱动程序未安装正确、网络设备故障等。

由此可见，发生连通性故障的位置可能是主机、网卡、网线、信息插座、集线器、交换机、路由器，而且硬件的本身或者软件的设置的错误都可能导致网络不能连通。

连通性故障的排除步骤如下。

（1）确认连通性故障

当出现一种网络应用故障时，如无法浏览 Internet 的 Web 页面，首先尝试使用其他网络应用，如收发 E-mail，查找 Internet 上的其他站点或使用局域网络中的 Web 浏览等。如果其他一些网络应用可正常使用，能够在网上邻居中发现其他计算机，或可“ping”其他计算机，那么可以排除内部网连通性有故障。

查看网卡的指示灯是否正常。正常情况下，在不传送数据时，网卡的指示灯闪烁较慢，传送数据时，闪烁较快。无论指示灯是不亮还是不闪，都表明有故障存在。如果网卡不正常，则需要更换网卡。

“ping”本地的IP地址，检查网卡和IP网络协议是否安装完好。如果“ping”得通，说明该计算机的网卡和网络协议设置都没有问题。问题出在计算机与网络的连接上。这时应当检查网线的连通性和交换机及端口的状态；如果“ping”不通，说明TCP/IP协议有问题。

在控制面板的“系统”中查看网卡是否已经安装或是否出错。如果在系统中的硬件列表中没有发现网络适配器，或网络适配器前方有一个黄色的“!”，说明网卡未安装正确，需将未知设备或带有黄色“!”的网络适配器删除，重新安装网卡。并为该网卡正确安装和配置网络协议，然后进行应用测试。如果网卡无法正确安装，说明网卡可能损坏，必须换一张网卡重试。

使用“ipconfig/all”命令查看本地计算机是否安装TCP/IP协议，是否设置好IP地址、子网掩码、默认网关及DNS域名解析服务。如果尚未安装协议，或协议尚未设置好，则安装并安置好协议后，重新启动计算机执行基本检查的操作。如果已经安装协议，认真查看网络协议的各项设置是否正确。如果协议设置有错误，修改后重新启动计算机，然后再进行应用测试。如果协议设置正确，则可确定是网络连接问题。

（2）故障定位

到连接至同一台交换机的其他计算机上进行网络应用测试。如果仍不正常，在确认网卡和网络协议都正确安装的前提下，可初步认定是交换机发生了故障。为了进一步确认，可再换一台计算机继续测试，进而确定交换机故障。如果在其他计算机上测试结果完全正常，则说明交换机没有问题，故障发生在原计算机与网络的连通性上。

（3）故障排除

如果确定交换机发生故障，应首先检查交换机面板上的各指示灯闪烁是否正常。如果所有指示灯都在非常频繁地闪烁或一直亮着，可能是由于网卡损坏而发生广播风暴，关闭再重新打开电源后看能否恢复正常。如果恢复正常，找到红灯闪烁的端口，将网线从该端口中拔出，然后找到该端口所接连的计算机，测试并更换损坏的网卡。如果面板指示灯一个也不亮，则先检查一下UPS是否工作正常，交换机电源是否已经打开，或电源是否接触不良。如果电源没有问题，则说明交换机硬件出了故障，应该更换交换机。如果确定故障发生在某一个连接上，则首先应测试、确认并更换有问题的网卡。若网卡正常，则用线缆测试仪对该连接中涉及的所有网线和跳线进行测试，确认网线的连通性。重新制作网线接头或更换网线。如果网线正常，则检查交换机相应端口的指示灯是否正常，可更换一个端口再试。

2. 配置故障

配置错误引起的故障也在网络故障中占有一定的比重。网络管理员对服务器、交换机、路由器的不当设置，网络使用者对计算机设置的不当修改，都会导致网络故障。

导致配置故障的原因主要有服务器配置错误、代理服务器或路由器的访问列表设置不当、第三层交换机的路由设置不当、用户配置错误等。

由此可见，配置故障较多地表现在不能实现网络所提供的某些服务上，如不能接入Internet、不能访问某个服务器或不能访问某个数据库等，但能够使用网络所提供的另一些服务。配置故障与硬件连通性故障在表现上有较大差别，硬件连通性故障通常表现为所有的网络服务都不能使用。这是判定是硬件连通性故障还是配置故障的重要依据。

配置故障排除步骤如下。

首先检查发生故障计算机的相关配置，如果发现错误，修改后再测试相应的网络服务能否实现。如果没有发现错误，或相应的网络不能实现，则执行下一步骤。

测试同一网络内的其他计算机是否有类似的故障，如果有，说明问题出在服务器或网络设备上；如果没有，也不能排除服务器和网络设备存在配置错误的可能性，应对服务器或网络设备的各种设置、配置文件进行认真仔细的检查。

3. 协议故障

协议故障也是一种配置故障，由于协议在网络中的地位十分重要，因而将这类故障独立出来讨论。

导致协议故障的原因如下。

1）协议未安装。仅实现局域网通信，需安装NetBEUI、IPX/SPX或TCP/IP协议；若要实现Internet通信，则需安装TCP/IP协议。

2）协议配置不正确。TCP/IP协议涉及的基本配置参数有4个，即IP地址、子网掩码、DNS和默认网关，任何一个设置错误，都可能导致故障发生。

3）在同一网络或VLAN中有两个或两个以上的计算机使用同一计算机名称或IP地址。

协议故障排除步骤如下。

当计算机出现协议故障时，应当按照以下步骤进行故障的定位。

检查计算机是否安装有TCP/IP协议或相关协议，如欲访问Novell网络，则还应添加IPX/SPX等协议。

检查计算机的TCP/IP属性参数配置是否正确。如果设置有问题，将无法浏览Web和收发E-mail，也无法享受网络提供的其他Intranet或Internet服务。

使用ping命令，测试与其他计算机和服务器的连接情况。

在控制面板的“网络”属性中，单击“文件及打印共享”按钮，在弹出的“文件及打印共享”对话框中检查是否已选择“允许其他用户使用我的文件”和“允许其他计算机使用我的打印机”复选框。如果没有，将其全部选中或选中一个。否则，将无法使用共享文件夹或共享网络打印机。

若某台计算机屏幕提示“名字”或“IP 地址冲突”，则重新为该计算机命名或分配IP地址，使其在网络中具备唯一性。

4. 主机故障

1）协议没有安装。

2）网络服务没有配置好。

3）病毒。

4）安全漏洞，比如主机没有控制其上的 finger，RPC，rlogin 等多余服务或不当共享本机硬盘等。

5. 网卡故障

1）网卡物理硬件损坏，可用替换法。

2）网卡驱动没有正确安装。

3）系统的网卡记忆功能。

6. 网线和信息模块故障

1）网线接头接触不良。

2）网线物理损坏造成连接中断。

3）网线接头制作没有按照标准。

4）信息模块制作没有按照标准。

这些故障可以用测线仪很容易检测出来。

7. 集线器故障

1）集线器与其他设备接连的端口工作方式不同。

2）集线器级联故障。

3）集线器电源故障。

可以用更换端口或者更换集线器的方法来检测集线器故障。

8. 交换机故障

1）交换机 VLAN 配置不正确。

2）交换机死机。可通过重启交换机的方法来判断故障原因，也可以用替换法检测交换机故障。

9. 路由器故障

（1）串口故障排除

串口出现连通性问题时，为了排除串口故障，一般是从 show interface serial 命令开始，分析它的屏幕输出报告内容，找出问题所在。串口报告的开始提供了该接口状态和线路协议状态。接口和线路协议的可能组合有以下几种。

1）串口运行、线路协议运行，这是完全的工作条件。该串口和线路协议已经初始化，并正在交换协议的存活信息。

2）串口运行、线路协议关闭，这说明路由器与提供载波检测信号的设备已连接，但没有正确交换接连两端的协议存活信息。可能的故障发生在路由器的配置问题、租用线路干扰或远程路由器故障、Modem 的时钟问题以及通过链路连接的两个串口不在同一子网上，这些都会提示这个报告。

3）串口和线路协议都关闭，可能是电信部门的线路故障、电缆故障或是Modem 故障。

4）串口管理性关闭和线路协议关闭，这种情况是在接口配置中输入了 shutdown 命令。通过输入 no shutdown 命令，打开管理性关闭。接口和线路协议都运行的状况下，虽然串口链路的基本通信建立起来了，但仍然可能由于信息包丢失和信息包错误时会出现许多潜在的问题。正常通信时接口输入或输出信息包不应该丢失，或者丢失的量非常小，而且不会增加。如果信息包丢失有规律性增加，表明通过该接口传输的通信量超过接口所能处理的通信量。查找其他原因发生的信息包丢失，查看 show interface serial 命令的输出报告中的输入/输出保持队列的状态。当发现保持队列中的信息包数量达到了信息的最大允许值，可以增加保持队列设置的大小。

（2）以太网接口故障排除

以太网接口的典型故障问题是：带宽的过分利用；碰撞冲突次数频繁；使用不兼容的类型。使用 show interface Ethernet 命令可以查看该接口的吞吐量、碰撞冲突、信息包丢失等有关内容等。

如果接口和线路协议报告运行状态，并且节点的物理连接都完好，可是不能通信，那么引起问题的原因也可能是两个节点使用了不兼容的帧类型。解决问题的办法是重新配置令它们使用相同帧类型。

如果使用不同帧类型的同一网络的两个设备互相通信，可以在路由器接口使用子接口，并为每个子接口指定不同的封装类型。

10. ADSL 故障

ADSL 常见的硬件故障大多数是接头松动、网线断开、集成器损坏和计算机系统故障等方面的问题。一般都可以通过观察指示灯来帮助定位。

任务小结

前面介绍的各种故障诊断技术有一个共同点，就是首先要确定故障的位置，然后再对产生故障的设备进行故障分析和排除。如果将每种设备可能的故障、故障产生的原因和故障的解决办法归纳出来，无疑可以大大提高故障排除的效率。下面列出了网络中常见一些故障点，可以作为参考。

练习测评

分析下面的故障，逐一说明原因和解决方案。

1．“网络和拨号连接”窗口中找不到“本地连接”。

2．网络安装后，在其中一台计算机上的“网上邻居”中看不到任何计算机。

3．从“网上邻居”中能够看到别人的机器，但不能读取其他计算机上的共享数据。

读书笔记

8 项目八 网络互联综合案例

项目说明

系统学习完前面七个项目后，本项目以全国中职学校学生技能大赛企业网搭建及应用项目的竞赛题为例，主要完成 RIP 和 OSPF 动态路由协议的相关配置，使路由器具有相应的动态路由功能，实现全网互通。在网络互通的基础上，规划不同的 VLAN 中的主机通过分配的地址池获取 IP 地址并访问互联网，将内部的 FTP 服务 Web 服务发布到互联网上。

技能目标

- 在三层交换机上实现 DHCP 功能，动态分配全网 IP。
- IP 地址规划。
- 配置 RIP、OSPF 动态路由协议实现全网互通。
- 网络安全配置。
- 利用 ACL 实现上网控制。

任务描述

1. 应用背景

某公司网络在布设初期接入功能部署齐备，公司内部员工无处无网。随着业务开展得越来越好，员工越来越多，网络设备和终端也越来越多，非工作时间网络利用率也越来越高，渐渐的公司网络的现状给网管带来很多烦恼，例如：IP地址的分配，网络安全和上网控制等都成了需要解决的问题。因此，网管需要对网络细致规划，一方面节约人力，另外一方面节约财力。

2. 网络拓扑图

网络拓扑图如图 8-1-1 所示。

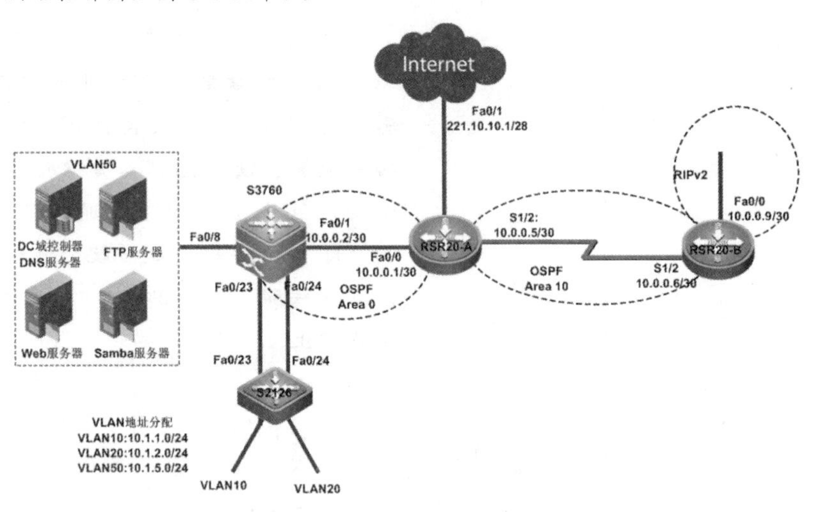

图 8-1-1 网络拓扑图

3. IP 地址规划

IP 地址规划如表 8-1-1 所示。

表 8-1-1 网络 IP 地址划分

源设备名称	设备接口	IP 地址	备注
RSR20A	S1/2	10.0.0.5/30	
RSR20A	FA0/0	10.0.0.1/30	
RSR20A	FA0/1	221.10.10.1/28	
RSR20B	S1/2	10.0.0.6/30	
RSR20B	FA0/0	10.0.0.9/30	
S3760	FA0/1	10.0.0.2/30	
S3760	VLAN10	10.1.1.1/24	
S3760	VLAN20	10.1.2.1/24	
S3760	VLAN50	10.1.5.1/24	
DC/DNS 服务器	PC	10.1.5.10	
FTP 服务器	PC	10.1.5.11	

续表

源设备名称	设备接口	IP 地址	备注
Web 服务器	PC	10.1.5.12	
Samba 服务器	PC	10.1.5.13	

4. 网络配置要求

网络配置具体要求如表 8-1-2 所示。

表 8-1-2 网络配置要求

源设备名称	网络功能	配置要求
RSR20-A	基本功能	配置各接口 IP 地址
	路由功能	配置 OSPF 路由协议、静态路由 路由重发布，OSPF 学习到外部路由类型为 E1 指定 route-id 为 4.4.4.4，使全网互通
	NAT 功能	VLAN10 通过地址池（221.10.10.3～221.10.10.4/28）访问互联网； VLAN20 通过地址池（221.10.10.5～221.10.10.6/28）访问互联网； 将 FTP 服务、Web 服务发布到互联网上，其公网 IP 地址为 221.10.10.11
	安全功能	配置 PPP 协议，配置先 PAP 后 CHAP 验证，此路由器为服务器，口令为 123456; 配置 ACL 实现 VLAN10、VLAN20 的用户只有上班时间（周一至周五的 9:00-18:00）才可以访问互联网
RSR20-B	基本功能	配置各接口 IP 地址
	路由功能	配置 OSPF 路由协议、RIPv2 路由协议； 配置路由重发布，OSPF 学习到外部路由类型为 E1; 指定 route-id 为 3.3.3.3，使全网互通
	安全功能	配置 PPP 协议，配置先 PAP 后 CHAP 验证，此路由器为客户端，口令为 123456
S3760	基本功能	配置各接口 IP 地址、创建并配置 VLAN 信息
	路由功能	配置 OSPF 路由协议，指定 route-id 为 2.2.2.2,使全网互通
	优化功能	配置 RSTP 协议，将此交换机设置为根交换机
	DHCP 功能	配置 DHCP 服务，为 VLAN10、VLAN20 动态分配 IP 地址； 指定 VLAN10 的网关为 10.1.1.1,DNS 服务器地址为 10.1.5.10，WINS 服务器为 10.1.5.10，域名为 labtest.com，其租约为 5 天 5 小时；将 10.1.1.1-10.1.1.10 保留使用，不分配给任何用户； 指定 VLAN20 的网关为 10.1.2.1,DNS 服务器地址为 10.1.5.10，WINS 服务器为 10.1.5.10，域名为 labtest.com，其租约为 5 天 5 小时；将 10.1.2.1-10.1.2.10 保留使用，不分配给任何用户
	安全功能	不允许 VLAN10 与 VLAN20 互相访问，其他不受限制

续表

源设备名称	网络功能	配置要求
S2126	基本功能	配置 VLAN 信息
	优化功能	配置 RSTP，并将所有的 access 接口配置为 portfast 端口
	接口功能	将接口 fa0/1~10 加入到 VLAN20；将接口 fa0/11~20 加入到 VLAN20
	安全功能	配置端口安全功能，每个接入接口的最大连接数为 2，如果违规则关闭接口

任务实施

本任务主要完成 RIP 和 OSPF 动态路由协议的相关验证配置，使路由器具有相应的动态路由功能，实现全网互通。在网络互通的基础上，规划不同的 VLAN 中的主机通过分配的地址池访问互联网，并将内部 FTP 服务、Web 服务发布到互联网上。为了减少人为设置 IP 地址带来的冲突、降低管理难度，在三层交换机上实现 DHCP 功能，动态分配全网地址。为了有效控制在非工作时间的上网，节减开支，加强安全功能，配置 ACL。

01 在路由器 RSR20-A 上进行配置

（1）基本功能

```
Reijie(config)#hostname RSR20-A            //路由器命名为 RSR20-A
RSR20-A(config)#interface s1/2             //进入接口配置模式
RSR20-A(config-if)#ip add 10.0.0.5 255.255.255.252
    //为 s1/2 配置 IP 地址
RSR20-A(config-if)#no shutdown             //打开端口
RSR20-A(config)#interface fa0/0            //进入接口配置模式
RSR20-A(config-if)#ip add 221.10.10.1 255.255.255.240
    //为 f0/0 配置 IP 地址
RSR20-A(config-if)#no shutdown             //打开端口
RSR20-A(config)#interface fa0/1            //进入接口配置模式
RSR20-A(config-if)#ip add 10.0.0.5 255.255.255.252
    //为 f0/1 配置 IP 地址
RSR20-A(config-if)#no shutdown             //打开端口
RSR20-A#show ip interface brief            //验证路由端口的配置
……
```

（2）路由功能（配置 OSPF 路由协议）

```
RSR20-A(config)#route ospf 10    //启用 ospf 路由协议，定义 OSPF 进程 ID
号为 10（进程 ID 号：1~65535，只在路由器内部起作用，不同的路由器一般要求不同）
RSR20-A(config)#route -id 4.4.4.4 //指定 route -id 为 4.4.4.4
RSR20-A(config-route)#network 10.0.0.0 0.0.0.3 area 0
    //指定参与交换 OSPF 更新的网络（与本路由器直连网段）以及这些网络所属的区
域（为 0，当网络中存在多个区域时，必须存在 0 区域，它是骨干区域，所有他区域通
过直接或虚链路连接到骨干区域上）
RSR20-A(config-route)#network 10.0.0.5 0.0.0.3 area 10
```

```
RSR20-A(config-route)# default-information originate metric-type 1
    //路由重发布，OSPF 学习到外部路由类型为 E1
RSR20-A(config)#ip route 0.0.0.0 0.0.0.0 fa0/1
    //所有广播都会通过 fa0/1 接口转发
```

（3）NAT 功能

1）配置动态 NAT，内网中 VLAN10、VLAN20 通过公网地址（221.10.10.3-2210.10.10.6）访问互联网。

```
RSR20-A(config)#interface s1/2             //进入接口配置模式
RSR20-A(config-if)#ip nat inside           //定义 s1/2 为内网接口
RSR20-A(config)#interface fa0/1            //进入接口配置模式
RSR20-A(config-if)#ip nat outside          //定义 Fa0/1 为外网接口
RSR20-A(config)#interface fa0/0            //进入接口配置模式
RSR20-A(config-if)#ip nat inside           //定义 Fa0/0 为内网接口
RSR20-A(config)#ip nat pool pool1 221.10.10.3 221.10.10.4 netmask
255.255.255.240    //定义地址池 pool1 221.10.10.3~ 221.10.10.4
RSR20-A(config)#ip nat pool pool2 221.10.10.5 221.10.10.6 netmask
255.255.255.240    //定义地址池 pool2  221.10.10.5~ 221.10.10.6
RSR20-A(config)#access-list 10 permit 10.1.1.0 0.0.0.255
    //定义允许转换的地址
RSR20-A(config)#access-list 11 permit 10.1.2.0 0.0.0.255
    //定义允许转换的地址
RSR20-A(config)#ip nat inside source list 10 pool pool1 overload
    //为内网中的本地地址池调用转换地址池，并且可以复用。
RSR20-A(config)#ip nat inside source list 11 pool pool2 overload
    //为内网中的本地地址池调用转换地址池，并且可以复用。
```

2）配置反向 NAT，将内网的 FTP、Web 发布到互联网上，其公有 IP 地址为 221.10.10.11，要求只发布其 FTP、Web 服务，其他服务不允许发布。

```
RSR20-A(config)#ip nat inside source static tcp 10.1.5.11 20
221.10.10.11 20          // 发布 FTP 服务,FTP 采用 20 号端口
RSR20-A(config)#ip nat inside source static tcp 10.1.5.11 21
221.10.10.11 21          // 发布 FTP 服务，FTP 也采用 21 号端口
RSR20-A(config)#ip nat inside source static tcp 10.1.5.12 80
221.10.10.11 80          //发布 Web 服务,Web 采用 80 号端口
```

（4）安全功能

1）配置 PPP 协议，并与 RSR20-B 之间链路启用 CHAP 双向论证，口令为 123456。

```
RSR20-A(config)#interface s1/2                   //进入接口配置模式
RSR20-A(config-if)# encapsulation ppp            //接口下封装 PPP 协议
RSR20-A(config-if)#ppp authenticate pap chap     //PPP 启用 CHAP 方式验证
RSR20-A(config)#username RSR20-B password 123456
    //验证方配置被验证方用户名、密码(username 后面的参数是对方的主机名)
RSR20-A # debug ppp authentication
    //观察 CHAP 验证过程(在路由器物理层 UP,链路尚未建立的情况下打开才有信息
输出，链路层协商建立的信息出现在链路协商的过程中)
……
```

2）只允许内网中 VLAN10、VLAN20 在工作时间(周一至周五的 9:00～17:00)才能访问互联网。

① 定义一个时间段。

```
RSR20-A(config)#time-range work-time
    //定义一个时间段，名为 work-time
RSR20-A(config-time-range)#periodic weekdays 09:00 to 18:00
    //定义周期性时间段
RSR20-A# show time-range                       //查看时间段配置
……
RSR20-A(config-time-range)#exit
```

② 定义一个命名标准访问控制列表。

```
RSR20-A(config)#access-list 20 permit 10.1.1.0 0.0.0.255
time-range work-time
    //定义一个命名标准访问控制列表，名为 20,允许来自 10.1.1.0 网段的流量在
规定的时间内通过
RSR20-A(config)#access-list 20 permit 10.1.2.0 0.0.0.255
time-range work-time
    //定义一个命名标准访问控制列表，名为 20,允许来自 10.1.2.0 网段的流量在
规定的时间内通过
RSR20-A# show access-lists    //查看访问控制列表
……
```

③ 把访问控制列表在接口下应用。

```
RSR20-A(config)#interface fa0/0              //进入接口配置模式
RSR20-A(config-if)#ip access-group 20 in
    //把访问控制列表在接口 Fa0/0 下应用(入栈)
RSR20-A(config)#interface s1/2               //进入接口配置模式
RSR20-A(config-if)#ip access-group 20 in
    //把访问控制列表在接口 s1/2 下应用(入栈)
RSR20-A# show ip interface serial 1/2
    //查看访问控制列表在接口上的应用
……
```

02 在路由器 RSR20-B 上进行配置

（1）基本功能

```
Reijie(config)#hostname RSR20-B                         //路由器命名为 RSR20-B
RSR20-B(config)#interface s1/2                          //进入接口配置模式
RSR20-B(config-if)#ip add 10.0.0.6 255.255.255.252     //为 s1/2 配置 IP 地址
RSR20-B(config-if)#no shutdown                          //打开端口
RSR20-B(config)#interface fa0/0                         //进入接口配置模式
RSR20-B(config-if)#ip add 10.0.0.9 255.255.255.252     //为 Fa0/0 配置 IP 地址
RSR20-B(config-if)#no shutdown                          //打开端口
```

（2）路由功能

```
RSR20-B(comfit)#route ospf 10
    //启用 ospf 路由协议，定义 OSPF 进程 ID 号为 10（进程 ID 号：1~65535，只在
```

路由器内部起作用，不同的路由器一般要求不同）

```
RSR20-B(config)#route id 3.3.3.3      //指定 route id为 3.3.3.3
RSR20-B(config-route)#network 10.0.0.6 0.0.0.3 area 10
RSR20-B(config-route)#redistribute rip metric-type 1 metric 60 subnets
    //将路由表中的 RIP 信息重发布到 OSPF
RSR20-B(config-route)#redistribute connected subnets
    //重发布携带子网的直连路由
RSR20-B(config)#route rip                       //启用 RIP 路由协议
RSR20-B(config-route)#network 10.0.0.0
RSR20-B(config-route)#version 2
RSR20-B(config-route)#no auto-summary           //关闭自动汇总
RSR20-B(config-route)#redistribute ospf metric 2
    //将 OSPF 重分布到 RIP 中
RSR20-B(config-route)# redistribute connected metric 1
```

（3）安全功能

```
RSR20-B(config)#interface s1/2                  //进入接口配置模式
RSR20-B(config-if)# encapsulation ppp           //接口下封装 PPP 协议
RSR20-B(config-if)# ppp pap sent-username RSR20-B password 123456
RSR20-B(config)#username RSR20-A password 123456
    //验证方配置被验证方用户名、密码(username 后面的参数是对方的主机名)
```

03 在交换机 S3760 上进行配置

（1）基本功能

```
Reijie(config)# hostname S3760                  //给交换机命名为 S3760
S3760(config)#vlan 10                           //创建 VLAN10
S3760(config)#vlan 20                           //创建 VLAN20
S3760(config)#vlan 50                           //创建 VLAN50
S3760(config)#interface vlan 10                 //创建 VLAN 虚端口(SVI)
S3760(config-if)#ip add 10.1.1.1 255.255.255.0  //为 VLAN10 配置 IP 地址
S3760(config)#interface vlan 20                 //创建 VLAN 虚端口(SVI)
S3760(config-if)#ip add 10.1.2.1 255.255.255.0  //为 VLAN20 配置 IP 地址
S3760(config)#interface vlan 50                 //创建 VLAN 虚端口(SVI)
S3760(config-if)#ip add 10.1.5.1 255.255.255.0  //为 VLAN50 配置 IP 地址
S3760(config)#interface 0/1                     //进入接口 Fa0/1 配置模式
S3760(config-if)#no switchport                  //关闭接口 Fa0/1 的交换功能
S3760(config-if)#ip add 10.0.0.2 255.255.255.252 //为 Fa0/1 配置 IP 地址
S3760(config-if)#no shutdown                    //打开端口
S3760(config)#interface range fa0/23-24   //进入接口 Fa0/23-24 配置模式
S3760(config-if)#switchport mode trunk    //定义端口为 trunk 模式
S3760(config)#interface fa0/8             //进入接口 Fa0/8 配置模式
S3760(config-if)#switchport access vlan 50 //将 Fa0/8 端口加入 VLAN50 中
```

（2）路由功能

配置 RIPv2 路由协议，使全网互通。

```
S3760(config)#router ospf 10              //启用 ospf 协议
S3760(config-router)#network 10.0.0.0 0.0.0.3 area 0
```

```
    //宣告所连 10.0.0.0 网段
S3760(config-router)#network 10.1.1.0 0.0.0.255 area 0
    //宣告所连 10.1.1.0 网段
S3760(config-router)#network 10.1.2.0 0.0.0.255 area 0
    //宣告所连 10.1.2.0 网段
S3760(config-router)#network 10.1.5.0 0.0.0.255 area 0
    //宣告所连 10.1.5.0 网段
```

（3）DHCP 功能

配置 DHCP 服务，为 VLAN10、VLAN20 动态分配 IP 地址；指定 VLAN10 的网关为 10.1.1.1，DNS 服务器地址为 10.1.5.10，WINS 服务器为 10.1.5.10，域名为 labtest.com，其租约为 5 天 5 小时。将 10.1.1.1-10.1.1.10 保留使用，不分配给任何用户。指定 VLAN20 的网关为 10.1.2.1，DNS 服务器地址为 10.1.5.10，WINS 服务器为 10.1.5.10，域名为 labtest.com，其租约为 5 天 5 小时。将 10.1.2.1-10.1.2.10 保留使用，不分配给任何用户。

```
S3760(config)#ip dhcp pool vlan10        //新建一个 DHCP 地址池名为 vlan10
S3760(dhcp-config)#network 10.1.1.0 /24 //给客户端分配的 IP 地址段
S3760(dhcp-config)#default-router 10.1.1.1 //客户端分配的默认网关
S3760(dhcp-config)#dns-server 10.1.5.10    //给客户端分配的 DNS
S3760(dhcp-config)#netbios-name-server 10.1.5.10
    //WINS 服务器为 10.1.5.10
S3760(dhcp-config)#lease 5 5              //定义租约为 5 天 5 小时
S3760(dhcp-config)#domain-name labtest.com
    //DHCP 服务器的域名为 labtest.com
S3760(config)#ip dhcp pool vlan20
S3760(dhcp-config)#network 10.1.2.0 /24
S3760(dhcp-config)#default-router 10.1.2.1
S3760(dhcp-config)#dns-server 10.1.5.10
S3760(dhcp-config)#netbios-name-server 10.1.5.10
S3760(dhcp-config)#lease 5 5
S3760(dhcp-config)#domain-name labtest.com
S3760(config)#ip dhcp excluded-address 10.1.1.1 10.1.1.10
    //设置排斥的地址为 10.1.1.1 至 10.1.1.10 的 IP 地址不分配给客户端
S3760-A(config)#ip dhcp excluded-address 10.1.2.1 10.1.2.10
    //设置排斥的地址为 10.1.2.1 至 10.1.2.10 的 IP 地址不分配给客户端
```

（4）优化功能

配置 RSTP 协议，将此交换机设置为根交换机。

```
S3760(config)#spanning-tree
S3760(config)#spanning-tree mode rstp
S3760(config)#spanning-tree priority 4096
```

（5）安全功能

```
S3760 (config)#access-list 120 deny ip 10.1.1.0 0.0.0.255 10.1.2.0 0.0.0.255
    //定义一个命名扩展访问控制列表，名为 120，拒绝来自 10.1.1.0 和 10.1.2.0
      网段和的流量通过
S3760 (config)#access-list 120 permit ip any any    //允许其他网段的流量通过
```

```
S3760 (config)#int vlan 10                          //创建 VLAN 虚端口(SVI)
S3760 (config-if)#ip acess-group 120 in
   //把访问控制列表在 VLAN 虚端口下应用(入栈)
```

04 在交换机 S2126 上进行配置

(1) 基本功能

```
Reijie(config)# hostname S2126                  //给交换机命名为 S2126
S2126 (config)#vlan 10                          //创建 VLAN10
S2126 (config)#vlan 20                          //创建 VLAN20
```

(2) 优化功能

```
S2126 (config)#interface range fa0/23-24
S2126 (config-if-range)#switchport mode trunk
S2126 (config)#spanning-tree
S2126 (config)#spanning-tree mode rstp
S2126 (config)#interface range fa0/1-20
S2126 (config-if-range)#spanning-tree portfast
```

(3) 接口功能

```
S2126 (config)#interface range fa0/1-10
S2126 (config-if-range)#switchport acess vlan 10
S2126 (config)#interface range fa0/11-20
S2126 (config-if-range)#switchport acess vlan 20
```

(4) 安全功能

```
S2126 (config)#interface range fa0/1-20
S2126 (config-if-range)#switchport port-security
S2126 (config-if-range)#switchport port-security maximum 2
S2126 (config-if-range)#switchport port-security violation shutdown
```

读书笔记

附录 A　锐捷交换机常用配置命令

本附录为锐捷交换机常用的配置命令。采用分类总结方式制表，列出的每条命令都有简短的中文描述，方便读者查找、记忆和掌握。此附录对于初学锐捷交换机配置的读者会有很大的帮助。

表 A-1　基本操作命令

命令	描述
Configure terminal	进入全局配置模式
copy running-config startup-config	保存配置文件
del flash:config.text	删除配置文件(交换机及 1700 系列路由器)
Enable	进入特权模式
Exit	返回上一级操作模式
End	返回到特权模式
enable secret level 1 0 ruijie	配置不同权限级别的安全口令，Level 1 为普通用户级别，可选为 1－15，15 为最高权限级别，0 表示密码不加密，7 简单加密
enable password ruijie	配置不同权限级别的明文口令
enable services web-server	开启交换机 WEB 管理功能，Services 可选以下：web-server（WEB 管理）、telnet-server（远程登录）等
hostname switchA	配置设备名称为 switchA
no	取消或删除一个配置信息
ping 192.168.1.1	测试网络连接是否连通
write memory	保存配置文件

表 A-2　查看信息命令

命令	描述
show running-config	查看当前生效的配置信息
show interface fastethernet 0/1	查看 F0/1 端口信息
show interface	查看所有端口信息
show version	查看版本信息
show mac-address-table	查看交换机当前 MAC 地址表信息
show vlan	查看所有 VLAN 信息
show spanning-tree	查看生成树配置信息
show port-security address	查看地址安全绑定配置信息
show ip route	查看路由表信息
Show flash	查看闪存的布局和内容信息

表 A-3　VLAN 配置命令

命令	描述
vlan 10	创建 VLAN10
name vlanname	命名 VLAN 为 vlanname
Interface fastethernet 0/1	进入 F0/1 的端口配置模式
switchport access vlan 10	将端口划入 VLAN10 中
interface vlan 10	进入 VLAN 10 的虚拟端口配置模式
ip address 192.168.1.1 255.255.255.0	为 VLAN10 的虚拟端口配置 IP 及掩码，二层交换机只能配置一个 IP，此 IP 是作为管理 IP 使用，例如，使用 Telnet 的方式登录的 IP 地址
no shutdown	启用该 VLAN

表 A-4　端口的配置命令

分类	命令	描述
端口参数	interface fastethernet 0/1	进入 F0/1 的端口配置模式
	interface range fastethernet 0/1,0/7-9	进入 F0/1、F0/7、F0/8、F0/9 的端口组配置模式
	speed 10	配置端口速率为 10M，可选 10、100、auto
	duplex full	配置端口为全双工模式，可选 full（全双工）、half（半双式）、auto（自适应）
	switchport access vlan 10	将该端口划入 VLAN10 中
	switchport mode trunk	将该端口设为 trunk 模式，可选模式为 access、trunk
端口安全	interface fastethernet 0/1	进入一个端口
	switchport port-security	开启该端口的安全功能
	switchport port-secruity maxmum 1	配置最大连接数限制，此例为配置端口的最大连接数为 1，可配置最大连接数为 128
	switchport port-secruity violation shutdown	配置安全违例的处理方式为 shutdown，可选为 protect（丢弃）、restrict（发送 Trap 通知）、shutdown（关闭端口，并发送 Trap 通知）
	switchport port-security mac-addres 00-21-97-a3-18-f7 ip-address172.16.1.1	IP、MAC 地址及接口三元绑定，接口配置模式下配置 MAC 地址 00-21-97-a3-18-f7 和 IP（172.16.1.1）进行绑定。注：MAC 地址注意用小写
端口聚合	interface aggregateport 1	创建聚合接口 AG1
	switchport mode trunk	配置并保证 AG1 为 trunk 模式
	interface fastethernet 0/23-24	进入端口组配置模式
	port-group 1	配置端口为全双工模式，可选 full（全双工）、half（半双式）、auto（自适应）

续表

分类	命令	描述
端口镜像	monitor session 1 source interface fastethernet0/8 both	配置 F0/8（也可以是一组端口）为被镜像源端口，且出入双向数据均被镜像。注：双向（both）、仅进入（rx）、仅发出（tx），默认是 both
	monitor session 1 destination interface fastethernet0/1	配置 F0/1 为镜像目的端口
生成树配置	spanning-tree	开启生成树协议
	spanning-tree mode stp	指定生成树类型为 stp,可选模式 stp、rst 、mstp
	spanning-tree priority 4096	设置交换机的优先级为 4096,优先级值小为高。优先级可选值为 0，4096，8192，……，为 4096 的倍数。交换机默认值为 32768

表 A-5　三层路由功能配置命令

分类	命令	描述
三层路由功能	ip routing	开启三层交换机的路由功能
	interface fastethernet 0/1	进入一个端口
	no switchport	开启端口的三层路由功能（这样就可以为某一端口配置 IP）
	ip address 192.168.1.1 255.255.255.0	为开启三层路由功能的端口设置 IP 地址
	no shutdown	开启端口
静态路由	ip route 172.16.1.0 255.255.255.0 172.16.2.1	配置静态路由，注意：172.16.1.0 255.255.255.0 为目标网络的网络号及子网掩码，172.16.2.1 为下一跳的地址，也可用接口表示，如 ip route 172.16.1.0 255.255.255.0 serial 1/2（172.16.2.0 所接的端口）
	ip route 0.0.0.0 0.0.0.0 10.0.0.1	默认路由命令，是一种特殊的静态路由
RIP 路由	router rip	开启 RIP 协议进程
	network 172.16.1.0	申明本交换机设备的直连网段的信息
	version 2	开启 RIP V2，可选为 version 1（RIPV1）、version 2（RIPV2）
	no auto-summary	关闭路由信息的自动汇总功能（只有在 RIPV2 支持）
OSPF 路由	router ospf 1	开启进程号为 1 的 OSPF 路由协议
	network 192.168.1.0 0.0.0.255 area 0	申明直连网段信息，并分配区域号（area0 为骨干区域）
策略路由	说明：设置部分 IP 走 1.1.1.1 线路，另一部分 IP 走 2.2.2.1 线路	
	access-list 1 permit 192.168.1.0 0.0.0.255	配置匹配源地址列表 1
	access-list 2 permit 192.168.2.0 0.0.0.255	配置匹配源地址列表 2

续表

分类	命令	描述
策略路由	route-map test permit 10	创建路由映射规则 10
	match ip address 1	符合地址为地址列表 1
	set ip next-hop 1.1.1.1	执行动作是送往 1.1.1.1
	route-map test permit 20	创建路由映射规则 20
	match ip address 2	符合地址为地址列表 2
	set ip next-hop 2.2.2.1	执行动作是送往 2.2.2.1
	interface FastEthernet 0/0	进入设备内网口
	ip address 192.168.1.1 255.255.255.0	配置第一个网段的 ip 地址
	ip address 192.168.2.1 255.255.255.0 secondary	配置第二个网段的 ip 地址
	ip policy route-map test	应用之前定义的路由映射规则

表 A-6 交换机访问列表配置命令

分类	命令	描述
标准列表	access-list 1 deny 172.16.1.0 0.0.0.255	数字标准 ACL，拒绝来自 172.16.1.0 网段的流量通过。注：1-99 为标准访问列表
	ip access-list standard listname	定义命名为 listname 的标准 ACL 列表
	deny 192.168.30.0 0.0.0.255	拒绝源地址为 192.168.30.0 网段的 IP 流量通过，注：deny(拒绝通过)、permit(允许通过)；可使用 any 表示任何 IP
	permit any	允许其他所有的 IP 通过，注：配置 ACL 时，必须配置允许其他 IP 流量通过，否则设备不会对非限制 IP 进行允许通过处理
扩展列表	access-list 101 deny tcp 172.16.10.0 0.0.0.255 172.16.20.0 0.0.0.255 eq ftp	数字扩展 ACL，拒绝源地址为 172.16.10.0 网段 IP 访问目的为 172.16.20.0 网段的 FTP 服务。注：100-199 为扩展访问列表 tcp 为协议名称，协议可以是 udp, ip，icmp 等等； eq：操作符（lt-小于，eq-等于，gt-大于，neg-不等于，range-包含）； ftp：端口号，可使用名称或具体端口编号，如 ftp 的端口号为 21
	ip access-list extended listname	定义命名为 listname 的扩展 ACL 列表
	deny tcp 192.168.30.0 0.0.0.255 192.168.10.0 0.0.0.255 eq www	拒绝源地址为 192.168.30.0 网段的 IP 访问目的地址为 192.168.10.0 网段的 WWW 服务。www 为端口号，可用 80 代替
	permit ip any any	允许其他所有的 IP 通过
列表应用	interface serial 1/2	进入端口配置模式
	ip access-group 1 in	用数字 ACL 时应用 ACL 的命令。可选：in（入栈）、out（出栈）
	ip access-group listname in	访问控制列表在端口下 in 方向应用

表 A-7 交换机 DHCP 配置命令

命令	描述
service dhcp	开启 dhcp server 功能
network 192.168.2.0 255.255.255.0	给客户端分配的地址段
dhcp excluded-address 192.168.2.1 192.168.2.10	设置排斥地址为 192.168.2.1 至 192.168.2.10 的 ip 地址不分配给客户端
ip dhcp pool test1	新建一个 DHCP 地址池名为 test1
lease infinite	租期时间设置为永久
dns-server 202.101.115.55	给客户端分配的 DNS
default-router 192.168.2.1	给客户端分配的网关
ip helper-address 192.168.1.1	做 DHCP 中继的服务器或路由器地址

表 A-8 交换机 QOS 限速配置命令

命令	描述
access-list 101 permit ip host 192.168.1.101 any	定义要限速的 IP 地址列表 101
access-list 102 permit ip host 192.168.1.102 any	定义要限速的 IP 地址列表 102
class-map xiansu101	创建 class-map，名字为 xiansu101
match access-group 101	匹配 IP 地址列表 101
class-map xiansu102	创建 class-map，名字为 xiansu102
match access-group 102	匹配 IP 地址列表 102
policy-map xiansu	创建 policy-map，名字为 xiansu
class xiansu101	符合 class xiansu101
police 8000 512 exceed-action drop	限速值为 8000Kbit（1MB）
class xiansu102	符合 class xiansu102
police 4000 512 exceed-action drop	限速值为 4000Kbit
interface fastethernet 0/1	设置应用 QOS 的端口
service-policy input xiansu	将该限速策略应用在这个接口上

附录 B　锐捷路由器常用配置命令

本附录为锐捷路由器常用的配置命令。采用分类总结方式制表，列出的每条命令都有简短的中文描述，方便读者查找、记忆和掌握。此附录对于初学锐捷路由器配置的读者会有很大的帮助。

表 B-1　基本操作命令

命令	描述
configure terminal	进入全局配置模式
copy running-config startup-config	保存配置文件
del flash:config.text	删除配置文件
enable	进入特权模式
exit	返回上一级操作模式
end	返回到特权模式
enable secret level 1 0 ruijie	配置不同权限级别的安全口令，Level 1 为普通用户级别，可选为 1－15，15 为最高权限级别，0 表示密码不加密，7 简单加密
enable password ruijie	配置不同权限级别的明文口令
hostname RouterA	配置设备名称为 RouterA
line vty 0 4	路由器的远程登录的虚拟端口，0 4 表示可以同时打开 5 个会话。如：telnet
login	配置远程登录时用户名密码正确才允许登录
no	取消或删除一个配置信息
ping 192.168.1.1	测试网络连接是否连通
tracert 172.1.1.1	跟踪 IP 路由
write	保存配置文件

表 B-2　查看信息命令

命令	描述
show running-config	查看当前生效的配置信息。
show interface serial 1/2	查看 S1/2（路由器中的串行接口）信息
show interface	查看所有端口信息
show version	查看版本信息
show access-lists 1	查看标准访问控制列表 1 的配置信息
show ip route	查看路由表信息
show flash	查看闪存的布局和内容信息
show process	显示路由器的进程
show memory	显示路由器的内存大小

续表

命令	描述
show ip nat translations	查看 NAT（网络地址转换）配置信息
show arp	查看 ARP（地址解析协议）信息

表 B-3　端口的配置命令

命令	命令	描述
端口基本参数	interface loopback 1	定义 Loopback1 的虚拟接口
	interface fastethernet 0/3	进入路由器以太网口 F0/3 的端口配置模式
	speed 10	配置端口速率为 10M，可选 10、100、auto
	duplex full	配置端口为全双工模式，可选 full(全双工)、half(半双式)、auto(自适应)
	bandwidth 512	配置端口带宽速率为 512KB(单位为 KB)
	no shutdown	开启该端口
	interface serial 1/2	进入路由器串行接口 serial 1/2 的配置模式
	ip address 1.1.1.1 255.255.255.0	配置路由器端口的 IP 地址
	clock rate 64000	配置路由器串行接口的时钟频率，仅在 DCE 端的路由器上添加
PAP 验证	encapsulation PPP	路由器串行接口封装广域网 PPP 协议。可选项：Frame-relay 帧中继、HDLC 高级数据链路控制协议、PPP 点到点协议、X.25 协议
	username Ra password 0 star	验证方配置被验证方的用户名、密码
	ppp authentication pap	PPP 启用 PAP 认证方式
	ppp pap sent-username Rb password 0 abc	设置用户名为 Rb 密码为 abc，用于发送到对方路由器进行验证
CHAP 验证	encapsulation PPP	路由器串行接口封装广域网 PPP 协议
	username Ra password 0 star	CHAP 验证时用户名为对方路由器的名称，双方密码必须一致
	ppp authentication chap	PPP 启用 CHAP 认证方式

表 B-4　路由协议配置命令

分类	命令	描述
静态路由	ip route 172.16.1.0 255.255.255.0 172.16.2.1	配置静态路由，注意：172.16.1.0 255.255.255.0 为目标网络的网络号及子网掩码，172.16.2.1 为下一跳的地址，也可用接口表示，如 ip route 172.16.1.0 255.255.255.0 serial ½（172.16.2.0 所接的端口）
	ip route 0.0.0.0 0.0.0.0 10.0.0.1	默认路由命令，是一种特殊的静态路由
RIP 路由	router rip	开启 RIP 协议进程
	network 172.16.1.0	申明本交换机设备的直连网段的信息
	version 2	开启 RIP V2，可选为 version 1（RIPV1）、version 2（RIPV2）
	no auto-summary	关闭路由信息的自动汇总功能（只有在 RIPV2 支持）

续表

分类	命令	描述
OSPF路由	router ospf 1	开启进程号为 1 的 OSPF 路由协议
	network 192.168.1.0 0.0.0.255 area 0	申明直连网段信息，并分配区域号（area0 为骨干区域）

表 B-5　路由器访问列表配置命令

分类	命令	描述
标准列表	access-list 1 deny 172.16.1.0 0.0.0.255	数字标准 ACL，拒绝来自 172.16.1.0 网段的流量通过。注：1-99 为标准访问列表
	ip access-list standard listname	定义命名为 listname 的标准 ACL 列表
	deny 192.168.30.0 0.0.0.255	拒绝源地址为 192.168.30.0 网段的 IP 流量通过，注：deny（拒绝通过）、permit（允许通过）；可使用 any 表示任何 IP
	permit any	允许其他所有的 IP 通过，注：配置 ACL 时，必须配置允许其他 IP 流量通过，否则设备不会对非限制 IP 进行允许通过处理
扩展列表	access-list 101 deny tcp 172.16.10.0 0.0.0.255 172.16.20.0 0.0.0.255 eq ftp	数字扩展 ACL，拒绝源地址为 172.16.10.0 网段 IP 访问目的为 172.16.20.0 网段的 FTP 服务。注：100-199 为扩展访问列表 tcp 为协议名称，协议可以是 udp, ip，icmp 等等； eq：操作符（lt-小于，eq-等于，gt-大于，neg-不等于，range-包含）； ftp：端口号，可使用名称或具体端口编号，如 ftp 的端口号为 21
	ip access-list extended listname	定义命名为 listname 的扩展 ACL 列表
	deny tcp 192.168.30.0 0.0.0.255 192.168.10.0 0.0.0.255 eq www	拒绝源地址为 192.168.30.0 网段的 IP 访问目的地址为 192.168.10.0 网段的 WWW 服务。www 为端口号，可用 80 代替
	permit ip any any	允许其他所有的 IP 通过
列表应用	interface serial 1/2	进入端口配置模式
	ip access-group 1 in	用数字 ACL 时应用 ACL 的命令。可选：in（入栈）、out（出栈）
	ip access-group listname in	访问控制列表在端口下 in 方向应用

表 B-6　路由器 NAT 配置命令

分类	命令	描述
静态NAT	ip nat inside source static 172.16.8.1　200.1.1.1	定义本地 IP：172.16.8.1 与外网 IP：200.1.1.1 进行直接转换（所有协议）
	ip nat inside source static tcp 172.16.8.1 80 200.1.1.1 80	定义本地 IP：172.16.8.1 的 80 端口与外网 IP：200.1.1.1 的 80 端口进行转换，TCP 为协议类型（可以为 UDP）
动态NAT	ip nat pool poolname 202.16.1.1 202.16.1.10 netmask 255.255.255.0	定义内部全局 IP 地址池，命名为 poolname，通常 IP 地址只有一个，这里，起始地址为 202.16.1.1，结束地址为 202.16.1.10，子网掩码为 255.255.255.0

续表

分类	命令	描述
动态NAT	access-list 1 permit 192.168.1.0 0.0.0.255	定义内部本地地址，即内网待转换的 IP 地址
	ip nat inside source list 1 pool poolname overload	定义内部源地址转换关系
应用NAT	interface fastethernet 0/3	进入端口配置模式，用于连接内网的端口
	ip nat inside	定义该端口为连接内部网络
	interface serial 1/2	进入端口配置模式，用于连接外网的端口
	ip nat outside	定义该端口为连接外部网络

表 B-7 路由器 IPSEC 配置命令

命令	描述
access-list 101 permit ip host 1.1.1.1 host 1.1.1.2	配置访问控制列表 101，定义需要 IPse 保护的数据
crypto isakmp policy 1	定义安全联盟和密钥交换策略
authentication pre-share	认证方式为预共享密钥
hash md5	采用 MD5 的 HASH 算法
crypto isakmp key 0 abc address 1.1.1.2	配置预共享密钥为 abc，对端路由器地址为 1.1.1.2
crypto ipsec transform-set abc ah-md5-hmac esp-des	定义 IPsec 的变换集，名字为 abc
crypto map abc 1 ipsec-isakmp	配置加密映射，名字为 abc
set transform-set abc	应用之前定义的变换集 abc
match address 101	定义需要加密的数据流
set peer 1.1.1.2	设置对端路由器地址
interface serial 1/2	进入连接对端路由器的端口
crypto map abc	在该端口上使用加密映射
ip add 1.1.1.1 255.255.255.0	为端口设置 IP 地址
对端路由同样做以上配置，但要注意下一跳的地址及连接的端口	

参 考 文 献

电子行业职业技能鉴定指导中心. 2009. 网络设备安装与调试. 北京：人民邮电出版社.

汪双顶，徐江峰. 2008. 计算机网络构建与管理. 北京：高等教育出版社.

Vito Amato[美]，韩江，马刚. 2001. 思科网络技术学院教程. 北京：人民邮电出版社.

谢希仁. 2009. 计算机网络. 北京：电子工业出版社.

徐国庆. 2009. 职业教育项目课程开发指南. 上海：华东师范大学出版社.

赵志群. 2009. 职业教育工学结合一体化课程开发指南. 北京：清华大学出版社.